施肥与土壤重

U0266806

徐明岗　曾希柏　╱╵╙╨　等　著

科学出版社

北京

内 容 简 介

施肥作为农业增产的主要措施，也能显著影响土壤重金属的生物有效性。本书论述了通过合理施肥，在实现作物养分供应的同时，又实现土壤重金属钝化修复的原理与技术，包括不同形态化肥、有机肥和改良剂及其组合修复土壤重金属特别是铅、镉污染土壤的原理与技术。主要内容包括：铅、镉等典型重金属在土壤中的老化机制及其影响因素；不同磷肥、钾肥、有机肥和改良剂及其组合改变土壤中重金属的吸附特性、pH 和重金属形态，以及改善作物生长和重金属吸收性，提出了调节土壤中铅、镉生物有效性的施肥与改良剂修复技术和途径；研制出钝化土壤重金属活性的专用肥料和改良剂产品，研发了重金属复合污染农田土壤的联合修复技术。本书是国内施肥修复重金属污染土壤研究领域的第一部专著，论述了该领域的最新研究成果。

本书可供农学、土壤学、生态学、环境科学等专业的科技工作者和大专院校师生参考。

图书在版编目(CIP)数据

施肥与土壤重金属污染修复/徐明岗等著. —北京：科学出版社，2014.3
ISBN 978-7-03-039961-8

Ⅰ. ①施… Ⅱ. ①徐… Ⅲ. ①合理施肥–土壤污染–重金属污染–污染防治 Ⅳ. ①S147.2 ②X53

中国版本图书馆 CIP 数据核字(2014)第 040451 号

责任编辑：王海光 王 好/责任校对：张凤琴
责任印制：徐晓晨/封面设计：北京铭轩堂广告设计有限公司

科 学 出 版 社 出版
北京东黄城根北街 16 号
邮政编码：100717
http://www.sciencep.com

北京厚诚则铭印刷科技有限公司 印刷
科学出版社发行 各地新华书店经销

＊

2014 年 3 月第 一 版 开本：720×1000 1 /16
2019 年 1 月第七次印刷 印张：13 1/2
字数：268 000

定价：88.00 元

(如有印装质量问题，我社负责调换)

《施肥与土壤重金属污染修复》
著者名单

徐明岗	曾希柏	周世伟	刘　平	宋正国	张　青
武海雯	罗　涛	杨少海	周　卫	李菊梅	杨俊诚
陈世宝	孙　楠	艾绍英	张会民	王伯仁	包耀贤
王艳红	申华平	张　茜	王宝奇	纳明亮	宫春艳
陈苗苗	刘　景	吴　曼	邸佳颖		

序

我国存在较大面积的中、轻度重金属污染农田，有的危害土壤生物及生态系统，有的危及农业生产和食物安全，有的甚至威胁到人体健康。基于我国人多地少、粮食自给的基本国情，这些受污染的农田土壤不可能弃耕，或改变利用方式，或长期休闲，或大范围采用客土法等进行工程修复。事实上，我国在需要有效预防土壤污染的同时，更需要"边生产、边修复"的农田持续发展模式。

施用有机肥或化肥是一项传统的维持农田土壤肥力和农业增产的措施，施肥措施不仅可以提供作物必需的养分离子而促进作物生长，而且可以改变生物活性而影响土壤-根际过程，还可以改良土壤结构、性质从而调节土壤功能，这包括对农田土壤中重金属形态和生物有效性的调控。通过施肥来稳定土壤中重金属，降低其移动性和可利用性，从而减少其向作物地下部和地上部的转运与积累，不失为经济有效、切实可行的控制措施。施肥配合土壤改良剂则是一种符合国情的农田土壤重金属污染修复的新举措。这项举措对我国粮食安全生产和农业可持续发展具有重要的现实意义。

《施肥与土壤重金属污染修复》一书应运而生。该书以离子相互作用和有机配位作用为理论基础，结合氮肥、磷肥、钾肥、有机肥等实验研究及田间实践，阐述了重金属（铅和镉等）污染土壤的自然修复及施肥强化修复机制，提出了基于土壤重金属生物有效性调控的施肥与改良剂修复新途径，研制了适合重金属污染农田修复的专用肥料和改良剂。这是一本集创新思想和现实指导于一体的学术著作，具有重要的理论价值和巨大的应用价值。

该著作是在国家 973 计划、国家科技支撑计划等项目支持下，徐明岗研究员领衔的课题组十多年研究成果的系统总结，是我国在施肥与重金属污染土壤修复研究方面的首部专著。相信，该书的出版，将有益于从事土壤学、植物营养学、肥料学、生态学、环境科学等研究的科技工作者及研究生开展相关的研究工作，也将有助于促进我国修复专用肥料剂及调理剂的生产与应用，并将推动重金属污染农田土壤的防控和修复工作。

973 项目"长江、珠江三角洲地区土壤和大气环境质量变化规律与调控原理"首席科学家

中国科学院烟台海岸带研究所所长

2014 年 2 月 18 日

前　　言

据估测，我国受重金属污染农田面积近 2000 万公顷，约占耕地总面积的 1/5，每年因重金属污染造成粮食的直接经济损失超过 200 亿元。这些大面积的重金属污染农田，大多是中轻度污染。国外流行的弃耕修复、生物提取修复等技术，不适合我国人多耕地少背景下的大面积中轻度重金属污染农田。研究与开发费用低、实施方便、能确保粮食安全的实用修复技术成为我国重金属污染农田修复的必然选择。

肥料和改良剂是农业生产中最常用的化学品，它们在有效供应养分、提高土壤肥力和改善土壤不良性状的同时，还能显著改变重金属的生物有效性和作物对重金属的吸收。因此，根据土壤与重金属离子的相互作用原理，选择不同的肥料、改良剂及其组合有效钝化污染土壤中的重金属，在不增加新的化学品投入的情况下，通过肥料和改良剂类型与组合的选择，实现污染农田的修复，不仅理论上可行，而且对确保粮食安全具有十分重要的实践意义。

施肥是农业生产中最普遍、最重要的增产措施。以往关于施肥的研究主要集中在增产效应和机制方面，而对其在重金属生物有效性方面缺乏系统的研究，特别是如何选择合理的肥料配比或组合，以保证高产的同时能有效钝化农田重金属方面研究得很少。因此，寻求既能有效钝化污染土壤中的重金属又能保证作物稳产的专用肥料是重金属污染农田修复技术研发的重要方向之一。

改良剂除可改良土壤不良特性外，还可降低重金属的生物有效性，但改良剂对重金属污染农田的修复研究在我国才刚刚开始。探索和开发具有修复和改良多功能的、价格低的土壤重金属复合改良剂，对我国重金属污染农田的修复和利用、促进农业生产可持续发展具有十分重要的理论意义和实践价值。

基于此，在国家 973 计划项目"高风险污染土壤环境的生物修复与风险评价"（2002CB410809）、国家"十五"重点科技攻关课题"东南丘陵区中部持续高效农业发展模式与技术研究"（2001BA508B14）、国家"十一五"重点科技支撑计划课题"中南贫瘠红壤与水稻土地力提升关键技术模式研究与示范"（2006BAD05B09）和北京市自然科学基金项目"磷酸盐诱导土壤镉离子吸附-解吸反应的机理研究"（6062026）等项目的支持下，本书主要在我国南方特别是重金属铅、镉污染农田的典型地区开展系统研究，阐明了不同形态的化肥、有机肥、改良剂及其组合钝化修复污染农田重金属的原理与技术，进行了产品开发与应用，取得了良好结果，其创新性主要体现在以下三个方面。

(1) 提出了农田土壤重金属自然修复的新概念。对于重金属污染的农田，自然修复是指在开展正常农业生产活动条件下，污染物在土壤中所发生的数量减少或活性降低等过程。此概念体现了污染农田修复与利用的结合，具有中国特色。

研究了重金属铜的老化过程与机制，暗示微孔扩散是外源铜老化的主要机理。重金属在土壤老化过程中毒性随时间而降低，老化动力学可用二级动力学方程来模拟。水分、pH、施肥、改良剂和作物等环境因素对土壤重金属老化均有影响，而 pH 是影响土壤中铜锌老化的关键因子。

(2) 以土壤中离子相互作用原理为核心，系统研究了氮肥、磷肥、钾肥、有机肥和土壤改良剂对重金属污染土壤的修复效果及其机理，提出了利用不同肥料及其不同用量，调节污染土壤中重金属生物有效性的技术途径。

(3) 提出专用肥料和改良剂修复重金属污染土壤的联合修复技术，即在研究肥料和改良剂修复重金属生物毒性效应与机制的基础上，将降低作物重金属含量的改良剂和肥料相结合，发展专用的重金属修复型多功能改良剂或专用肥料，方便实用。

本书是以上最新成果的系统总结。

参加项目研究和本书编写的有徐明岗、曾希柏、周世伟、刘平、宋正国、张青、武海雯、罗涛、杨少海、周卫、李菊梅、杨俊诚、陈世宝、孙楠、艾绍英、张会民、王伯仁、包耀贤、王艳红、申华平、张茜、王宝奇、纳明亮、宫春艳、陈苗苗、刘景、吴曼、邸佳颖、宋静、吴龙华、黄东风、何盈等。全书由徐明岗研究员统稿、定稿。在本书出版过程中，得到科学出版社王海光编辑的帮助，谨表谢意！十分感谢 973 计划项目首席科学家骆永明研究员对本书工作的长期支持和关注，并为本书作序。由于著者水平有限，加上时间仓促，书中不足之处在所难免，敬请各位同仁批评指正！

徐明岗

2013 年 11 月

目　　录

第一章　农田重金属污染修复研究进展与钝化修复新思路

　　土壤是生态环境的重要组成部分，是人类赖以生存的重要资源；但同时，在各类环境要素中，土壤也是污染物的最终受体。由于土壤处于大气圈、岩石圈、水圈和生物圈的中心，不仅在本系统内进行着能量和物质的循环，而且与水域、大气和生物之间也不断进行物质交换，所以一旦土壤被污染，就会向三者传递污染物质，从而对整个生态系统产生影响。

　　随着社会的不断进步和经济的不断发展，大量水体污染、气体污染、固体污染陆续转化为土壤污染，其中土壤重金属污染已经成为亟待解决的、严重的环境问题，直接影响到人们的食品安全和身体健康。重金属是土壤环境中一类具有潜在危害的污染物，一般是指铜(Cu)、锌(Zn)、铅(Pb)、汞(Hg)、镉(Cd)、钼(Mo)、镍(Ni)、氟(F)、硒(Se)、砷(As)、铬(Cr)等生物毒性显著的微量元素。这些微量元素中的一部分(Cu、Zn、Fe、F、Mo、Ni、Se)是植物生长和人类营养的必要元素或有益元素；但在高浓度时也会对动物和人类造成危害；而另外一些微量元素(As、Cd、Hg、Pb)只要进入食物链就会对动物和人类造成毒害。由于土壤重金属污染具有隐蔽性、滞后性的特点，不易被察觉或注意，再加上污染范围广、持续时间长、无法被生物降解，生物体富集性、弱移动性等特点，很容易在土壤耕层中积累，且土壤一旦因重金属积累而遭受污染，就很难消除。因此，重金属污染土壤的修复已成为世界性的难题。农田土壤重金属污染的治理不但是环境问题，还直接关系着人类自身的食品安全和健康及可持续发展。如何有效地控制及治理农田土壤重金属的污染，改善土壤质量，已经成为农业可持续发展和生态环境保护中迫切需要解决的重要内容。

1.1　农田重金属来源及其环境行为

1.1.1　我国农田重金属污染现状及来源

　　随着我国社会经济的快速发展，废弃物排放量的增加和不合理的处置，农田土壤重金属的污染问题也日渐严重。目前，我国农田重金属污染相当普遍，已经造成了巨大的经济损失和生态环境破坏。国家环保总局 2006 年的报告指出，全国每年遭重金属污染的粮食达 1200 万吨，造成的直接经济损失超过 200 亿元。据国土资源部的数据统计，全国耕种土地面积的 10% 以上已受重金属污染，约 1.5 亿亩①，其中污水灌溉污染耕地 3250 万亩，固体废弃物堆存占地和毁田 200 万亩，固体废弃物污染多数集中在经济较发达地区。农业部对约 140 万 hm^2 污水灌区的调查表明，遭受重金属污染的土地面积占污水灌区面积的 64.8%，其中轻度污染的为 46.7%，中度污染的为 9.7%，严重污染的为 8.4%。2000 年，农业部农业环境监测系统对沈阳、南昌、长沙、重庆、南宁、昆明等 16 个省会城市郊区的 430.7 万亩土壤监测调查发现，其中 44% 城市郊区的土壤中镉、汞、铜、锌、铬、镍、砷等超标面积达 20% 以上，农产品重金属含量超标的产量占监测产量 30% 以上的亦有 7 个城市；同时，对全国 450 万亩基本农田保护区的土壤和 2.2 亿 kg 粮食中 8 种有害重金属进行抽样监测，发现监测区域 54 万亩土壤的重金属污染超标，超标率达 12%；监测区域粮食的超标率也达 10% 以上(张茜，2007)。国家环境监测总站在《2003 全国环境质量概要》中的数据显示，包括北京在内的 27 个省(市、自治区)的 52 个 "菜篮子" 基地有 23% 的土壤被污染，26.9% 的基地土壤镉含量超过国家二级标准。在东南地区，汞、砷、铜、锌等的超标面积占污染总面积的 45.5%，华南地区有的城市 50% 的农田遭受镉、汞等有毒重金属和石油类的污染。江苏某丘陵地区 14 000km^2 范围内，铜、汞、锌、镉等的污染面积达 35.9%。广东省地质勘查部门土壤调查结果显示，西江流域的 10 000hm^2 土地遭受重金属污染的面积达 5500hm^2，污染率超过 50%，其中，汞的污染面积达 1257hm^2，污染深度达地下 40cm(何江华等，2001)。

重金属污染的分布特征：农田土壤的重金属污染与工业区、矿业生产活动区、城市中心区等污染源地区分布相一致，污染程度随着与污染源距离的增加向外呈扇形递减(姜丽娜等，2008)。公路边菜田土壤的铜、锌、铅和镉总量一般随距公路距离的增加呈降低趋势(黄绍文等，2007)。对重金属在土壤剖面中的分布特征与迁移规律研究发现，重金属元素主要积累在土壤表层，尤其是耕作层，其含量随着土层加深快速减少，迁移量随土壤深度增加而降低(张民和龚子同，1996；王国贤等，2007；马智宏等，2007)。

污染程度：农田土壤主要以中、轻度污染为主，重度污染所占比例较小。面对如此普遍的中、轻度污染土壤，我们不可能弃之不用，必须寻求适宜的土壤修复技术，使污染问题在严重之前得以有效的控制和解决。

重金属的主要来源是工业 "三废" 的排放(Cheng，2003)。因此，工业发达地区，往往是重金属污染的重灾区。国家环境保护总局对全国 26 个省(市、自治区)进行的土地污染调查显示，重点区域是长三角地区、珠三角地区、环渤海地区、东北老工业基地、成渝平原、渭河平原和主要矿产资源型城市，调查发现，部分地区的土壤污染严重，污染类型多样，污染原因复杂，控制难度大，局部地区的

_____

① 1 亩≈666.67m^2，下同。

土壤质量下降明显。

此外，污水灌溉、污泥还田、大气沉降、农药和肥料等的大量施用也是造成农田土壤重金属污染的重要原因(Cheng, 2003)。大气中的重金属主要来源于能源、运输、冶金和建筑材料生产产生的气体和粉尘。除汞以外，重金属基本上是以气溶胶的形态进入大气，经过自然沉降和降水进入到土壤中，与重工业发达程度、城市的人口密度、土地利用率、交通发达程度有直接关系(崔德杰和张玉龙，2004)。农业生产中使用的农药和肥料也不容忽略。长期施用有机肥、磷肥而造成土壤中铜、锌、镉、铅的显著累积，甚至超标现象屡见报道，涉及潮土、棕壤、红壤等我国粮食主产区的典型土壤类型(刘树堂等，2005；任顺荣等，2005；陈芳等，2005；王颖等，2008；朱凤莲，2008；刘景等，2009)。这主要是因为肥料中的重金属含量过高引起的，磷肥和复合肥中的重金属主要来源于磷矿石(高阳俊和张乃明，2003)及肥料的加工过程；而有机肥中的重金属则多数来源于饲料添加剂(任顺荣等，2005；刘荣乐等，2005)。另外，杀虫剂、杀菌剂、除草剂、抗生素等农药中因含有砷、铅等也成了农田重金属的重要来源。

1.1.2　重金属对农田生态系统的危害

重金属对农田生态系统的危害表现在对作物的危害、对土壤质量的危害和对生态功能的危害等方面。

1. 重金属对作物的危害

重金属污染物可对作物造成严重的直接危害，过量的重金属会引起植物生理功能紊乱、营养失调、发生病变，重度污染时会导致严重减产甚至绝收。大量的实验结果表明，土壤中过量的重金属会直接影响作物的生长发育和产量。在红壤、草甸棕壤、褐土和灰漠土中，镉、铅、铜、锌、砷复合污染对土壤-植物系统的生态效应研究表明(吴燕玉等，1997)，高剂量重金属可使农作物减产10%，在酸性土壤中减产达50%以上；碱性土壤中苜蓿减产20%~40%，酸性土壤中甚至绝产。张建新等(2007)对黄泥土中不同浓度铜、锌和铅污染下，叶菜类蔬菜、根茎类蔬菜和茄果类蔬菜的根系发育研究表明，蔬菜的根长随3种重金属加入量的增加而迅速减小，在重金属过量情况下，根的发育完全受到抑制；且不同的蔬菜种类对不同的重金属的反应也不同，影响根长的关键因素是有效态重金属含量。杨正亮等(2007)对铬、镉和铅污染的黄土中小麦的研究也表明，过量的重金属，对小麦根的发育都表现出明显抑制作用，根重显著降低，且复合污染的抑制效果明显高于单一污染，但各重金属离子的作用大小不同。纳明亮等(2008)在铜、锌污染的黄泥土中发现，大量的铜、锌会导致小白菜的叶子发黄，长势变差；在 Cu^{2+} 浓度为 400mg/kg 处理下，几乎不能出苗。周华等(2006)发现黄棕壤中施入大量镉和铅后，小白菜茎叶和根系生长受到明显抑制，小白菜明显减产，在低镉和低铅污染水平下，地上部和地下部分别减产 56% 和 58%；高镉和高铅污染水平，地上部和地下部分别减产 62% 和 71%。

重金属在作物体内尤其是可食用部位的残留，是造成土壤重金属危害粮食安全及人类健康的主要因素。研究表明，随着土壤中重金属含量的增加，作物体内的重金属含量也随之增加。但是，研究也发现，不同重金属对作物的影响各有不同。如铜、锌等重金属污染物在灌溉水或土壤中达到一定浓度后，就会抑制作物生长。这类重金属在农产品内的残留不是主要问题，因为污染物在作物的可食部位的残留在达到危害人体健康的规定标准之前，作物生长就已经受到严重危害，造成减产，甚至整株枯死。而镉、铅、汞等已在作物体内残留，污染农产品为主。土壤中镉、铅、汞等在一般含量水平下，不会直接危害作物的生长，但却很容易在作物体内及其可食部位残留，也就是说在作物生长尚未明显受害的时候，作物的可食部位残留的重金属就已超过了人、畜的食用卫生标准。

2. 对土壤质量和生态功能的危害

大多数重金属进入土壤后，在土壤中相对稳定，很难在生物质循环和能量交换过程中分解，更难以从土壤中迁出，因此逐渐对土壤的理化性质、生物特性和微生物群落结构产生明显的不良影响，进而影响到土壤生态结构和功能的稳定。

重金属的胁迫有时会引起大量营养元素的缺乏：一方面，介质中较高浓度的重金属能够引发植物对大量营养元素的吸收和转运能力的下降，导致体内缺乏，进而引起体内重金属参与物质和代谢的紊乱，外部呈现相应的缺素症状；重金属胁迫引起的膜内酶活性降低抑制了与酶相关矿质元素的吸收，导致植物根系营养吸收能力下降。另一方面，重金属的胁迫引起植物根膜脂过氧化作用，导致膜透性增加，小分子物质外泄增加(安志装等，2002)。

重金属在土壤中不断累积会破坏土壤固有的微生物群落结构及活性，减弱土壤微生物的作用，最终降低土壤肥力和质量。吴燕玉等(1997)的研究表明，低剂量的重金属即可抑制土壤微生物的活性。重金属(铜、锌、铅、镉)不同程度的复合污染明显改变了农田土壤的微生物群落遗传多样性，但与其的改变不是简单的负相关关系，最大的多样性指数出现在中等污染程度的土壤中(赵祥伟等，2005)。

1.1.3　农田系统中重金属的形态、迁移转化和循环

外源重金属以离子形态进入土壤溶液后，会与土壤中的阴阳离子、有机物质、土壤颗粒、土壤酶及土壤微生物等发生一系列化学、物理、生物反应，如溶解、

扩散、沉淀、氧化、还原、吸附、解吸、络合、螯合、物理包被、蔽蓄、吸收、释放等，同时，其赋存形态也在不断进行着动态变化。重金属的有效性则是重金属离子在经历各种动态平衡过程中形态不断变化的综合表现。

1. 重金属在土壤中的形态及其特点

重金属的生物毒性不仅与其总量有关，更大程度上是由其形态分布所决定。重金属形态是指重金属的价态、化合态、结合态和结构态 4 个方面，即某一重金属元素在环境中以某种离子或分子存在的实际形式(韩春梅等，2005)。形态中某一个或几个方面不同即可表现不同的环境效应，直接影响到重金属的毒性、迁移及在自然界的循环。

对于重金属在土壤中的形态，目前还没有统一的定义及分类方法，目前应用最广泛的是化学形态分析法，即利用一种或多种化学试剂萃取土壤样品中的重金属元素。其中连续萃取法则是化学形态分析法中最常用的方法，该方法实际上是化学提取，通过不同试剂在体系反应中的行为、作用差异、控制相反应条件与作用次序，将赋存于不同化学相中的重金属分离出来，进行定量分析。在诸多形态分析方法中，Tessier(1979)的五步连续提取过程中出现的是应用最广泛的方法，他将重金属赋存形态分为：可交换态、碳酸盐结合态、铁锰氧化物结合态、有机态和残渣态。随后，针对 Tessier 连续提取过程中出现的若干问题，许多研究者对其进行了进一步的修正(Maher, 1984; Irabien and Velasco, 1999)。国内外许多学者用这种方法研究重金属在土壤和沉积物中各种化学形态的含量和分布特征，该方法目前已经逐步趋于成熟和完善。另外，Forstner (1981)、Shuman(1985)、Cambrell(1994)等都提出过不同的连续提取方法及重金属形态。为融合各种不同的分类和操作方法，欧洲参考交流局(The Community Bureau of Reference)提出了较新的划分方法，将重金属的形态分为 4 种，即酸溶态(如碳酸盐结合态)、可还原态(如铁锰氧化物态)、可氧化态(如有机态)和残渣态，所用提取方法称为 BCR 提取法(Leleyter et al., 1999)，此种方法操作简单实用而被广泛接受。

虽然各种方法对重金属形态的理解和提取步骤不尽相同，但是它们对于重金属形态的定义都有相同之处(韩春梅等，2005)。

(1) 可交换态重金属是指吸附在黏土、腐殖质及其他成分上的金属，对环境变化敏感，易于迁移转化，能被植物吸收。

(2) 碳酸盐结合态重金属是指土壤中重金属元素在碳酸盐矿物上形成的共沉淀结合态。对土壤环境条件特别是 pH 最敏感，pH 升高有利于碳酸盐形态的形成；相反，当 pH 下降时易重新释放出来而进入环境中。

(3) 铁锰氧化物结合态重金属一般是以矿物的外囊物和细粉散颗粒存在，由比表面积大的活性铁锰氧化物吸附或共沉淀阴离子而成。土壤中 pH 和氧化还条件变化对铁锰氧化物结合态有重要影响。pH 和氧化还原电位较高时，有利于铁锰氧化物的形成。

(4) 有机结合态重金属是土壤中各种有机物如动植物残体、腐殖质及矿物颗粒的包裹层等与土壤中重金属螯合而成。

(5) 残渣态重金属一般存在于硅酸盐、原生和次生矿物等土壤晶格中，是自然地质风化过程的结果，在自然界正常条件下不易释放，能长期稳定在沉积物中，不易为植物吸收。残渣态结合的重金属主要受矿物成分及岩石风化和土壤侵蚀的影响。

从上述分析可以看出，水溶态和可交换态的重金属易被植物吸收，具有很大的迁移性；铁锰氧化态和碳酸盐结合态这两组重金属与土壤结合较弱，最易被酸化环境分解释放，是重金属有效性的潜在来源；残渣态属于不溶态重金属，它只有通过化学反应转化成可溶态物质才对生物产生影响(吴新民和潘根兴，2003)。

土壤中重金属的形态具有一定的空间、时间分布规律，受土壤类型、土壤组分与性质、污染状况与污染历程等因素影响，随着土壤环境条件的变化，各种形态之间可以相互转化，在一定条件下这种转化处于动态平衡之中。土壤重金属形态的变化影响到土壤溶液中重金属的溶解度和浓度，从而影响作物对重金属的吸收，导致重金属对作物伤害程度产生差别。从土壤物理化学性质来看，土壤中不同形态的重金属处于各自不同的能量状态，它们在土壤中的迁移性不同，迁移性大小又决定了重金属的生物有效性和对生态环境的危害程度。外源重金属进入土壤以后一直在不断变化，处于动态的形态转化过程中，各形态有不同的变化趋势。实验表明，可溶态重金属进入土壤后其浓度迅速下降；交换态重金属先弱上升，然后迅速下降；碳酸盐态重金属浓度变化情况与交换态重金属变化相似；铁锰氧化态重金属浓度先上升然后下降；有机态重金属不断上升；残渣态重金属变化不大(莫争等，2002；周世伟，2007)。

另外，根据植物根系对土壤中重金属吸收的难易程度，可将土壤中重金属大致分为可吸收态、交换态和难吸收态 3 种状态(周启星和黄国宏，2001)。可吸收态重金属易为植物根系所吸收，如土壤溶液中的金属离子、游离离子及络合离子等；难吸收态重金属难被植物吸收，如残渣态重金属离子等，而交换态重金属介于两者之间。可吸收态、交换态和难吸收态重金属之间经常处于动态平衡状态，可溶态部分的重金属一旦被植物吸收而减少时，便主要从交换态部分来补充，而当可吸收态部分重金属因外界输入而增多时，则促使交换态向难吸收态部分转化，这 3 种形态在某一时刻可达到平衡状态，但随着环境条件(如植物吸收、络合作用及温度、水分变化等) 的改变而不断地发生变化，从而达到改变其生物活性、修复重金属污染的目的(韩春梅等，2005)。虽然对于可吸收态、交换态和难吸收态重金属没有明确的界定，但是，根据大量研究结果，可以推断水溶态、部分可交换态重金属可以直接被植物所吸收，碳酸盐结合态、铁锰结合态和有机质结合态重金属在一定条件下可以为植物吸收，而残渣态重金属则不能为植物所吸收。

2. 重金属在土壤中迁移转化的方式

重金属在土壤中的主要迁移转化方式可以分为物理吸附作用、物理化学作用、化学作用和生物作用 4 种(刘慎坦，2009)。

物理吸附作用： 土壤是一个多相的疏松多孔体系，且土壤固相中含有的各类胶态物具有巨大的表面能，因此能够截留或吸附一定化学形态的物质。吸附-解吸过程是重金属在土壤固相和土壤水相之间相互迁移转化的动态过程，在很大程度上决定了重金属的生物有效性。

一般认为，土壤对 Cd 的吸附作用应属于表面吸附的范畴，分为专性吸附和非专性吸附。其中专性吸附是指土壤颗粒与金属离子形成螯合物，金属离子在土壤颗粒内层与氧原子或羟基结合，这种吸附作用发生在胶体决定电位层——Stern层中，不能被 Ca^{2+}、K^+ 等离子置换(McLaren et al., 1973)。非专性吸附是指金属离子通过静电引力和热运动的平衡作用，保持在双电层的外层——扩散层中，这种作用是可逆的，遵守质量作用定律，可以等当量的互相置换(Sawhney，1972)。一般来说，土壤表面存在两类不同的吸附点位，即结合能高的点位与结合能低的点位。通过专性吸附机制被吸附的 Cd^{2+} 结合能较高，而非专性吸附的 Cd^{2+} 结合能较低。廖敏(1998)研究证实，Cd 可以通过高、低能位被土壤吸附，通过专性吸附机制被吸附的 Cd^{2+} 结合能较高，不容易被解吸，而非专性吸附的 Cd^{2+} 结合能较低，容易被解吸，在红壤上以低能位吸附为主。非专性吸附的离子在环境条件改变时容易解吸，而专性吸附的离子不易解吸，其只能被吸附亲和力更强的离子或有机络合剂解吸(邹献忠等，2004)。

土壤质地和矿物组成对重金属物理吸附也具有显著影响。质地细的土壤因含有较多的黏土矿物、铁和锰的氧化物、腐殖酸，因而具有较高的比表面积和表面能，对重金属的吸附能力强于质地粗的土壤(李其林等，2008)。层状硅酸盐矿物是土壤吸附镉的重要成分，其边缘羟基点位(MOH)与镉作用形成单齿和双齿配位(宋正国，2006)。

$$MOH + Cd^{2+} = MOCd^+ + H^+$$
$$2MOH + Cd^{2+} = (MO)_2Cd + 2H^+$$

所形成复合物的数量会随着土壤 pH 的增大而增加，从而使土壤溶液中 Cd^{2+} 的数量减少。腐殖质是有机胶体的重要组成部分，其含有很多的羧基、羟基、胺基等功能组分，其中以羧基、酚羟基最为重要，镉的络合、吸附反应常在这两种功能基上发生(宋正国，2006)。

$$2R\text{—}COO^- + Cd^{2+} = (R\text{—}COO)_2Cd$$

$$2R_1\text{—}O^- + Cd^{2+} = (R_1\text{—}O)_2Cd \quad (R_1\text{ 代表苯环})$$

一般认为，强酸性羧基、酚羟基与镉形成的络合物最稳定，对镉的吸附影响也最重要。

物理化学作用：土壤胶粒带有不同电性的电荷，当与溶液接触时便能吸附溶液中带异性电荷的离子，所以又可以称为离子交换吸附，属于静电吸附作用。离子交换吸附是黏土矿物吸附重金属离子的主要机制之一，即被吸附在黏土矿物层间域的离子与溶液中的重金属离子发生交换作用，主要决定于矿物所带的永久电荷量，而永久电荷量则主要取决于晶体结构中不等价离子的类质同象置换。由于黏土矿物晶体结构中中广泛存在不等价离子的类质同象置换，如 $Mg^{2+} \rightarrow Al^{3+}$、$Fe^{2+} \rightarrow Al^{3+}$ 等，使其带有一定量的表面净负电荷，这部分负电荷会通过静电作用吸附重金属离子。研究表明(何宏平等，2001)，蒙脱石、伊利石和高岭石对 Cu^{2+}、Pb^{2+}、Zn^{2+}、Cd^{2+}、Cr^{2+} 这 5 种重金属离子的吸附容量大小关系为蒙脱石>伊利石>高岭石，变化趋势与其可交换阳离子容量的变化趋势相一致。蛭石对 Cu^{2+}、Cd^{2+}、Pb^{2+} 的吸附以离子交换为主，符合 Langmuir 和 Freundlich 吸附等温式(谭光辉等，2001)。

土壤胶粒对重金属离子的交换吸附能力还与重金属离子的性质有关。阳离子的价态越高，电荷越多，土壤胶粒与阳离子之间的静电作用力也越强，吸引力也越大，因此结合强度也大。而具有相同价态的阳离子，则主要决定于离子的水合半径，即离子半径较大者，其水和半径相对较小，在胶粒表面引力作用下，较易被土壤胶粒的表面所吸附(张辉，2005)。

化学作用：重金属在土壤中的化学作用主要包括沉淀-溶解、氧化-还原、分解-化合、酸碱中和、络合(螯合)等。这些反应一般都是可逆的反应，当外界环境条件改变时，土壤中重金属形态可以通过化学作用相互转化，或使污染物转化成难溶、难解离性物质，使危害程度和毒性减小，或重金属污染物由稳固态转化为游离态，毒性和活性增加，整个土壤体系处于不断反应变化的动态平衡中。这些化学行为不是孤立的，它们不仅同时发生，而且相互影响，形成一个复杂的矩阵，共同影响着重金属在土壤中的迁移转化。化学反应与重金属离子的性质、土壤性质(如 pH、Eh、土壤溶液组成、土壤有机物组成等)、植物根系分泌物等因素密切相关。

生物作用：重金属在土壤中的生物作用主要指植物通过根系从土壤中吸收化学形态重金属，并在植物体内累积及土壤动物和微生物对土壤中重金属吸收和富集。土壤重金属元素各形态的生物利用性及对环境的影响大小并不相同，根据各形态生物利用性的大小归类，分为可利用态、潜在可利用态和不可利用态。据文献报道，可利用态包括水溶态和离子交换态，这种形态的重金属元素容易被生物吸收；潜在可利用态包括碳酸盐态、铁锰氧化物结合态和有机硫化物态，它们是可利用态重金属的直接提供者，碳酸盐结合态和铁锰氧化物结合态当 pH 和氧化还原条件改变时，也容易被生物吸收，有机一部分硫化物态不易被生物吸收；不可利用态一般是指残渣态，对生物无效(崔妍等，2005)。

除了植物能够吸收富集土壤中重金属外，微生物在被污染的土壤环境中去毒方面也具有独特作用。一些微生物可对重金属进行生物转化，其主要作用机理是微生物能够通过氧化、还原、甲基化和脱甲基化作用转化重金属，改变其毒性，从而形成了某些微生物对重金属的解毒机制；微生物也可通过改变重金属的氧化还原状态，使重金属化合价发生变化，重金属的稳定性也相应地随之变化。另外，金属价态改变后，金属的络合能力也发生变化，一些微生物的分泌物与金属离子发生络合作用，这可能是微生物具有降低重金属毒性的一种机理(滕应和黄昌勇，2002)。

3. 重金属在农田生态系统内的迁移和循环过程

重金属在土壤中的迁移转化形式复杂多样，并且往往是多种形式相结合，各种基本化学作用相互关联，如重金属由固相转入溶液，不仅直接受溶解作用制约，而且也受吸附作用、氧化-还原作用、络合作用等的控制。在各种作用的共同影响下，形成了土壤剖面中重金属有规律的分布及一定的形态组合。

重金属在土壤中的迁移形式主要是物理迁移、化学迁移和生物迁移，迁移途径可以经过地表径流、地下土壤渗透水、植物吸收等(莫争，2001)。在农田生态系统中最显著的物理迁移就是重金属随地表径流而被搬运。重金属污染物以离子交换吸附或络合-螯合等形式和土壤胶体结合，或发生溶解与沉淀反应，并随此过程迁移搬运属化学迁移过程。大量研究表明，土壤对重金属离子(Cu^{2+}、Pb^{2+}、Zn^{2+}等)的专性吸附通常占总吸附量的 80%~90%，而阳离子交换吸附仅占总吸附量的 10%~20%。专性吸附使土壤对某些重金属离子具有极大的富集能力，从而影响到它们在土壤中的移动和在植物中的积累。土壤环境中重金属的生物迁移主要是指植物通过根系从土壤中吸收某些化学形态的重金属，并在植物体内累积起来。从农作物对重金属吸收富集的总趋势来看，土壤中重金属含量越高，农作物体内的重金属含量也越高，土壤中的有效态重金属含量越大，农作物籽实中的重金属含量越高。

重金属在土壤中的迁移过程受多种因素的综合影响，如土壤 pH、土壤有机质含量、土壤质地、氧化-还原电位、重金属离子性质、植物种植系统等(宋书巧等，1999)。不同条件下，所体现的迁移过程也大有不同。吴燕玉等(1998)等研究了水稻-土壤系统中重金属复合污染物的 3 年迁移动态，发现重金属在表层土中的含量明显下降，输出的途径主要是作物吸收、地表径流带走和渗透水向下层迁移三大部分，最大的支出部分为表层向下迁移。在旱作农田中，重金属向下迁移的深度在20~60cm(夏增禄等，1985)。在成熟度高、分层性好、地表有机质与重金属含量相对丰富的土壤中，重金属能迁移至地表下 60~100cm 处(周国华等，2002)。而有些研究则表明，外源重金属大都富集在土壤表层，较难向下迁移，因而造成土壤表层尤其是耕层重金属含量最高(张民和龚子同，1996；邵学新等，2006)。

　　重金属在农田系统围绕土壤-作物体系进行的输入、输出及在系统内部的迁移转化就构成了循环系统(曾希柏等，2010)。这一循环过程可以用图1.1来概括：工业废弃物、肥料及其他来源的重金属通过大气沉降、施肥及三废物质的利用而进入农田生态系统，并在农田生态系统中与土壤矿物质、土壤有机质及土壤溶液中的各种阴阳离子发生一系列的物理、物理化学反应。通过这些反应，重金属的形态不断发生变化，大部分被固定在土壤中，少量的可溶态重金属被淋洗向更深的土体或地下水中，或随径流迁移；同时，各种形态的重金属也与土壤中的生物，如植物根系、土壤动物和土壤微生物，发生生物化学反应，一部分重金属被吸收和富集，一部分重金属则被作物吸收并在作物体内进行再分配，被作物吸收的部分随着作物的收获而离开土体，另外汞和砷等还可以通过微生物的作用以气态形式向大气中挥发逸出，但其逸出量相对有限。

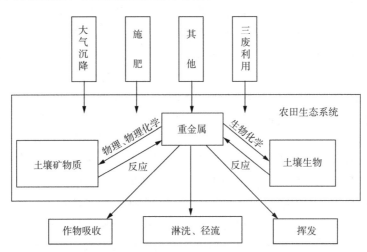

图 1.1　农田生态系统重金属的迁移转化(曾希柏等，2010)

　　农田生态系统是一个开放的系统，它与外界不断地进行着物质和能量的交换。健全的农田生态系统是一个有着诸如物质循环与转化功能、缓冲功能、净化功能、能流功能和生物多样性功能的动态平衡体系。重金属进入农田生态系统后，可以通过土壤的净化或钝化作用来降低其有效性，从而降低其毒性。因此，对正常或轻度超标的农田生态系统，可通过各种调控措施来维护或恢复其生态功能，进而实现其生态功能的可持续性，最终将进入农田生态系统中的重金属合理调配或输出到生态系统以外。

1.2　农田土壤重金属有效性的影响因素

污染物的生态环境效应是以其生物活性形态为基础的。土壤中活性重金属易于转化和迁移，易被农作物吸收利用，是对环境和人畜健康造成危害的直接原因，因而是对重金属元素毒性很好的表征。因此，揭示土壤重金属的生物有效性具有重要的理论和实践意义。土壤重金属的有效性受诸多因素影响，包括重金属元素的积累和形态、土壤性质、环境条件等。

1.2.1　土壤重金属全量

对浙江 16 种土壤的研究表明，土壤中水溶态和交换态镉(或铅)的绝对含量均随土壤镉(或铅)全量的增加而增加，水溶态和交换态镉(或铅)的绝对含量与其全量之间呈极显著正相关，说明镉(或铅)在土壤中的累积可促使其水溶态和交换态数量的增加(普锦成等，2008)。刘景等(2009)对红壤的研究也表明，有效态镉含量随土壤镉全量增加而增加。大量研究结果都显示，随着土壤重金属负荷的提高，土壤中交换态重金属的比例增大，活性提高(郭观林等，2005；高怀友等，2005，2006)。

1.2.2　重金属形态的转变

土壤中重金属的生物有效性和生物毒性，均由其含量与赋存形态共同决定，其中赋存形态的影响更为直接：不同赋存形态的重金属在土壤及沉积物中迁移性能显著不同，其生物可利用性差异显著(Ernst, 1996)。土壤成分的复杂性和土壤物理化学性质(pH，Eh 等)的可变性，造成了重金属在土壤环境中赋存形态的复杂和多样性。

1.2.3　土壤性质的影响

1. 土壤 pH

土壤 pH 是影响重金属迁移和转化的重要因素之一。几乎所有的重金属离子在土壤中的吸附、解吸、络合和沉淀都随着 pH 的变化而变化。

随土壤溶液 pH 升高，各种重金属元素在土壤固相上的吸附量和吸附能力加强。Boekhold 等(1991)对酸性沙土中镉的吸附过程研究发现，pH 每增加 0.5 个单位，镉的吸附就增加一倍。廖敏等(1999)的研究则表明，随 pH 的升高，镉的吸附量和吸附能力急剧上升，最终发生沉淀。黏土矿物、氧化铁铝对锌的吸附作用随 pH 升高而增强(王孝堂，1991；徐明岗等，2004a；杜彩艳等，2005)。土壤溶液的 pH 影响土壤溶液中重金属元素的离子活度。Temminghoff 等(1997)等发现当土壤溶液的 pH 由 3.9 升高到 6.6 时，溶液中的有机铜由 30%上升到 99%还多，极大地降低了 Cu^{2+} 的活度。随 pH 升高土壤中交换态重金属减少，且呈极显著负相关；碳酸盐结合态、铁锰化物结合有机态则升高，当 pH 在 6 以上，则含量随 pH 升高迅速增加(刘霞等，2002)。土壤 pH 对土壤中重金属元素的生物有效性影响可能不是单一的递增关系。廖敏等(1999)研究了 4 种红壤和水体系中 pH 对镉的迁移影响，结果表明，在中等吸附区镉吸附量与 pH 呈正相关；pH 6 以下被吸附的镉中生物有效态镉量随 pH 的升高而增加，pH 6 以上被吸附的镉中生物有效态镉量随 pH 升高而降低。

王孝堂(1991)研究认为，水溶态重金属含量随土壤 pH 的升高而下降的依变关系可用几种不同机理来解释。①随着体系 pH 的升高，土壤中的黏土矿物、水合氧化物和有机质表面的负电荷增加，对重金属离子的吸附力加强；②土壤有机质-金属络合物的稳定性随 pH 的升高而增大，使溶液中重金属离子的浓度降低；③重金属离子在氧化物表面的专性吸附随 pH 的升高而增强；④随 pH 的升高土壤溶液中多价阳离子和氢氧离子的离子积增大，生成沉淀的机会增大，而这些沉淀又增大了土壤对重金属离子的吸附力；⑤随 pH 升高，土壤中铁、铝、镁等金属的离子浓度减小，使土壤有利于吸附重金属离子。Barrow(1986)也认为，pH 升高，可变电荷表面的静电位会降低，从而使表面负电荷增大；在低 pH 时，主要是土壤的表面性质制约 Cd^{2+} 的吸附；随 pH 上升，土壤表面性质以外的因素(水解、沉淀等)对吸附的影响逐渐加强，不同土壤对 Cd^{2+} 的吸附差异逐渐减少。孙卫玲等(2001)、杨金燕等(2005)的结果也支持这一观点。

2. 土壤有机质

交换态和有机结合态重金属与有机质含量正相关(符建荣，1993)，增加有机质可使碳酸盐结合态向有机结合态转化，降低其潜在有效性。陆继龙等(2002)对吉林黑土的调查也发现土壤重金属有效性与土壤有机质有密切关系。林大松等(2007)研究表明，当土壤去除有机质后，土壤对 Cd^{2+}、Pb^{2+} 的吸附均降低。与对照相比，分配系数 $K_d(Cd^{2+})$、$K_d(Pb^{2+})$ 分别下降 54%~64%和 36%~52%。陈同斌和陈志军(2002)进一步研究发现，有机质中的可溶性有机质(DOM)可以抑制 Cd^{2+} 的吸附，降低其最大吸附容量，可能是由于 DOM 的络合作用促进重金属溶解的缘故。另外，有机质中的有机酸、腐殖质等都会增加重金属的活性、移动性及生物有效性。同时，有机质对重金属也具有络合和螯合作用，可以在一定程度上降低其活性，增强土壤对重金属污染的缓冲作用(陈世宝等，1997)。

3. 土壤养分状况

养分的改变主要是从 3 个方面影响土壤中的重金属：①养分对重金属吸附解吸的影响。研究表明交换性 Ca^{2+}、Mg^{2+} 明显降低土壤对 Zn^{2+}、Cu^{2+} 的吸附，而且对 Zn^{2+} 吸附的降低率高于 Cu^{2+}；K^+ 对 Zn^{2+}、Cu^{2+} 吸附影响甚微；养分中的阴离子也对重金属的有效性产生影响，如 SO_4^{2-}，HPO_4^{2-}，$H_2PO_4^-$，Cl^- 和 NO_3^- 等的存在会影响土壤对锌的吸附。②养分对重金属存在形态的影响。有研究表明，施磷可明显降低中性及微酸性土壤 Zn^{2+}、Cd^{2+}、Cu^{2+} 的碳酸盐结合态、有机质结合态及晶质氧化铁结合态含量的比例，而增加其交换态和无定形氧化铁结合态的比例，残渣态则不受影响。③养分对重金属迁移性的影响。研究指出，磷能有效地促进土壤砷的释放与迁移，这是由于磷、砷具有相似的土壤环境化学行为而产生竞争作用的结果(涂从和郑春荣，1997；张会民等，2006)。

1.2.4　存在时间

污染土壤中重金属的稳定化过程随时间增长而发生变化。一般来说，重金属的有效态含量随着培养时间的增长呈降低趋势。田园等(2008)对单一和复合污染土壤的培养表明，随着重金属元素进入土壤时间的延长，其有效性迅速降低，并在一段时间后达到平衡；各重金属元素之间的变化速率和平衡浓度差异显著。徐明岗等(2008)、吴曼等(2011)对重金属老化过程的研究也都发现了相同的规律。

1.2.5　其他因素的影响

土地利用方式也会影响土壤重金属有效态含量。李连芳等(2008)对山东寿光的研究表明，不同农业利用方式下土壤铜和锌含量从高到低的顺序为设施菜地>露天菜地>小麦/玉米/棉花地>自然土壤。

作物本身对重金属污染的敏感程度不同，一般蔬菜比禾谷类作物敏感，而蔬菜中，叶菜类比茄果类敏感，整体上有葱蒜类>绿叶类>食用菌类>白菜类>薯芋类>直根类>茄果类>豆类的趋势(王晓芳，2009)，其中油菜、小白菜等对重金属最为敏感(张永宏等，2009)。另外，不同种类的植物对同一种重金属元素的吸收、富集能力也不同，同一植物种类对不同重金属元素的吸收富集能力不同，同一植物的不同部位对重金属的吸收、富集能力也不同，对土壤重金属有效态含量的影响也存在差异。

1.3　土壤重金属污染修复的方法

土壤重金属污染现状很严峻，因此，如何调控、治理土壤重金属污染对农业可持续发展就显得极其重要。当前，世界各国都很重视对重金属污染治理方法研究，开展了广泛的研究工作。总体来说，治理土壤重金属污染的途径主要有两种：一是改变重金属在土壤中的存在形态，使其固定，降低其在环境中的迁移性和生物可利用性；二是从土壤中去除重金属元素。根据处理方式，处理后土壤位置是否改变，污染土壤的治理技术可分为：原位(insitu)治理和异位(exsitu)治理。异位治理环境风险较低，见效快且系统处理预测性较高，但成本高、对环境扰动大。相对来说，原位治理则更为经济实用，操作简单。根据治理工艺及原理的不同，污染土壤治理技术可分为：自然修复、物理工程修复、化学修复、生物修复和联合修复等。

1.3.1　自然修复

重金属污染的自然修复是指在没有人为干扰前提下，土壤中的重金属随时间延长数量减少、毒性或活性降低等自然发展过程。在发达国家，经常采用休耕、弃耕等手段，让污染的土壤进行自然修复。也可以广义理解为在没有采取物理或机械等人为措施而开展正常农业生产活动(如种植作物、施肥、灌溉等)条件下，污染物在土壤中所发生的数量减少或活性降低等过程(详见本书第二章)。凡是能使土壤物理、化学、生物性质发生变化的因素，如温度、水分、pH，施用有机肥、化肥、改良剂，以及种植作物等，均会影响土壤污染物的自然调控过程(徐明岗等，2004b)。

1.3.2　物理工程修复

物理工程措施包括客土、换土、翻土及去表土、电化学法、淋洗法、热处理法、固化法、玻璃化法等。通常，物理调控也可能伴随着一系列的化学或生物过程。物理工程措施治理效果最为显著、稳定，是一种治本措施，而且适应性广，但投资大，存在二次污染和肥力降低问题，适于小面积的重度污染土壤的治理。

1.3.3　化学修复

化学修复就是加入土壤改良剂以改变土壤的物理、化学性质，通过对重金属的吸附、沉淀或共沉淀作用，改变重金属在土壤中的存在状态，从而降低其生物有效性和迁移性。常用的改良剂有无机改良剂和有机改良剂。无机改良剂主要包括石灰、碳酸钙、粉煤灰等碱性物质，羟基磷灰石、磷矿粉、磷酸氢钙等磷酸盐，以及天然、天然改性或人工合成的沸石、膨润土等矿物质；有机改良剂包括农家肥、绿肥、草炭等有机肥料。化学固定作为一种原位修复技术，因其成本低廉、易于实施，近年来发展较快，对于重金属污染土壤，特别是对于轻中度污染，是一种最适宜的方法(Tang et al., 2004；周世伟和徐明岗，2007)。

施用石灰、粉煤灰、钢渣、高炉渣等碱性物质或钙镁磷肥、硅肥等碱性肥料，可中和土壤酸性，提高土壤 pH，促进重金属生成硅酸盐、碳酸盐、氢氧化物沉淀。在镉污染的酸性土壤中，施用石灰被认为是抑制植物吸收镉的有效措施。

含磷材料施用于土壤，可以促使其重金属由活性态向惰性态转化，显著降低其生物有效性，达到修复重金属污染的目的(曹志洪，2003)。研究表明，施入磷矿粉，可以使水溶态铅降低 56.8%~100%(Ma et al., 1995)。用磷酸盐来固定铅，主要是通过生成磷氯铅矿之类的矿物来降低铅的有效性；而磷酸盐固定污染土壤中锌、铜和镉的机理不同于铅，可能有以下 4 种：①重金属与磷酸盐表面的离子进行交换；②磷酸盐表面对重金属的络合作用；③重金属进入到磷酸盐无定型晶格中被固定；④重金属与磷酸盐中其他阳离子产生共沉淀作用，这 4 个方面共同产生作用(Cao et al.，2004；Ma et al.，1995)，使磷酸盐固定污染土壤中的锌、铜和镉。

有机物料中的有机质对重金属污染具有缓冲和净化作用，表现在以下几方面：①参与土壤离子的交换反应，增加土壤阳离子交换量，提高土壤环境容量；②稳定土壤结构，提供生物活性物质，为土壤微生物活动提供基质和能源，从而间接影响土壤重金属的行为；③可以螯合重金属离子，有机物料的比表面积和对重金属离子的吸附能力远远超过任何其他的矿质胶体，腐殖质分解形成的腐殖酸可与土壤中重金属形成络(螯)合物降低了植物的吸收；④有机质有促进还原作用，使重金属还原生成硫化物沉淀，也能使 Cr^{6+} 还原成低毒的 Cr^{3+}(陈世宝等，1997；华珞等，1998)。有机质改良取材方便、经济，其作为肥料和土壤改良剂也得到广泛应用。

1.3.4　生物修复

生物修复是利用生物技术治理污染土壤的一种新方法，利用生物削减净化土壤中的重金属或降低重金属毒性。生物修复最常用的就是植物修复和微生物修复。

植物修复是生物修复中一个重要的手段，它利用植物自然生长或遗传培育植物来修复重金属污染土壤，重金属超积累植物是植物修复的核心部分。根据其作用过程和机理，重金属污染土壤的植物修复技术可分为植物提取、植物挥发和植物稳定三种类型(鲍桐等，2008)。

①植物提取：利用重金属超积累植物从土壤中吸取金属污染物，随后刈割地上部并进行集中处理，连续种植该植物，达到降低或去除土壤重金属污染的目的。目前已发现有700多种超积累植物，积累 Cr、Co、Ni、Cu、Pb 的量一般在 0.1%以上，Mn、Zn 可达到 1%以上。②植物挥发：其机理是利用植物根系吸收重金属离子，将其转化为气态物质挥发到大气中，以降低土壤污染，目前研究较多的是 Hg 和 Se。③植物稳定：利用耐重金属植物或重金属超累积植物降低重金属离子的活性，从而减少重金属离子被淋洗到地下水或通过空气扩散进一步污染环境的可能性。植物稳定机理主要是通过重金属离子在根部的积累、沉淀或根表吸收来加强土壤中重金属的固化。

植物具有生物量大且易于后处理的优势，因此利用植物对重金属污染位点进行修复是解决环境中重金属污染问题的一个很有前景的选择，美国能源部就已规定用于修复土壤重金属污染的植物所应具有的特性：①即使在污染物浓度较低时也有较高的积累速率；②能在体内积累高浓度的污染物；③能同时积累几种重金属；④生长快，生物量大；⑤具有抗虫抗病能力。

微生物在修复重金属污染土壤方面具有独特的作用(陈志良等，2001)。主要作用原理是微生物可以降低土壤中重金属的毒性、可以吸附积累重金属、可以改变根际微环境，从而提高植物对重金属的吸收、挥发或固定效率。细菌对镉的耐受性比较大，而真菌和放线菌对镉的耐受性比较小(王秀丽等，2003)。

生物修复措施的优点是实施较简便、投资较少和对环境扰动少；缺点是治理效率低(如超积累植物通常都矮小、生物量小、生长缓慢且周期长)、不能治理重污染土壤(因高耐重金属植物不易寻找)和被植物摄取的重金属因大多集中在根部而易重返土壤；利用微生物进行原位修复，其结果可能会与实验室模拟有很大的差别、非土著微生物的适应性及其对土壤生物多样性会产生威胁等。

1.3.5　联合修复

由于土壤系统的开放性，造成土壤重金属污染来源、行为及循环过程等都异常复杂，单纯使用某种修复技术效率较低，有必要采取强化措施来提高修复效率。从修复技术来看，多种修复技术共用，或者以一种修复技术为主，辅以其他手段来共同恢复土壤健康得到了越来越多的重视。其中物理和化学联合修复、化学和植物联合修复、植物和微生物联合修复研究较多，而物理化学生物联合修复研究较少(庄绪亮，2007)。

物理和化学联合修复是利用污染物的物理、化学特性，通过分离、固定及改变存在状态等方式，将污染物从土壤中去除。这种方法具有周期短、操作简单、适用范围广等优点。近年来，研究者们通过对一些物理和化学修复方法的组合，有效地克服了某些修复方法存在的问题，在提高修复效率、降低修复成本方面，取得了一定的进展，也为今后物理和化学联合修复的发展提供了新的思路。植物与微生物的联合修复，特别是植物根系与根际微生物的联合作用，已经在实验室和小规模的修复中取得了良好的效果(Wu et al.，2006; Zaidi et al.，2006; 屈冉等，2008；牛之欣等，2009)。

实际上，针对不同土壤重金属污染的类型，人们也在选择和发展不同的治理方法，在现有方法中都要经历修复成本和修复效率这两个瓶颈，同时也要接受二次污染环境风险的考验。其中以化学修复和生物修复为代表的原位钝化修复技术，是一种污染土壤的修复方法，符合我国可持续农业发展的需要，受到土壤学家、环境学家越来越广泛的关注(王立群等，2009)。

1.4　农田土壤重金属污染修复的新思路

大量的研究和文献表明，土壤重金属修复没有固定的模式，应针对不同区域、不同重金属种类、不同的作物类型、不同的土壤条件采取不同的修复措施，多种方法相结合，因地制宜。

一方面，我国人口众多，土地资源十分紧缺，人均耕地不到 1.2 亩，约为世界人均耕地数量的 1/3，约为美国人均数量的 1/10。因此，我国不可能完全采用弃耕的方法进行土壤重金属污染的治理；另一方面，我国是农业大国，农业生产资源丰富，因此，发展能够在不影响正常农业生产基础上实现重金属污染修复的技术对于我国粮食安全和可持续发展具有战略意义。

很多研究表明，农艺措施可显著提高植物修复、微生物修复的效率。在土壤重金属污染的众多治理措施中，农业措施以其投资小、成本低、基本无生态副作用等而受到人们的关注。农艺措施修复方法主要包括施肥、土壤化学环境调控、管理措施等(郑小东等，2011)。肥料通过改善植物的营养状况来影响植物对重金属元素的吸收；肥料进入土壤后还可以与土壤胶体进行一系列反应，从而对重金属的植物有效性产生深刻影响。因为无论施哪种肥料，都为土壤介质引入了一种或多种离子。根据土壤与离子相互作用的原理，这些离子通过交换、配位等反应影响着重金属离子在土壤中的吸附、形态和有效性(徐明岗等，2006)。施用合适的肥料通过影响重金属的形态和吸附等，可钝化污染农田土壤中的重金属，促进重金属在土壤中的稳定性。施肥还可以在一定的范围内调控土壤的化学环境包括土壤 pH、土壤氧化还原电位(Eh)等，进而影响重金属的迁移转化和生物有效性。

研究表明，通过农业措施来治理重金属污染土壤具有可与常规农事操作结合起来进行、费用较低、实施较方便等优点，但存在周期长和效果慢等缺点，因此适用于中、轻度污染土壤的治理；与生物措施、改良剂措施配合使用，效果更佳。施肥作为农业生产中一项最普遍也是最重要的增产措施，如何将其应用于中、轻度污染土壤，把对土壤养分的补充、不良性质的改良与利用很好地结合起来，使之成为一项廉价而又行之有效的土壤修复措施，将具有极为重要的研究意义。

首先，实际生产中，如果能够利用不同肥料及其不同用量调节污染土壤中重金属生物有效性，把土壤重金属污染修复、施肥和土壤改良巧妙结合，就能够在不明显增加农田化学品投入的正常农业生产情况下，通过肥料和改良剂的选择和组合，实现修复与利用结合，对现有大面积重金属污染农田的有效利用和确保粮食安全，具有十分重要的实际价值。其次，施肥是农业生产中最常规的措施，而肥料也是土壤-植物系统中不可缺少的因素之一。因此，从施肥的角度出发，通过选择适宜的肥料种类，从而改变重金属的形态及生物学毒性，最终影响重金属在土壤-植物系统中的运输和在食物链中的传输，则是一种应该受到特别重视的重金属污染治理措施(王慎强等，1999；李永涛和吴启堂，1997)。

以往我国关于氮、磷、钾化肥的研究，多是其增产效应和机制的研究；在重金属污染的农田，施肥措施对重金属生物有效性影响等方面的研究较为缺乏；同时，就施肥对污染土壤中铅、镉、铜、锌影响，主要研究的是化肥对土壤重金属形态和有效性的作用和效果，而在重金属污染农田的农业生产中如何选择合理的肥料配合或组合，以保证高产的同时能有效钝化农田重金属铅、镉、铜、锌等方面研究的很少。

针对以上问题，我们提出利用施肥来实现"农田土壤重金属自然修复"的新思路，即在开展正常农业生产活动条件下，通过对肥料种类、用量的选择和搭配，减少重金属在土壤中的数量或降低活性，减少对农田生态系统的毒害。此概念体现了污染农田修复与利用的结合，具有中国特色。而通过专用肥料的开发，寻求能有效钝化污染土壤中的重金属，又能保证作物的养分供应和持续生产，是重金属污染农田修复技术研发的重要方向之一。

针对以上研究思想和研究目的，采集我国重金属铅、镉、铜、锌污染的典型农田土壤，特别是酸性红壤和水稻土，采取室内实验和盆栽实验相结合的技术路线，以植物营养学和土壤化学中的离子相互作用为主线，系统研究重金属自然消减的动态过程、特征及影响因素；研究不同类型和不同用量的氮肥、磷肥、钾肥、有机肥、改良剂及其配合使用对重金属污染土壤上作物生长、对重金属的吸收和富集、重金属不同形态的变化、有效态含量的变化、土壤性质的变化等，综合研究提出"肥料和改良剂修复土壤重金属铅、镉、铜、锌等污染的效应与机制"，筛选出适宜的钝化修复肥料品种，集成能有效钝化污染农田重金属铅、镉、铜、锌的技术和产品，保障农产品安全。

　　研究的技术路线如图 1.2。其中，重金属的自然消减过程、氮肥和伴随阳离子对重金属污染的修复、磷肥对重金属污染的修复、钾肥对重金属污染的修复、有机肥和改良剂对重金属的修复等将在以后几个章节中详细介绍。

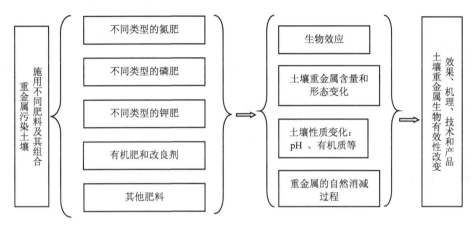

图 1.2　施肥修复重金属污染土壤的技术路线

主要参考文献

安志装, 王校常, 施卫明, 等. 2002. 重金属与营养元素交互作用的植物生理效应. 土壤与环境, 11(4): 392–396

鲍桐, 廉梅花, 孙丽娜, 等. 2008. 金属污染土壤植物修复研究进展. 生态环境, 17(2): 858–865

曹志洪. 2003. 施肥与土壤健康质量——论施肥对环境的影响. 土壤, 35(6): 450–455

陈芳, 董元华, 安琼, 等. 2005. 长期肥料定位实验条件下土壤中重金属的含量变化. 土壤, 37(3): 308–311

陈苗苗. 2009. 磷酸盐对我国典型土壤镉吸附–解吸影响的差异与机制. 河北农业大学硕士学位论文

陈世宝, 华珞, 白玲玉, 等. 1997. 有机质在土壤重金属污染治理中的应用. 农业环境与发展, 14(3): 26–29

陈同斌, 陈志军. 2002. 水溶性有机质对土壤中镉吸附行为的影响. 应用生态学报, 13(2): 183–186

陈志良, 仇荣亮, 张景书, 等. 2001. 重金属污染土壤的修复技术. 工程与技术, 8:17–19

崔德杰, 张玉龙. 2004. 土壤重金属污染现状与修复技术研究进展. 土壤通报, 35(3): 366–370

崔妍, 丁永生, 公维民, 等. 2005. 土壤中重金属化学形态与植物吸收的关系闭. 大连海事大学学报, 31(2): 59–63

杜彩艳, 祖艳群, 李元. 2005. pH 和有机质对土壤中镉和锌生物有效性影响研究. 云南农业大学学报, 20(4), 539–543

符建荣. 1993. 土境中铅的积累及污染的农业防治. 农业环境保护, 12 (5) : 223–232

高怀友, 师荣光, 赵玉杰. 2006. 不同土壤中 Zn 有效态含量与全量关系的统计研究. 环境科学学报, 26(8): 1400–1403

高怀友, 赵玉杰, 师荣光, 等. 2005. 非连续时空统计条件下土壤中 Cd 有效态含量与全量的相关性分析. 农业环境科学学报, 24(增刊): 165–168

高阳俊, 张乃明. 2003. 施用磷肥对环境的影响探讨. 土壤肥料, 19(6): 162–165

郭观林, 周启星, 李秀颖. 2005. 重金属污染土壤原位化学固定修复研究进展. 应用生态学报, 16 (10): 1990–1996

郭观林, 周启星. 2005. 污染黑土中重金属的形态分布与生物活性. 环境化学, 24(4): 384–388

韩春梅, 王林山, 巩宗强, 等. 2005. 土壤中重金属形态分析及其环境学意义. 生态学杂志, 24 (12): 1499–1502

何宏平, 郭九皋, 朱建喜, 等. 2001. 蒙脱石、高岭石、伊利石对重金属离子吸附容量的实验研究. 岩石矿物学杂志, 20(4): 573–578

何江华, 魏秀国, 陈俊坚, 等. 2001. 广州市蔬菜地土壤–蔬菜中重金属 Hg 的含量及变化趋势. 土壤与环境. 10 (4): 267–269

华珞, 陈世宝, 白玲玉, 等. 1998. 有机肥对镉锌污染土壤的改良效应. 农业环境保护, 17(2): 55–59

黄绍文, 韩宝文, 和爱玲, 等. 2007. 城郊公路边菜田土壤和韭菜中重金属的空间变异特征. 华北农学报, 22(增刊): 152–157

姜丽娜, 王强, 郑纪慈. 2008. 蔬菜产地土壤重金属含量空间分布研究. 水土保持学报, 22 (4): 174 –178

李连芳, 曾希柏, 白玲玉. 2008. 不同农业利用方式下土壤铜和锌的累积. 生态学报, 28(9): 4372–4380

李其林, 魏朝富, 王定勇, 等. 2008. 重金属在土壤载体中的行为和环境响应. 土壤通报, 39(2): 441–442

李永涛, 吴启堂. 1997. 土壤污染治理方法研究. 农业环境保护, 16(3): 118–122

廖敏, 黄昌勇, 谢正苗. 1999. pH 对镉在土水系统中的迁移和形态的影响. 环境科学学报, 19(1): 82–86

廖敏. 1998. 施加石灰降低不同母质土壤中镉毒性机理研究. 农业环境保护, 17(3): 101–103

林大松, 徐应明, 孙国红等. 2007. 土壤 pH、有机质和含水氧化物对镉、铅竞争吸附的影响. 农业环境科学学报, 26(2): 510–515

刘景, 吕家珑, 徐明岗, 等. 2009. 长期不同施肥对红壤 Cu 和 Cd 含量及活化率的影响. 生态环境学报, 18(3): 914–919

刘荣乐, 李书田, 王秀斌, 等. 2005. 利用畜禽废弃物生产的商品有机肥重金属含量分析. 农业环境科学学报, 24(2): 392–339

刘慎坦. 2009. 土壤中重金属可交换态分析方法的研究. 山东大学硕士学位论文

刘树堂, 赵永厚, 孙玉林, 等. 2005. 25 年长期定位施肥对非石灰性潮土重金属状况的影响. 水土保持学报, 19(1): 164–167

刘霞, 刘树庆, 王胜爱, 等. 2002. 河北主要土壤中重金属镉形态与土壤酶活性的关系. 河北农业大学学报, 25 (1): 5–6

陆继龙, 周永昶, 周云轩. 2002. 吉林省黑土某些微量元素环境地球化学特征. 土壤通报, 33(5):

365-368

马智宏, 王纪华, 陆安祥, 等. 2007. 京郊不同剖面土壤重金属的分布与迁移. 河北农业大学学报, 30 (6) : 11-15

莫争, 王春霞, 陈琴, 等. 2002. 重金属 Cu, Pb, Zn, Cr, Cd 在土壤中的形态分布和转化. 农业环境保护, 21 (1): 9-12

莫争. 2001. 典型重金属 Cu, Pb, Zn, Cr, Cd 在土壤环境中的迁移变化. 中国科学院硕士学位论文

纳明亮, 张建新, 徐明岗, 等. 2008. 石灰对土壤中 Cu、Zn 污染的钝化及对蔬菜安全性的影响. 农业环境与发展, (2): 105-108

牛之欣, 孙丽娜, 孙铁珩. 2009. 重金属污染土壤的植物-微生物联合修复研究进展. 生态学杂志, 28(11): 2366-2373

普锦成, 符娟林, 章明奎. 2008. 土壤性质对水稻土中外源镉与铅生物有效性的影响. 生态环境, 17(6): 2253-2258

屈冉, 孟伟, 李俊生, 等. 2008. 土壤重金属污染的植物修复. 生态学杂志, 27(4): 626-631

任顺荣, 邵玉翠, 高宝岩, 等. 2005a. 长期定位施肥对土壤重金属含量的影响. 水土保持学报, 19(4): 96-99

任顺荣, 邵玉翠, 王正祥. 2005b. 利用畜禽废弃物生产的商品有机肥重金属含量分析. 农业环境科学学报, 24 (增刊): 216-218

邵学新, 黄标, 孙维侠, 等. 2006. 长江三角洲典型地区工业企业的分布对土壤重金属污染的影响. 土壤学报, 43(3): 397-404

宋书巧, 吴欢, 黄胜勇. 1999. 重金属在土壤-农作物系统中的迁移转化规律研究. 广西师院学报(自然科学版), 16(4): 88-92

宋正国. 2006. 共存阳离子对土壤镉有效性影响极其机制. 中国农业科学院博士学位论文

孙卫玲, 赵蓉, 张岚, 等. 2001. pH 对铜在黄土中吸持及其形态的影响. 环境科学, 2(3): 78-83

谭光辉, 李晖, 彭同江. 2001. 蛭石对重金属离子吸附作用的研究. 四川大学学报(工程科学版), 33(3): 58-61

滕应, 黄昌勇. 2002. 重金属污染土壤的微生物生态效应及其修复研究进展. 土壤与环境, 11(1): 85-89

田园, 王晓蓉, 林仁漳, 等. 2008. 土壤中镉铅锌单一和复合老化效应的研究. 农业环境科学学报, 27(1): 156-159

涂从, 郑春荣. 1997. 土壤-植物系统中重金属与养分元素交互作用. 中国环境科学, 17 (6): 526-529

王国贤, 陈宝林, 任桂萍, 等. 2007. 内蒙古东部污灌区土壤重金属迁移规律的研究. 农业环境科学学报, 26(增刊): 30-32

王立群, 罗磊, 马义兵, 等. 2009. 重金属污染土壤原位钝化修复研究进展. 应用生态学报, 20(5): 1214-1222

王慎强, 陈怀满, 司友斌. 1999. 我国土壤环境保护研究的回顾与展望. 土壤, (5): 255-260

王晓芳. 2009. 植物中重金属的生物效应. 中国地质科学院硕士学位论文

王孝堂. 1991. 土壤酸度对重金属形态分配的影响. 土壤学报, 28 (1) : 103-107

王秀丽, 徐建民, 姚槐应, 等. 2003. 重金属铜、锌、镉、铅复合污染对土壤环境微生物群落的影响. 环境科学学报, 23(1): 22-27

王颖, 韩晓日, 孙杉杉, 等. 2008. 长期定位施肥对棕壤重金属的影响及其环境质量评价. 沈阳农

业大学学报, 39(4): 442–446

魏复盛, 陈静生, 吴燕玉, 等.1991. 中国土壤环境背景值研究.环境科学, 12(4): 12–19

吴曼, 徐明岗, 徐绍辉等. 2011. 有机质对红壤和黑土中外源铅镉稳定化过程的影响. 农业环境
　　科学学报, 30(3): 461–467

吴新民, 潘根兴. 2003. 影响城市土壤重金属污染因子的关联度分析.土壤学报, 40 (6): 921–929

吴燕玉, 王新, 梁仁禄, 等. 1997. 重金属复合污染对土壤–植物系统的生态效应–对作物、微生
　　物、苜蓿、树木的影响. 应用生态学报, 8(2): 207–212

吴燕玉, 王新, 梁仁禄, 等. 1998. Cd, Pb, Cu, Zn, As 复合污染在农田生态系统的迁移动态研究.
　　环境科学学报, 18(4): 408–414

夏增禄, 李森照, 穆从如. 1985. 北京地区重金属在土壤中的纵向分布和迁移. 环境科学学报,
　　5(1): 105– 112

徐明岗, 李菊梅, 张青.2004a. pH 对黄棕壤重金属解吸特征的影响.生态环境, 13(3): 312–315

徐明岗, 刘平, 宋正国, 等. 2006. 施肥对污染土壤中重金属行为影响的研究进展.农业环境科学
　　学报, 25(增刊): 328– 333

徐明岗, 王宝奇, 周世伟, 等. 2008. 外源铜锌在我国典型土壤中的老化特征. 环境科学, 29(11):
　　3213–3218

徐明岗, 张青, 李菊梅.2004b. 土壤锌自然消减的研究进展.生态环境, l3(2): 268–270

杨金燕, 杨肖娥, 何振立, 等.2005. pH 和 Cu^{2+} Zn^{2+}对两种可变电荷土壤中吸附态Pb解吸行为
　　的影响. 农业环境科学学报, 24(3): 469–475

杨正亮, 申新磊, 李世清. 2007. 重金属对小麦根干重和在不同培肥条件下对土壤铵态氮的影响.
　　中国农学通报, 23(8): 453–457

曾希柏, 苏世鸣, 马世铭, 等. 2010. 我国农田生态系统重金属的循环与调控. 应用生态学报,
　　21(9): 2418–2426

张辉. 2005. 土壤环境学. 北京：化学工业出版社

张会民, 吕家珑, 徐明岗, 等. 2006. 土壤性质对锌吸附影响的研究进展.西北农林科技大学学报
　　(自然科学版), 34(5): 114–118

张建新, 纳明亮, 徐明岗.2007. 土壤 Cu、Zn、Pb 污染对蔬菜根伸长的抑制及毒性效应. 农业环
　　境科学学报 26(3): 945–949

张民, 龚子同. 1996. 我国菜园土壤中某些重金属元素的含量与分布. 土壤学报, 2(1): 82– 93

张茜, 张文菊, 徐明岗. 2008. 石灰对土壤中 Cu、Zn 污染的钝化及对蔬菜安全性的影响. 农业
　　环境与发展, (2): 105–108

张茜. 2007. 磷酸盐和石灰对污染土壤中铜锌的固定作用及其影响因素. 中国农业科学院硕士
　　学位论文

张青. 2005. 改良剂对 Cd/Zn 复合污染土壤修复作用及机理研究. 中国农业科学院硕士学位论文

张永宏, 徐明岗, 陈苗苗, 等. 2009. 作物种类对中国 2 种典型土壤中铜锌有效性的影响. 环境
　　污染与防治, 31(9) : 1–5, 9

赵祥伟, 骆永明, 滕应, 等. 2005. 重金属复合污染农田土壤的微生物群落遗传多样性研究. 环
　　境科学学报, 25(2): 186–191

郑绍建, 胡霭堂.1995. 淹水对污染土壤镉形态转化的影响.环境科学学报, 15(2): 142–147

郑小东, 荣湘民, 罗尊长, 等. 2011. 土壤重金属污染及修复方法研究进展. 农学学报, 10: 37–43

周国华, 马生明, 喻劲松, 等. 2002. 土壤剖面元素分布及其地质\环境意义. 地质与勘探, (6):

70–75

周华, 吴礼树, 洪军, 等. 2006. 几种改良剂对 Cd 和 Pb 污染土壤小白菜生长的影响. 河南农业科学, 5:90–94

周启星, 黄国宏. 2001. 环境生物地球化学及全球环境变化. 北京: 科学出版社

周世伟, 徐明岗. 2007. 磷酸盐修复重金属污染土壤的研究进展. 生态学报, 27(7): 3043–3050

周世伟. 2007. 外源铜在土壤矿物中的老化过程及影响因素研究. 中国农业科学院博士学位论文

朱凤连. 2008. 集约化养猪场粪便对红壤旱地重金属积累与环境风险评价研究. 安徽农业大学硕士学位论文

庄绪亮. 2007. 土壤复合污染的联合修复技术研究进展. 生态学报, 27(11): 4871–4876

宗良纲, 徐晓炎. 2003. 土壤中镉的吸附解吸研究进展.生态环境, 12(3): 331–335

邹献中, 徐建民, 赵安珍, 等. 2004. 可变电荷土壤中铜离子的解吸. 土壤学报, 41(1): 68–73

Barrow N J. 1986. Testing a mechanistic model. IV. describing the effect of pH on Zn retention by soils. Journal of Soil Science, 37: 295–302

Boekhold A E, Van der Zee S E A M. 1991. Long-term effect of soil heterogeneity on cadmium behavior in soil. Journal of Contaminant Hydrology, 7:371-390

Cambrell RP. 1994. Trace and toxic metals in wetland: a review. Journal of Environmental Quality, (23): 883–819

Cao X, Rhue DR, Chen SB, et al. 2004. Mechanisms of lead, copper, and zinc retention by phosphate rock. Environmental Pollution, 131: 435–444

Chatterjee A K, Biswapatimandal, Mandal LN. 1996. Interaction of nitrogen and potassium with zinc in submerged soil and Iowland rice. Journal of the Indian Society of Soil Science, 44(4): 792–794

Cheng S. 2003. Heavy metal pollution in China: origin, pattern and control. Environmental Science and Pollution Research, 10(3): 192–198

Ernst WHO. 1996. Bioavailability of heavy metals and decontamination of soils by plants. Applied Geochemistry. 11: 163–167

Forstner U. 1981. Metal pollution in Aquatic environment (Second Edition) Berlin: Springer–Veriag Leleyter L, sediments. International Journal of Environmental Analysis Chemistry, 73(2): 109–128

Irabien M J, Velasco F. 1999. Heavy metals in Oka river sediments (Urdaibai National Biosphere Reserve, northern Spain): lithogenic and anthropogenic effects. Environmental Geology，37 (1–2):54–63

Ma Q Y, Logan T G, Traina S J. 1995. Lead immobilization from aqueous solutions and contaminated soils using phosphate rocks. Environmental Science & Technology, 29: 1118–1126

Maher W A. 1984. Evaluation of a sequential extraction scheme to study associations of trace elements in estuarine an doceanic sediments. Bulletin of Environmental Contamination and Toxicology, 32: 339–344

McLaren R G, Grawford D V. 1973. Study on soil copper. 2. The specific adsorption of copper by soils. Journal of Soil Science, 24: 443–452

Sawhney B L. 1972. Selective sorption and fixation of cations by clay mineral: a review. Clays and Clay Minerals, 20: 93–100

Shuman L M. 1985. Fractionation method for soil microelements. Soil Science, (140): 11–22

Tang X Y, Zhu Y G, Chen S B, et al. 2004. Assessment of the effectiveness of different phosphorus fertilizers to remediate Pb–contaminated soil using *in vitro* test. Environment International, 30: 531–537

Temminghoff E J M, Van Der Zee S E A T M, De Haan F A M. 1997. Copper mobility in a copper-contaminated sandy soil as affected by pH and solid and dissolved organic matter. Environ Sci Technol, 31: 1108–1115

Tessier A. 1979. Sequential extraction procedure for the speciation of particulate，trace metals. Analytical Chemistry, 51(7): 844–851

Wu S C, Cheung K C, Luo Y M, et al. 2006. Effects of inoculation of plant growth–promoting rhizobacteria on metal uptake by Brassica juncea. Environmental Pollution, 140: 124–135

Zaidi S, Usmani S, Singh B R, et al. 2006. Sigificance of Bacillus subtilis strain SJ–101as a bioinoculant for concurrent plant growth promotion and nickel accumulation in Brassica juncea.Chemosphere, 64: 991–997

第二章 施肥与重金属污染土壤的自然修复

污染物进入土壤后，在没有人为干扰下，其浓度、有效性或毒性会逐渐降低，这称之为自然消减(natural attenuation)或老化 (aging)。土壤对污染物有自然消减的能力，并且这个能力强烈受土壤性质的影响。利用土壤对污染物的自然消减能力，使污染物的毒性和浓度降低到可接受的水平，以达到污染土壤修复的目的，就是自然修复。无疑，自然修复是成本最低、环境最为友好的土壤修复技术，但是，其最大的一个缺点就是修复速度十分缓慢。据 Alloway(1990)的估算，进入土壤的重金属，在没有外来继续进入，只通过植物吸收使其在土壤中消失的时间：砷(As)和镉(Cd)为 100 年；铜(Cu)、锰(Mn)、钼(Mo)和锌(Zn)为 1000 年；钴(Co)、铅(Pb)、镍(Ni)、铬(Cr)和钒(V)为 10 000 年。

因为自然消减过程深受土壤性质的影响，所以，凡能改变土壤物理、化学、生物性质的因素，如温度、水分、pH 及种植作物、施用有机肥、化肥、改良剂等，均会影响土壤重金属的自然消减过程(徐明岗等，2004)。在此基础上，人们发展了各种强化措施，来促进重金属的自然消减，以快速修复污染土壤，这称之为强化自然修复(assisted natural remediation)(Adriano et al., 2004)。其中，施肥是经济可行、高效的辅助手段，正日益受到重视。

本章在介绍土壤重金属自然消减原理后，着重讨论铜在黏土矿物中的自然消减机理、我国典型土壤中重金属的自然消减过程、施肥强化下的重金属污染土壤自然修复技术等。

2.1 土壤重金属的自然消减概述

2.1.1 自然消减概念及研究意义

水溶性金属进入土壤后，迅速完成固-液分配，然后其可交换性、可浸提性、生物有效性和毒害随时间延长而缓慢地降低，这称之为自然消减、老化、不可逆吸持(irreversible sorption)等(McLaughlin, 2001; Lock and Janssen, 2003; Yong and Mulligan, 2004; Hamon et al., 2006)。

早期，人们发现在缺铜土壤上施用的铜肥(硫酸铜)随时间延长，其肥效下降(Brennan et al., 1986; McLaren and Ritchie, 1993)。后来，进一步认识到外源重金属污染土壤后，外源重金属的可浸提性、可交换性、生物有效性和毒害都会随与土壤的接触时间而缓慢下降(McLaughlin, 2001; Lock and Janssen, 2003; Tom-Petersen et al., 2004; Lu et al., 2005; Ma et al., 2006a, 2006b)。在对长期铜污染田间土壤与人工新添加的铜污染土壤的生物毒害比较时也发现二者有明显的差别，无论是旋花属植物和大麦，还是弹尾目昆虫和蚯蚓，长期铜污染田间土壤的毒害都低于人工新添加铜污染土壤的毒害(Bruus Pedersen et al., 2000; Scott-Fordsmand et al., 2000; Bruus Pedersen and Van Gestel, 2001; Ali et al., 2004)。这些结果同时也表明，不管是在低重金属含量状况还是高量重金属环境下，都存在着外源金属的自然消减过程。

正是由于自然消减过程，使得田间污染土壤中的重金属与人工新添加的重金属(即使经过短期培养)的有效性或毒害存在着较大的差异。因此，当对重金属污染土壤进行生态风险评价或修复治理时，考虑自然消减过程就显得十分必要。长期以来，人们一直都认为土壤中外源重金属的反应会很快达到平衡，从而忽视了实验室短期培养过程与田间长期过程的差异，以至于国内外现行的土壤环境质量标准都是建立在新添加的重金属实验条件下产生的生物效应和生态毒理数据，往往高估了其生态风险(Alexander, 2000; Renella et al., 2002)。可见，查明外源重金属在土壤中的自然消减机理、速率及影响因素，从而定量评价、模拟和预测重金属生物毒性，建立重金属生物毒性和老化时间的定量关系，将有助于校正生态毒理数据，正确评价重金属毒害的生态风险及制定合理的土壤环境质量标准。

综上所述，土壤重金属的自然消减过程研究为土壤环境质量标准的制定提供了科学依据，这不仅有助于指导金属缺乏土壤的施肥和金属污染土壤的生态风险评价，而且对污染土壤的管理和修复也有重要的指导意义。

2.1.2　土壤重金属形态的研究方法

重金属进入土壤后，发生一系列化学、生物学反应，它的有效形态及其他各形态都随老化时间发生明显的改变。从本质上说，正是重金属形态(特别是有效态)发生了根本性变化，导致对生物(微生物、植物和动物)的毒害也发生了根本性变化。因而，土壤重金属形态研究意义重大，可揭示重金属自然消减的过程和机制。

土壤中的金属形态复杂，液相中有 M^{2+}、MOH^+ 及其他无机、有机络离子；固相中有不同结合强度的络合物或沉淀及矿物。相应地，研究方法多种多样，包括化学方法、物理方法等(Nolan et al., 2003a; D'Amore et al., 2005)。这里仅介绍几种土壤化学常用的形态分析方法。

1. 化学形态提取法

化学形态提取法包括有效形态单一提取和化学形态连续提取两种。

表征金属有效形态的提取剂多种多样，如 0.01mol/L $CaCl_2$、0.005mol/L DTPA 和 0.05mol/L EDTA 等，其中 0.005mol/L DTPA 和 0.05mol/L EDTA 通常提取的是水溶态、交换态、有机结合态的总和，还包括部分氧化物和次生黏土矿物结合的重金属，由于它们和植物生长最为密切，最能代表重金属的植物有效性，所以常被选用作为重金属有效形态的单一提取剂(Alloway, 1990)。此外，酸性土壤重金属有效性研究中还常使用 0.1mol/L HCl 作为提取剂，台湾环境保护局已将其作为标准方法。

基于重金属在土壤表面的不同结合强度，将其区分为不同的结合态，然后选用一系列化学试剂进行连续提取分析，这就是化学形态连续提取法。应用最广泛的是 Tessier 等 (1979)的 5 步提取法，将土壤固相结合的重金属划分为可交换态、碳酸盐结合态、铁锰氧化物结合态、有机质结合态及残渣态。此后，欧洲联盟(European Union, EU)提出了标准测量程序(Standards, Measurements and Testing Programme，前身为 BCR)，也受到了普遍欢迎(Davidson et al., 1998; Barona et al., 1999; Kaasalainen and Yli-Halla, 2003; Mossop and Davidson, 2003; Pueyo et al., 2003; Fernández et al., 2004)。为了克服在酸性土壤中得到大量碳酸盐结合态的局限，Shuman(1985)发展了一个适合酸性土壤的连续提取方法，该方法将金属划分为可交换态、有机质结合态、氧化锰结合态、氧化铁结合态和残渣态。另外，Ma 和 Uren(1998a)的连续提取方法增加了专性吸附部分(EDTA 提取的)和易还原锰结合态，很好地用于碱性土壤外源金属的自然消减过程。

尽管化学形态连续提取技术可以定量评价土壤中金属的分配、迁移和转化，但是它有严重的缺陷，主要面临两大问题：①提取剂的非专一性；②提取过程中金属的重新吸附或沉淀反应(Ramos et al., 1994)。由于提取剂的不完全选择性，使得金属的不同结合形态相互交叉，难以准确获得与某一土壤组分相关的金属含量；而提取过程中溶解在提取剂里的金属会被土壤重新吸附或者与土壤溶液中某些离子生成沉淀，使得连续提取法得到的结果不能反映土壤中金属真实的形态。显然，在受人为扰动强烈的土壤，如施肥的农业土壤或污染的土壤，可能会有大量的阴离子(磷、硫等)，这种情况下，运用连续提取法研究土壤的重金属将极大地低估各提取形态，进而低估其环境风险。

2. 化学平衡形态模型

化学平衡形态模型如 MINTEQ(Fotovat and Naidu, 1997; Christensen et al., 1999; Burton et al., 2005)、GEOCHEM(Nolan et al., 2003b)、WHAM(Christensen et al., 1999; Ge et al., 2000; Vulkan et al., 2000; Nolan et al., 2003b; Tipping et al., 2003; Tye et al., 2004)等认为金属离子在土壤溶液里由于水解、络合、氧化还原等生成各种离子形式，遵循如下的质量平衡等式：

$$M_T^{n+} = M^{n+} + M_{ML} \qquad\qquad (2-1)$$

式中，M_T^{n+} 为金属总浓度，可以由光谱法、色谱法等测定；M^{n+} 为游离水合金属离子浓度；M_{ML} 为金属与配位体生成络合物浓度(Huang et al., 1998; Sparks, 2003)。

根据金属离子与无机和有机配位体反应的平衡常数，将公式(2-1)转换成包含条件平衡常数、金属总浓度、水合金属离子浓度和金属与配位体生成络合物的浓度的算术等式，然后使用连续逼近迭代法就能够求解，从而得出金属的游离离子浓度及各络合物浓度(Sparks, 2003)。

显而易见，化学平衡形态模型既建立在传统化学平衡反应的基础上，又与计算机紧密结合，更重要的是，它不仅解释发生在土壤中的化学反应，而且可以预测各化学形式的浓度。因此，能够比较客观地定量评价金属溶液形态，在土壤化学中起到举足轻重的作用。毫无疑问，土壤化学的未来定会大力发展和使用化学平衡形态模型(Huang et al., 1998)。不过，化学平衡形态模型是建立在纯水体系中的溶液平衡或固液平衡，对复杂的土壤体系，可能会出现较大的偏差，如已有研究证实土壤表面形成重金属氢氧化物沉淀的 pH 就低于纯水溶液(Kinniburgh and Jackson, 1981)。所以，不断更新土壤金属的溶解和吸附反应平衡常数，将是未来化学平衡形态模型应用的最重要挑战(Huang et al., 1998)。

3. 以 XAFS 为代表的光谱技术

得益于同步辐射光源的高亮度和高分辨率，X 射线吸收精细结构(X-ray absorption fine structure, XAFS)具有下列无可比拟的优点：①EXAFS 现象来源于吸收原子周围最近邻的几个配位壳层作用，决定于短程有序作用，不依赖晶体结构，因此可用于非晶态物质的研究，能得到吸收原子近邻配位原子的种类、距离、配位数及无序度因子；②X 射线吸收边具有原子特征，可以调节 X 射线的能量，对不同元素的原子周围环境分别进行研究；③利用强 X 射线或荧光探测技术可以测量几个 mg/kg 浓度的样品；④EXAFS 可用于测量固体、液体、气体样品，一般不需要高真空，不损坏样品(王其武和刘文汉，1994)。所以，以 XAFS 为代表的原子、分子尺度分析技术已在土壤元素形态和反应机理研究中发挥了重要的作用，成为现在和未来土壤化学的主要发展方向(Huang et al., 1998)，促使一门新的科学——分子环境土壤学的诞生和发展(Sparks, 2001, 2003, 2006; Xu and Huang, 2010)。

但是，应清楚地认识到 XAFS 自身的局限性和土壤的复杂性将对其应用有一定的限制。一方面，XAFS 难以测量土壤的痕量或超痕量元素(<几 mg/kg)，毕竟土壤中大多环境元素含量都十分低；另一方面，它仅探测吸收原子的邻近 2~3 个

配位壳层的结构信息和电子信息,这都属于短程有序(short-range order)范畴。因此,当要给出某个元素的完全信息时,它既不能给出长程有序(long-range order)的研究结果,这些需借助 X 射线衍射(X-ray diffraction, XRD)技术;它也不能直接给出分子交互信息,这些通常利用核磁共振(nuclear magnetic resonance, NMR)或红外光谱(infrared spectroscopy, IR)方便地获得。

总之,人们必须对各种方法有一个清醒的认识,不能完全相信某一技术,而是尽可能多种方法联合应用,从不同的层面共同揭示物质的结构和作用机理。尤其是面对较为复杂的土壤体系和更为复杂的土壤界面反应,不仅需要各结构分析技术的联合应用,而且需要结合宏观的平衡吸附-解吸实验、吸附动力学数据、计算机模拟等。因而需要多学科的交叉、融合,诚如 Scheidegger 和 Sparks(1996)所宣称的土壤学家应该理解其他科学家和工程师的"语言"。

2.1.3 自然消减机理

外源水溶性金属进入土壤后,迅速与土壤组分发生复杂的反应,引起土壤固相-液相金属浓度极大变化。这些反应包括吸附、沉淀、扩散等,依据环境条件和作用时间,可能向不同的方向渐变,最终达到一种动态平衡。Sparks(2003)描述了两种类型的渐变过程:一是在表面的聚集。低表面覆盖度时金属离子占据一些孤立的吸附位,随覆盖度增加,金属氢氧化物的晶核形成,最终成为表面沉淀或表面金属簇。二是由表面向晶层内的转变。先是形成外层络合物,然后脱水生成内层络合物,再经扩散或同晶替代进入到矿物的晶格;或者经快速侧向扩散到达边缘,在此被吸附或形成聚合体,最后随颗粒增长,这些表面聚合体被埋入晶格内。这预示着表面沉淀和扩散是控制金属离子活性的两个主要作用,并可能取决于二者的相对强弱。McLaughlin(2001)则认为在短期内(数分钟到数小时)吸附作用有显著的影响,表面沉淀只可能发生在高浓度金属离子的环境中,而在较长接触时间内(老化阶段),可能的反应机理:①金属扩散进入土壤矿物或有机质的表面微孔;②金属通过慢的固态扩散进入到土壤矿物的晶格内;③一些条件下(如季节性淹水),土壤铁锰氧化物发生还原反应和氧化反应,引起这些氧化物溶解和再沉淀,从而包裹一些金属离子;④高浓度金属和高浓度阴离子(如磷酸盐、碳酸盐等)生成新的固相沉淀;⑤金属或者扩散进入有机质分子内部,或者通过有机质分子的包裹作用而使金属与有机物紧紧结合。

总而言之,归纳起来,土壤外源重金属的自然消减过程主要有 3 种作用:扩散、聚合/沉淀和包裹。根据这 3 个作用机理,Ma 等(2006a, 2006b)发展了一个半机理老化模型:

$$100 - E = \frac{B}{10^{(pK^0 - pH)} + 1} \times t^{C/t} + F \times C_{org} \times t^{G/t}$$
$$+ 600\sqrt{D/\pi r^2}\sqrt{t \times \exp(E_a/293R - E_a/RT)}$$

(2-2)

式中，E 为活性铜(如同位素交换的铜)；B 为有关表面沉淀/晶核作用的常数；pK^0 是铜的一级水解常数($pK^0 = 7.7$)；pH 为土壤pH；t 为老化时间；C 为有关表面沉淀/晶核作用的反应速率常数；F 为有关有机质包裹作用的常数；C_{org} 为土壤有机质含量；G 为有关有机质包裹作用的反应速率常数；D 为扩散系数；r 为土壤或矿物固体颗粒半径；D/r^2 为表观扩散系数；E_a 为反应活化能；R 为气体常数；T 为绝对温度。

模型的第一部分代表了表面沉淀/晶核作用，第二部分是有机质包裹作用，第三部分则是微孔扩散作用。它表明土壤外源重金属的自然消减主要受土壤 pH、有机质、温度、接触时间及土壤表面性质的影响，是多种反应机理共同作用的结果。该模型已较成功地应用于欧洲 19 个代表性土壤(pH 3~7.5，有机碳含量0.4%~23.3%)上铜的短期(30 天)和长期(2 年)老化(Ma et al., 2006a, 2006b)。并且，计算得到的活化能(33~36kJ/ mol)和表观扩散系数(0.66×10⁻¹⁰~20.9×10⁻¹⁰/ s)均暗示中微孔扩散是土壤外源铜的主要老化过程。

迄今，人们运用光谱技术已经证实金属表面簇或沉淀生成(McBride, 1991; Farquhar et al., 1996; Karthikeyan et al., 1999; Martínez and McBride, 2000; Morton et al., 2001; Sparks, 2003; Alvarez-Puebla et al., 2004, 2005; Chang et al., 2005; Hyun et al., 2005)；或金属磷酸盐沉淀(主要是磷酸铅类)生成(Ruby et al., 1994; Cotter-Howells and Caporn, 1996; Hettiarachchi et al., 2001; Cao et al., 2002, 2004; Scheckel and Ryan, 2004)。Du 等(1997)应用 FTIR 也证实较高 pH 和碳酸盐浓度下，铜在伊利石悬液中生成了 $Cu_2(OH)_2CO_3$ 沉淀。但是，整体来看，外源重金属在土壤中的自然消减机理还缺少足够的和直接的光谱学证据。He 等(2001)表明在加热条件下(≤300℃)，蒙脱石层间的水化 Cu^{2+} 能够失去配位水进入六角形洞穴；当进一步加热(461~700℃)，能发生脱羟基作用，从而推动六角形内的 Cu^{2+} 渗入到八面体孔穴。Karmous 等(2006)应用 XRD 发现 Cu^{2+} 带有一个水层，位于蒙脱石层间的中部，当温度升高至 250℃时，层间水丢失；当温度升高至 350℃时，一定比例的 Cu^{2+} 扩散进入八面体孔穴，并且这个比例随受热程度而增加。常温下，Cu^{2+} 如何向层状铝硅酸盐黏土矿物的层间扩散?我们的研究显示，Cu^{2+} 向膨润土层间的扩散依赖于 pH：在较低 pH(pH<5.5)时，Cu^{2+} 是主要扩散离子；而在较高 pH(pH=7.68)时，$CuOH^+$ 成为主导扩散离子(Zhou et al., 2008)。关于表面沉淀/晶核作用，Lee(2003)应用 EXAFS 证实 Zn 在蒙脱石表面生成外层单核络合物，当样品老化到 11 天，生成多核表面络合物或表面沉淀；当老化到 20 天后，则生成类似 Zn-贝硅酸盐(Zn-phyllosilicate)或 Zn/Al-水滑石(Zn/Al-hydrotalcite)的混合金属共沉淀。而

在氧化铁表面，低浓度时生成内层络合物，高浓度时生成内层络合物和多核聚合物，并且这些表面络合物形式不随培育时间改变。对镉而言，在这两种表面上都形成外层络合物，不随反应时间及镉浓度变化。意味着不同的金属离子在不同的矿物表面有不同的老化机理。关于有机质的包裹作用(McLaughlin, 2001)，光谱数据仅证实有机质可与金属生成稳定的五元环螯合物(Sheals et al., 2003; Karlsson et al., 2006; Strawn and Baker, 2009)或有机质-金属-矿物三元络合物(Liu and Gonzalez, 1999; Alcacio et al., 2001; Sheals et al., 2003)，还未见有关有机质对重金属包裹的直接证据的报道。

　　研究土壤外源金属自然消减的主控过程、发生条件及影响因素是十分有意义的。如果土壤中金属的自然消减过程主要是扩散作用，那么它受浓度和温度控制，应该持续较长的时间达到平衡，而且，当土壤溶液和颗粒表面的活性金属数量随时间的延长而降低后(植物吸收或淋溶等)，由扩散导致失去活性的金属会通过向外扩散的过程而活化，并且这个活化过程应比老化过程慢。相反，如果自然消减过程主要是表面聚合/沉淀作用，那么它主要受控于土壤 pH，应该在较短的时间内达到平衡，而且，当土壤 pH 降低时，土壤中老化的金属容易被溶解而活化。显然，前者的可逆性要远低于后者。由于这方面的研究甚少，人们对自然消减机理主要是表面沉淀作用还是微孔扩散和晶格固定作用，仍得不出一个明确的结论，基本处于推测阶段，没有足够的化学数据和光谱学数据来获得金属在某特定土壤或矿物中的老化速率、机理及其影响，更不能确定不同土壤表面性质对金属老化速率及机理的影响。在重金属自然消减机理研究方面还需做大量的工作，这既要依赖化学、光谱学等形态分析方法，又要改变金属在土壤中的反应很快达平衡的观念，从而能坚持数月、数年对土壤外源金属化学行为的监测。

2.1.4　自然消减的影响因素

　　因为自然消减(老化)是快反应(主要是吸附反应，高 pH 和高金属含量时有沉淀反应)的继续，所以金属在土壤矿物表面的吸附特性和形态特征是解释土壤中金属自然消减过程的关键问题。影响金属离子形态及吸附、沉淀、扩散等反应的因子如土壤pH、温度、有机质含量、土壤类型等都对其自然消减过程有着重要的影响。

1. 土壤 pH

　　Lindsay(1979)指出土壤溶液中的铜离子主要存在下列两个平衡反应：

$$土壤\text{-}Cu + 2H^+ \Leftrightarrow Cu^{2+} \qquad lgK^0 = 2.8 \qquad (2\text{-}3)$$

$$Cu^{2+} + H_2O \Leftrightarrow CuOH^+ + H^+ \qquad lgK^0 = -7.70 \qquad (2\text{-}4)$$

显然，随 pH 升高，不仅土壤吸附铜增加，而且 CuOH$^+$ 增加。已经证实一价 MOH$^+$ 比二价 M^{2+} 更容易被土壤表面吸附(Barrow et al., 1981; Kinniburgh and Jackson, 1981; Barrow, 1986; Alloway, 1990; McBride, 1991)，因此，最终表现为既增加了铜的吸附，又改变了表面吸附铜的形态。pH 增加到某一值时，将生成金属的羟化物表面聚合体甚至金属氢氧化物表面沉淀，这已被光谱学实验所证实(Farquhar et al., 1996; Du et al., 1997; Karthikeyan et al., 1999; Morton et al., 2001; Alvarez-Puebla et al., 2004, 2005; Chang et al., 2005; Hyun et al., 2005)。毋庸置疑，pH 升高将增加表面聚合/沉淀作用的比重。另外，Alloway(1990)认为金属离子可以扩散进入针铁矿、氧化锰、伊利石、蒙脱石等矿物，其相对扩散速率随 pH 而增加，直至 MOH$^+$=M^{2+}(即 pH=pK)时达到最大。这可能是因为 MOH$^+$ 有较小的水化半径，更容易扩散进入矿物晶层。pH 更高时(pH>pK)，扩散速率降低很可能归因于金属大量生成了稳定的表面沉淀。

总之，土壤 pH 既影响表面聚合/沉淀作用，又影响微孔扩散作用，是土壤外源金属自然消减的一个最重要的影响因子，Ma 等(2006a, 2006b)提出的机理模型也证实了这一结论。在 pH 接近 pK 的较高区域，主要促使金属生成表面沉淀。但是，沉淀反应通常在较短的时间完成，并且金属氢氧化物沉淀稳定性很强，故在较长的时间内金属的可浸提性、生物有效性或毒害等没有明显的变化。相反，在较低 pH 区域，随 pH 的升高，一方面表面聚合/沉淀趋势加强，另一方面微孔扩散作用加强。因此，pH 主要是通过影响土壤溶液或土壤固体表面金属形态从而影响着外源金属在土壤中的沉淀反应和扩散过程。

2. 土壤温度

在土壤金属离子吸附反应中，Barrow(1986, 1992)及 Bruemmer 等(1988)指出升高温度主要是增加离子的扩散速率，并且 Bruemmer 等(1988)提出一个类似阿累尼乌斯公式(arrhenius equation)用以计算扩散系数 D(cm^2/s)：

$$D = D_0 e^{-E_a/RT} \qquad (2\text{-}5)$$

式中，D_0 为指前因子，代表扩散系数不随温度改变部分；E_a 为扩散的活化能(kJ/mol)；R 为气体常数[8.314J/(K·mol)]；T 为绝对温度(K)。

再结合描述金属老化过程的扩散方程：

$$Y_n/Y_m = M + 6\sqrt{(D/\pi r^2)t} \qquad (2\text{-}6)$$

式中，Y_n 为土壤中添加金属的非活性部分(mg/kg)；Y_m 为土壤中添加金属的总浓度(mg/kg)；M 为常数，代表表面络合等快反应的影响；D 为扩散系数(cm^2/s)，r 为土壤或矿物固体颗粒半径(cm)，D/r^2 为表观扩散系数；t 为老化时间(s)(Ma and Uren,

1997; Ma et al., 2006a)。

最终得到一个温度影响老化反应的等式:

$$Y_n/Y_m = M + N\sqrt{e^{-E_a/RT}}\,t \tag{2-7}$$

式中, $N = 6\sqrt{D_0/\pi r^2}$; E_a 为扩散的活化能(kJ/mol); R为气体常数[8.314J/(K·mol)]; T 为绝对温度(K)。

这样, 能够求出金属离子在土壤中扩散的活化能(E_a)和表观扩散速率系数(D/r^2), 从而有助于深入认识外源金属在土壤中的扩散作用。如已计算得到土壤中锌和铜的 E_a 分别为 55kJ/mol 和 33~36kJ/mol, D/r^2 分别为 10^{-11}~10^{-10}/s(22℃)和 0.66×10^{-10}~20.9×10^{-10}/s(20℃)(Ma and Uren, 1997; Ma et al., 2006a)。据此, 可推测微孔扩散是土壤外源金属的主要老化机理, 而且, 铜的扩散过程更容易进行, 锌扩散反应受温度的影响更大。

考察不同温度对外源重金属自然消减的影响, 可以通过计算"当量时间"(equivalent time)进行(Barrow, 1986; Ma and Uren, 1997; Ma et al., 2006a)。假设在一定温度范围内, 增加温度的效应等同于延长老化时间, 故可将不同温度的效应统一到一个温度下(如 25℃), 从而更直观地比较老化反应过程。当量时间 t_{eq}(s)由下式计算:

$$t_{eq} = t \times \exp(E_a/298R - E_a/RT) \tag{2-8}$$

式中, t 为实际老化时间(s); T 为实际老化温度(K); E_a 为反应的活化能(kJ/mol); R 为气体常数[8.314J/(K·mol)]。

依据土壤中 Cu 和 Zn 老化反应的活化能数据(Ma and Uren, 1997; Ma et al., 2006a), 就可利用公式(2-8)轻易地推知温度升高 10℃, 相当于铜和锌的老化时间分别延长 1.54~1.60 倍和 2.06 倍。这也从另一个侧面再次证实了 Cu 比 Zn 在土壤中的老化受温度影响较小。

3. 土壤有机质

普遍认为土壤有机质的羧基、羟基、氨基、羰基等官能团能够与金属离子发生金属-有机配合作用, 并且相对来说, 有机物质对铜有更强的亲和力, 如 Pandey 等(2000)测定的二价金属离子-土壤腐殖酸络合物稳定常数 lgK(pH=3.5)依次是 Cu(5.28)>Fe(5.03)>Pb(3.66)>Ni(3.20)>Co(2.82)>Ca(2.78) = Cd(2.78)>Zn(2.74)>Mn(2.62)> Mg(2.35)。目前, 已经应用 XAFS 证实金属与土壤有机质生成稳定的内层络合物(Xia et al., 1997; Korshin et al., 1998)甚或更为稳定的五元环螯合物(Sheals et al., 2003; Karlsson et al., 2006; Strawn and Baker, 2009); 或者与有机质和矿物共同作用形成稳定的有机质-金属-矿物(A 型)或金属-有机质-矿物(B 型)三元络合物

(Liu and Gonzalez, 1999; Alcacio et al., 2001; Sheals et al., 2003; Boudesocque et al., 2007)。这些络合和吸附作用无疑将显著降低溶液中游离金属浓度，在 pH 4.8~6.3 的有机土壤中，游离 Cu^{2+} 不到总铜的 0.2%(Karlsson et al., 2006)。

然而，有机质与金属的配合作用似乎更容易受环境变化的干扰，有机质的水解或分解都有可能增加可溶性金属浓度。因而，在 pH 高的土壤中(如石灰性土壤)，有机质的分解速度大，腐殖酸的溶解性也大(朱祖祥，1996)，造成可溶性有机质(DOM)增多，它与金属的络合将使金属的移动性和活性增强(Temminghoff et al., 1997; Zhou and Wong, 2001)。McBride 等(1998)研究了铜在针铁矿和有机质悬液中的活度变化，也发现虽然有机质中的铜活度低于针铁矿，但 pH 升高后，二者的差异明显减小；并且高 pH 时有机质中的铜活度随长期老化(400 天)明显升高。

现有的文献仅 Ma 等(2006a)报道了高有机质土壤中铜老化的表观扩散速率系数增加，但是他们所研究的两个高有机质土壤都是酸性土壤(pH 为 4.20 和 4.75)，不能全面反映有机质的影响。通常情况，有机质对金属的络合作用也应该在较短的时间内完成，因而它的影响主要在金属的短期老化过程，而对长期老化没有明显作用。由于有机质和金属的相互作用的复杂性，目前难以对有机质在金属自然消减中的影响给出明确的结论。

4. 土壤类型

如上所述，Lee(2003)的研究表明金属在不同的土壤矿物表面形成不同的络合物，而且这些表面络合物形式随老化时间有不同的变化，预示金属离子在不同的矿物表面有不同的自然消减机理，即土壤类型和矿物组成也是外源重金属在土壤中自然消减的一个主要影响因素。

不同土壤类型及矿物组成拥有不同的阳离子交换量(CEC)、比表面积(SSA)等，对金属有不同的吸附能力，通常表现为黏质土壤>沙质土壤，有机质>铁/锰氧化物≫黏土矿物，高岭石>伊利石>蒙脱石(Alloway, 1990)。因此，金属在不同类型的土壤表面能够以不同的强度结合，或者呈交换吸附(非专性吸附)，或者配位吸附(专性吸附)，这些不仅影响到金属的表面聚合/沉淀作用，而且影响金属向矿物层间的扩散作用。无疑，都将明显对金属的自然消减过程产生重要影响。但是有关金属在不同类型土壤表面吸附及生成表面络合物对其自然消减过程的影响研究，特别是不同强度表面吸附对金属表面聚合/沉淀作用和扩散作用的相对贡献研究，还涉及甚少。我们的研究结果表明对铜短期老化(表面聚合/沉淀作用)，影响次序是腐殖酸>碳酸钙>针铁矿>膨润土；而对铜长期老化(扩散作用)，影响次序是针铁矿>膨润土>腐殖酸>碳酸钙(周世伟，2007)。

由于土壤类型不同，其 pH、有机质等通常有较大差别，而这些往往成为外源金属自然消减至关重要的因素，所以土壤类型及矿物组成对金属自然消减的影响，常常被直接归于土壤 pH、有机质等贡献。Lu 等(2005)应用连续提取法证实相比北京褐土和黑龙江黑土,江西红壤中有较多的可交换态金属,并且随时间延长其降低的幅度较小,即红壤中金属老化进程慢;我们对湖南红壤、浙江水稻土和北京褐土中铜、锌的老化研究也得到了相似的结果(徐明岗等,2008)。其结果证明土壤 pH 的影响是最重要的。

除了 pH、温度、有机质及土壤类型是金属自然消减的主要影响因素外,其他一些因子,如金属添加量和来源、土壤氧化还原电位等,也将影响金属自然消减过程。Arias-Estevez 等(2007)证实在酸性土壤中,当铜添加量超过 500mg/kg 时,500 天的培育对老化作用仍是不够的;Wang 和 Staunton(2006)表明土壤在淹水时水溶性铜高;Ma 和 Uren(1997)的研究结果显示干湿交替可降低 DTPA 提取的锌浓度,特别在较高温度下更为明显。干湿交替可能加强了锌的微孔扩散过程。总之,能够影响金属形态、土壤表面性质及金属在土壤固-液界面分配的因素,都将影响到金属自然消减过程。深入研究土壤金属自然消减过程的影响因素,对于认识和控制外源金属在土壤中的老化过程及生物有效性/毒性是十分重要的。

2.2 外源铜在黏土矿物中的自然消减过程与机制

2.2.1 外源铜的形态变化

外源水溶性铜加入膨润土后,有效铜(可交换的铜和 EDTA 提取的铜)随时间迅速减少,2 小时~370 天老化反应过程中,可交换的铜(EXC-Cu)由 18.0%下降到 1.1%,EDTA-Cu 由 63.1%减少到 22.5%(图 2.1)。反应初期,EXC-Cu 下降速率快,随时间延长,速率变缓,直至 180 天后不再有明显变化,暗示交换性铜的转化过程已经结束。EDTA-Cu 在反应初期有所上升,这应该归于 EXC-Cu 的转化;3 天后开始快速下降,直至 370 天仍没有达到平衡,说明 EDTA-Cu 的转化还没结束,在更长的时间内,还要降低它的比重,向内转变为结合强的无效形态。从缓效铜(0.5mol/L HCl-Cu、6mol/L HCl-Cu)和残渣铜(RES-Cu)的变化也可看出,370 天老化作用后,仍保持持续上升(图 2.1),既暗示了铜从表面易提取态逐渐向内部难提取态转化的老化机理,又提示这个老化反应是一个缓慢的过程,可持续一年以上的时间。Arias-Estevez 等(2007)也证实在酸性土壤中,当铜添加量超过 500mg/kg 时,500 天的培育对老化作用仍是不够的。

图 2.1 显示腐殖酸、针铁矿和碳酸钙都明显降低有效铜比例,但是随时间延长这种作用逐渐减弱,至 90 天后不仅不再起作用,甚至还使 EDTA-Cu 有略微的升高。预示这些组分主要促进外源可溶性铜的短期老化,而对长期老化基本没有影响或有一定的负影响。无疑,随反应时间,铜由表面的易提取形态向内部的难

提取形态转化, 而这个转化过程(老化)可由两种作用控制: 表面聚合/沉淀作用和扩散作用(McLaughlin, 2001; Sparks, 2003; Ma et al., 2006a, 2006b)。在老化反应初期, 黏土矿物中添加腐殖酸、针铁矿和碳酸钙引起残渣铜明显增加, 而持续老化, 不仅这种差别消失, 而且对残渣铜继续生成还有一定抑制, 特别在添加碳酸钙处理上(图 2.1)。因此, 考虑腐殖酸、针铁矿及碳酸钙促进外源铜的短期老化在于表面聚合/沉淀作用, 对长期老化没有影响或负影响在于抑制扩散作用。从图 2.1 可看出在老化反应过程中, 腐殖酸和针铁矿主要促进 6mol/L HCl-Cu 生成, 无效程度高, 而碳酸钙则提升 0.5mol/L HCl-Cu 比例, 无效性较差。

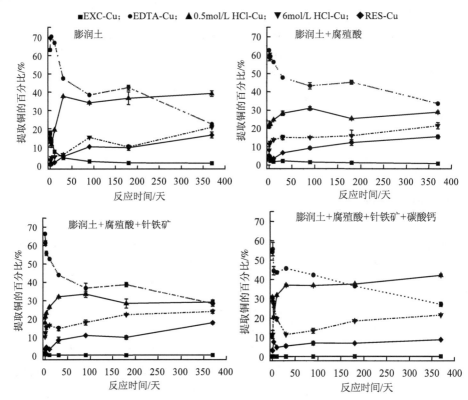

图 2.1 膨润土体系外源铜的不同形态随时间的变化(周世伟, 2007)

2.2.2 外源铜动力学过程拟合

水溶性金属加入土壤后, 在最初的快反应后往往跟随一个缓慢的反应, 它能够用菲克第二定律加以描述(Bruemmer et al., 1988; Ma and Uren, 1997; Lu et al., 2005; Ma et al., 2006a)。因此, 在本研究中, 用一个表征老化过程的扩散方程公式(2-6)来模拟外源铜自然消减的动力学过程。

缓效铜和无效铜较好地符合公式(2-6)(R^2=0.690~0.943, $P<0.0001$)(表2.1)，其表观扩散速率系数 D/r^2=6.43×10^{-6}~20.0×10^{-6}/天(7.44×10^{-11}~2.31×10^{-10}/s)，与土壤中铜和锌的表观扩散速率系数相近(Ma and Uren, 1997; Ma et al., 2006a)，暗示微孔扩散是其主要老化机理。从表2.1知，残渣铜拟合的方程拟合常数 M 最小，接近零(–0.001 59)，所以可认为它来自微孔扩散作用；而 0.5mol/L HCl-Cu 有最大的 M 和 D/r^2，认为表面聚合/沉淀作用和微孔扩散作用都明显控制了它的生成。根据公式(2-6)，微孔扩散作用的贡献能够被计算和评价，如表 2.2 所示，明显地，无效铜受微孔扩散控制，但盐酸提取的铜是受表面聚合/沉淀作用和微孔扩散作用共同控制，尤其是 0.5mol/L HCl-Cu，表面反应的影响不能忽略。毋庸置疑地，扩散作用的贡献随老化时间延长而增加，在培养 90 天后，分别有 47.7%的 0.5mol/L HCl-Cu 和 79.1%的 6mol/L HCl-Cu 来自微孔扩散作用；370 天后，扩散作用所占的比重则分别上升至 64.9%和 88.5%。所以，对外源铜的长期老化过程，如 90 天以上，无效铜与 6mol/L HCl-Cu 的生成基本可认为主要来自微孔扩散作用。

表2.1　铜老化过程扩散方程的参数值和相关系数(Zhou et al., 2008)

缓效铜和无效铜	M	(D/r^2)/天	R^2
RES-Cu	–0.001 59(0.005 23)	6.43×10^{-6}(8.48×10^{-7})	0.9427***
6mol/L HCl-Cu	0.022 6(0.009 02)	7.06×10^{-6}(1.53×10^{-6})	0.8586***
0.5mol/L HCl-Cu	0.157 6(0.024 8)	2.00×10^{-5}(7.00×10^{-6})	0.6899***

注：***为显著性$P<0.0001$；括号内的数字为标准差

表2.2　根据扩散方程计算出的扩散反应对缓效铜和无效铜的相对贡献率(周世伟，2007)(单位：%)

培养时间/天	0.5mol/L HCl-Cu	6mol/L HCl-Cu	RES-Cu
0.08	2.70	10.30	100
1	8.76	28.47	100
3	14.26	40.81	100
10	23.30	55.72	100
30	34.47	68.55	100
90	47.68	79.06	100
180	56.31	84.23	100
370	64.88	88.45	100

当分别对残渣铜(RES-Cu)、非活性铜(6mol/L HCl-Cu+RES-Cu)、缓效铜(0.5mol/L HCl-Cu+6mol/L HCl-Cu+RES-Cu)进行扩散方程拟合时，发现在膨润土外源铜的老化中，残渣铜更好地符合扩散方程(R^2=0.9427, $P<0.0001$)；而添加腐殖酸和针铁矿后，非活性铜将更好地符合扩散方程(R^2=0.9879, $P<0.0001$ 和 R^2=0.9803, $P<0.0001$)；加入碳酸钙后，符合扩散方程程度较差，只有缓效铜有较

高的相关性(R^2=0.8506, P=0.0011)(表 2.3)。这些结果说明：在膨润土中，铜的老化过程主要是层间扩散；在有腐殖酸和针铁矿存在时，扩散不仅包括层间，还包括向腐殖酸和针铁矿中扩散；当碳酸钙存在时，还包括向碳酸钙中扩散。

在 4 个处理中，表征快反应过程(表面聚合/沉淀作用、包裹作用等)对铜老化影响大小的参数 M 次序是 Bt<Bt+HA<Bt+HA+Gt<Bt+HA+Gt+CA；表征慢反应过程(微孔扩散作用)强弱的参数 D/r^2 次序却是 Bt>Bt+HA+Gt>Bt+HA>Bt+HA+Gt+CA(表 2.3)。表明腐殖酸、针铁矿和碳酸钙的加入都增加了外源铜老化的快反应过程，除针铁矿增加慢反应过程外，这些活性组分都降低了扩散反应。毫无疑问，腐殖酸将大大增加外源铜的表面聚合作用或包裹作用，但腐殖酸与铜形成了稳定的络合物，XAFS 证实是内层络合物(Xia et al., 1997; Korshin et al., 1998)或五元环螯合物(Sheals et al., 2003; Karlsson et al., 2006; Strawn and Baker, 2009)，连续提取实验表明主要是 6mol/L HCl-Cu(图 2.1)，自然，将抑制铜向黏土矿物内部的扩散。故膨润土中添加腐殖酸，将引起 M 大大增加，D/r^2 大大降低(表 2.3)。显然，针铁矿通过单独吸附作用或与腐殖酸共同作用加强了铜的表面聚合反应，连续提取实验表明有更多的 6mol/L HCl-Cu 生成(图 2.1)。由于选用的针铁矿在 4℃合成，有更多的比表面积和多孔性，极有可能会增加铜的扩散作用，这样，添加针铁矿后不仅增加了 M，而且增加了 D/r^2(表 2.3)。相比较而言，碳酸钙有更加活化铜的趋势，一方面通过强的竞争能力降低铜在腐殖酸、针铁矿和黏土矿物中的比例，从而显著降低铜的扩散系数；另一方面与铜生成活性更大的络合物，连续提取实验证实是 0.5mol/L HCl-Cu(图 2.1)，使 M 增加不突出(表 2.3)。

表2.3　膨润土体系铜老化过程扩散方程的参数值和相关系数(周世伟, 2007)

缓效铜和无效铜	处理	M	(D/r^2)/s	R^2	P
残渣铜	Bt	−0.001 59	$7.44×10^{-11}$	0.942 7	<0.000 1
	Bt+HA	0.032 1	$4.14×10^{-11}$	0.949 2	<0.000 1
	Bt+HA+Gt	0.030 6	$5.24×10^{-11}$	0.913 1	0.000 2
	Bt+HA+Gt+CA	0.044 5	$5.34×10^{-12}$	0.586 5	0.026 7
非活性铜	Bt	0.021 5	$3.06×10^{-10}$	0.917 5	0.000 2
	Bt+HA	0.138 1	$1.36×10^{-10}$	0.987 9	<0.000 1
	Bt+HA+Gt	0.155 3	$1.87×10^{-10}$	0.980 3	<0.000 1
	Bt+HA+Gt+CA	0.197 7	$2.14×10^{-11}$	0.175 0	0.302 3
缓效铜	Bt	0.179 4	$1.04×10^{-9}$	0.888 6	0.000 5
	Bt+HA	0.368 5	$2.36×10^{-10}$	0.923 5	0.000 1
	Bt+HA+Gt	0.387 7	$3.46×10^{-10}$	0.866 0	0.000 8
	Bt+HA+Gt+CA	0.477 3	$1.55×10^{-10}$	0.850 6	0.001 1

注：Bt：膨润土；HA：腐殖酸；Gt：针铁矿；CA：碳酸钙

总的来看，在黏土矿物外源铜长期老化过程中，腐殖酸在增加快反应和降低慢反应效果明显；针铁矿在增加快反应和慢反应都有效果，但不突出；碳酸钙降低慢反应最显著，增加快反应不突出。即腐殖酸、针铁矿和碳酸钙都促进铜的短期老化，以腐殖酸最突出；除针铁矿外，都抑制铜的长期老化，以碳酸钙最突出。

2.2.3　温度和 pH 的影响

如上节所述，90 天培育后，可以考虑将残渣铜和 6mol/L HCl-Cu 作为微孔扩散作用的结果，据此，利用公式(2-6)，能够计算表观扩散速率系数 D/r^2，定量评价温度和 pH 对铜老化的影响，结果如图 2.2。因素分析显示 pH 和温度及其交互对表观扩散速率系数都有极显著的影响($P<0.01$)，其中温度的影响明显大于 pH。但多重比较表明只有在低 pH(4.37)和高温(50℃)时差异才显著(图 2.2)。

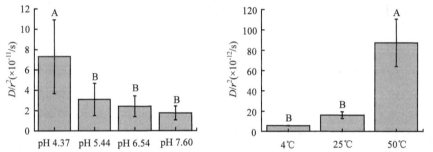

图 2.2　pH 和温度对膨润土外源铜 90 天老化的表观扩散速率系数(D/r^2)影响的多重比较结果

(Zhou et al., 2008)

D/r^2 由公式(2-6)获得，6mol/L HCl-Cu+RES-Cu 作为无效铜形态；不同大写字母表示差异显著($P=0.05$)

温度升高，增加微孔扩散的反应速率，这与他人的研究结果一致(Barrow, 1986, 1992; Bruemmer er al., 1988; Ma and Uren, 1997; Ma et al., 2006a)。然而，在 90 天的结合中，D/r^2 在低温(< 25°C)没有显著变化，暗示铜离子向黏土矿物层间扩散存在一较高的能垒。或许，在较高的铜添加量下(635.5mg/kg)，铜离子主要被专性和非专性吸附在矿物表面。相反，D/r^2 随 pH 升高而下降，但 pH 的影响仅在低pH(pH<5.44)是明显的。Ma 等(2006a)应用同位素稀释技术研究了同位素交换的铜(E 值)随时间的变化，发现 D/r^2 随土壤 pH 升高而增加。在这里，D/r^2 是根据无效铜(6mol/L HCl-Cu+RES-Cu)获得的，如果将 EXC-Cu+EDTA-Cu 考虑作活性铜，则 pH 对 D/r^2 没有显著的影响；进一步地，如果仅仅将 EXC-Cu 作为活性铜，D/r^2 将随 pH 升高而显著增加。因此，pH 对 D/r^2 的影响取决于土壤或矿物中哪种形态的铜作为活性铜(或无效铜)。在本实验中，将 pH 对老化的影响区分为表面聚合/沉淀作用和微孔扩散作用，发现 pH 的升高，主要增加了表面聚合能力(EDTA-Cu)，

估计高添加铜时，大量的铜形成表面络合物/沉淀形式，特别随 pH 升高，这种作用得到进一步加强，它因此对铜离子的微孔扩散是一种抑制。根据这些结果，可清楚看到在 90 天老化时间，随 pH 升高，Cu 表面聚合/沉淀作用得到加强，而扩散作用被抑制。Sari 等(2007a, 2007b)也发现较高 pH(pH>5)，出现金属的沉淀，这显然不利于金属离子的进一步扩散进入矿物层间。

表观扩散速率系数(D/r^2)/s 遵循下列两个方程：

$$D/r^2 = A \times e^{-E_a/RT} \tag{2-9}$$

$$D/r^2 = (k_b T/h) \times e^{-\Delta G/RT} = (k_b T/h) \times e^{-\Delta H/RT} \times e^{\Delta S/R} \tag{2-10}$$

式中，A 为指前因子，代表扩散系数不随温度改变部分(s)；E_a 为扩散的活化能(kJ/mol)；R 为气体常数(8.314J/K·mol)；T 为绝对温度(K)；k_b 为玻耳兹曼常数(1.380 658×10^{-23}J/K)；h 为普朗克常数(6.63×10^{-34}J·s)；ΔG 为标准吉布斯自由能(kJ/mol)；ΔH 为标准活化焓(kJ/mol)；ΔS 为标准活化熵(J/mol)(Bruemmer et al., 1988; Scheckel and Sparks, 2001)，其他参数同公式(2-9)。

这样，通过 $\ln(D/r^2) \sim 1/T$ 和 $\ln[(D/r^2)/T] \sim 1/T$ 作图，从截距和斜率中可以获得 A、E_a、ΔG、ΔH、ΔS 等热力学参数(表 2.4)，进而对铜的老化机理给以客观评价；并且由 $E_a = \Delta H + RT$(T=25℃)(Scheckel and Sparks, 2001)，可以对获得的参数进行检验。E_a 和 ΔH 有极好的相关性，差值为-2.4858kJ/mol(理论值-RT=-2.4776kJ/mol，T=25℃)，非常吻合，说明这种评价方法的可行性。

表2.4　根据公式(2-9)和公式(2-10)得到的外源铜老化反应的参数(Zhou et al., 2008)

pH	E_a /(kJ/mol)	A /s	ΔH /(kJ/mol)	ΔS /[J/(mol·K)]	ΔG(25℃) /(kJ/mol)
4.37	56.1 (0.9)	2.09×10^{-1} (7.06×10^{-2})	53.5 (0.8)	-266.4 (2.7)	133.0 (0.2)
5.44	46.1 (10.1)	1.94×10^{-3} (7.43×10^{-3})	43.5 (10.1)	-305.4 (31.7)	135.3 (0.3)
6.54	39.0 (3.4)	1.04×10^{-4} (1.37×10^{-4})	36.5 (3.4)	-329.6 (10.7)	135.0 (0.2)
7.60	38.3 (12.2)	5.90×10^{-5} (2.73×10^{-4})	35.8 (12.1)	-334.4 (38.6)	136.0 (0.1)

注：括号内的数字为标准差

从表 2.4 可看出，随 pH 从 4.37 升高到 7.60，扩散的活化能明显从 56.1kJ/mol 减少到 38.3kJ/mol，但仍远高于金属离子在矿物上的吸附自由能(约 10kJ/mol)(Sari et al., 2007a, 2007b)。Sari 等(2007a, 2007b)发现在 20~50°C，金属离子的吸附是自发的、放热的，并且建议是化学的离子交换机理。显然，铜离子扩散进入膨润土层间比吸附在表面要更加困难。根据图 2.2 和表 2.4 的结果，可推断：较低 pH(pH=4.37)，由于表面吸附较弱，有较多的铜离子呈现游离状态，可以扩散进入黏土矿物层间的离子相应地增多，D/r^2 高；但 Cu^{2+} 水化半径大，引起扩散能垒高

(E_a)，相应的限制了扩散反应。相反，较高 pH(pH>5.44)，由于更加强的专性吸附，可扩散进入黏土矿物层间的离子较少，D/r^2 低；但主导扩散离子是 $CuOH^+$，水化半径小，导致低 E_a。总而言之，较低 pH，有较高的 D/r^2 和 E_a；较高 pH，有较低的 D/r^2 和 E_a。最终，D/r^2 和 E_a 的相互抑制效应将导致长期老化作用后，铜扩散进入黏土矿物层间的平衡基本不受 pH 的影响，即 ΔG 恒定(表 2.4)。Sari 等(2007a, 2007b)也发现 pH>5 时，由于金属沉淀生成，金属离子积聚在黏土表面而使吸附表面性质恶化。这和我们研究得到的 pH(5.44)影响结果极为接近。

2.2.4　外源铜自然消减机理

应用 XRD 测量了在相对湿度 55.5%时不同 pH 下铜饱和膨润土(001)的层间距，发现随 pH 升高，层间距明显下降，由 1.51nm(pH 为 4.42 和 5.51)下降到 1.26nm(pH=7.7)(图 2.3)；然而在风干样品中却没有明显的变化(数据未显示)。因此，认为这是铜离子由黏土矿物表面扩散进入层间所致，并且扩散的铜离子不是简单离子，而是水化离子。同时，随 pH 升高，铜饱和膨润土的含水量也下降，如在水活度为 0.55 时，含水量由 pH 为 4.47 的 12.2%下降到 pH 为 7.62 的 7.2%(图 2.4)。表明较低 pH 时，扩散的铜离子带有更大的水化度；而较高 pH 时，扩散的铜离子水化度小。这样，就可推测：在较低 pH(pH<5.5)时，扩散铜离子主要是二价形式，带有较大的水化度和水化半径；较高 pH(pH=7.7)时，扩散的铜离子以一价形式为主，带有较小的水化度和水化半径。而中等 pH(pH=6.4)时，出现较宽的峰，意味着是这两种离子形式的叠加，并且根据层间距和含水量的变化更靠近高 pH，还可推测这两种离子中一价羟基铜离子的比重大(图 2.3 和图 2.4)。

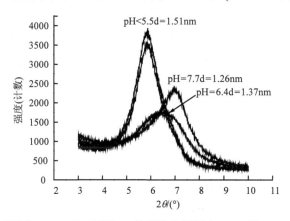

图 2.3　相对湿度 55.5%下，不同 pH 的铜饱和膨润土 XRD 图(Zhou et al., 2008)

He 等(2001)显示在加热时，蒙脱石层间的水化铜离子发生脱水反应，失去配位水后进入 Si—O 片的六角形洞穴；进一步加热导致一部分铜离子发生脱羟基作用并渗入到八面体空缺。而 Karmous 等(2006)发现铜离子居于蒙脱石夹层正中，带有一个水层，层间距为 1.24nm；随温度升高直至 250℃，层间水失去，层间距变小；再升高温度，铜离子将渗入到八面体空缺。这两个实验结果都是在加热下获得，那么常温下铜离子如何扩散渗入呢？目前仍不清楚，但估计长期老化作用后，通过脱水进入六角形洞穴是很有可能的。Karmous 等(2006)没有报道铜饱和蒙脱石的 pH，但他们测得的层间距(1.24nm)十分接近实验中高 pH(pH=7.7)的结果(1.26nm)(图 2.3)。所以可推测：高 pH(pH=7.7)时，膨润土层间以一价羟基铜离子存在，并且带有一个水层；低 pH(pH<5.5)时，膨润土层间以二价铜离子存在，并且带有两个水层。延长老化时间，层间的铜离子可以脱水进入黏土矿物的六角形洞穴，并且由于羟基铜离子水化度低、水化半径小，从而比二价铜离子更容易扩散进入六角形洞穴。

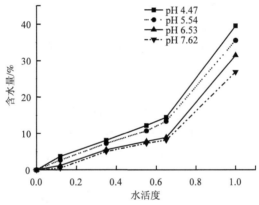

图 2.4　不同 pH 铜饱和膨润土的含水量随水活度的变化(Zhou et al., 2008)

Ma 和 Uren(1998b)在对锌饱和膨润土的研究中有类似的发现，他们指出：低 pH(为 5.6 和 6.3)时，膨润土层间离子是二价 Zn^{2+}，带有两个水层，层间距为 1.51nm；高 pH(为 6.9 和 8.8)时，层间离子是一价 $ZnOH^+$，带有一个水层，层间距为 1.21~1.26 nm。进而他们提出一个结构模型解释了高 pH 下 $ZnOH^+$扩散进入黏土矿物的六角形洞穴。所以，可认为铜和锌一样也有相似的扩散-捕获过程。由于 Cu^{2+} 的半径(r=0.073nm)与 Zn^{2+} 的半径(r=0.074nm)十分接近(Dean, 1999)，所以它们在黏土矿物上可能有相同的扩散性质；但是铜离子的水解常数(pK=7.7)低于锌离子的水解常数(pK=9.0)(Alloway, 1990)，预示着铜有更低的 pH_{50}，因而对黏土矿物具有更高的亲和力(Bruemmer et al., 1988; Alloway, 1990; McBride, 1991)。显然，就铜和锌比较而言，一价羟基铜离子成为主导形式的 pH 值要低，即铜更容易发生吸附和扩散。

2.3 我国典型土壤中重金属的自然消减过程

2.3.1 金属有效态的变化

在我国三种典型土壤(湖南红壤、浙江水稻土、北京褐土)中，有效态 (0.01mol/L CaCl$_2$ 提取的)铜、锌随时间都表现出先是快速下降，然后缓慢持续降低，约 90 天是转折点，在此前，下降速率快；而以后，基本不再有明显的变化(图 2.5)。这表明金属添加到土壤后有一个明显的老化过程。图 2.5 显示铜的有效性略高于锌，且老化速率略快于锌。在 1 年培育期间，有效态铜平均为 10.9%，有效态锌是 9.8%。但统计分析二者没有显著差异($P<0.001$)，预示着铜、锌有相似的化学行为。Cu^{2+} 半径($r=0.073$nm)和 Zn^{2+} 半径($r=0.074$nm)非常接近(Dean, 1999)，强烈支持这一结论。

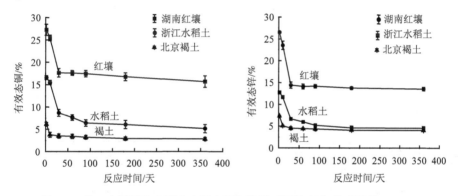

图 2.5 单一金属污染土壤中有效态铜和锌随时间的变化(徐明岗等，2008)

无论铜、锌，在不同土壤上都有十分明显的差异，总是酸性土壤中有效性高，中性和偏碱性土壤中有效性低。如红壤中的有效态铜、锌分别从 2 天时的 27.3% 和 26.5%下降到 1 年后的 15.7%和 13.6%；而在北京褐土中，相应的变化则变成从 6.1%和 7.3%分别降低到 2.8%和 4.0%(图 2.5)。可见，有效性的变化深受土壤 pH 的影响，低 pH 时，重金属以二价离子(M^{2+})为主，在土壤表面吸附较弱，所以有效形态比例高，并且向其他无效形态转化较慢；相反，高 pH 时，一价离子(MOH$^+$)成为主导，在土壤表面吸附强，因而有效形态比例小，而且容易向无效形态转变。pH 是土壤重金属老化的最重要因子(Lock and Janssen, 2003; Lu et al., 2005; Ma et al., 2006a, 2006b)，而且 Ma 等(2006a, 2006b)进一步推测石灰性土壤中铜的低溶解性和交换性源于生成了 Cu$_2$(OH)$_2$CO$_3$ 和 Cu(OH)$_2$ 沉淀。另外，随湖南红壤到浙江水稻土再到北京褐土，不仅 pH 显著增加(4.74，6.21，7.43)，而且有机质也有明显增加(1.49%，4.56%，5.97%)。有机质和金属的强络合作用也会大大降低有效性，Ma 等(2006a，2006b)和 Lu 等(2005)都显示有机质在金属老化过程中扮演重要的角色。这样，pH 和有机质共同作用使有效铜、锌表现为北京褐土<浙江水稻土<湖南红壤。

图 2.6 是铜锌复合污染土壤中，有效态铜、锌随时间的变化，可看出它们与单一污染土壤中十分一致(图 2.5)。虽然有效态铜(平均 12.1%)仍高于有效态锌(平均 10.4%)，但是统计分析依然表明二者没有显著差异(P<0.001)。相比单一污染，复合污染土壤中有效态铜、锌都有所增加，而且 Cu>Zn(如 Cu 由 10.9%变为 12.1%，Zn 从 9.8%增至 10.4%)，但是统计检验证实它们没有显著差异(P<0.001)。这说明铜锌复合污染土壤中，铜和锌的老化过程没有受到影响，即铜和锌不存在明显的竞争。这就进一步证实了铜和锌具有相似的化学性质，无论是离子的微孔扩散作用还是表面聚合/沉淀作用都极其相似，致使它们的老化速率和老化机制极为一致。

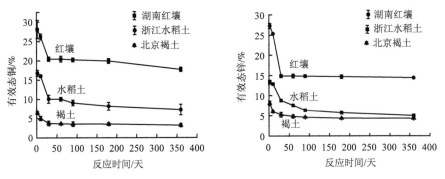

图 2.6　金属复合污染土壤中有效铜和锌随时间的变化(徐明岗等，2008)

相比铜、锌、铅和镉老化过程的研究较少。吴曼(2011)采用室内培养方法研究了我国 8 种典型土壤中外源铅、镉在单一和复合污染下的稳定化过程，结果表明，单一和复合污染下，铅、镉的老化过程与铜、锌相近，各种土壤有效态铅、镉含量在培养前期(30 天)迅速下降，随后变化减缓，直至平衡(图 2.7)。不同类型的土壤之间差异显著，说明土壤性质对铅、镉老化过程有显著的影响。

2.3.2　金属有效态自然消减动力学拟合

各种动力学模型如 Lagergren 假一级动力学、假二级动力学、Elvoich、粒子扩散方程、双常数速率方程等已广泛用于描述离子在颗粒/溶液界面的反应(Sparks，1999; Fangueiro et al., 2005; Sen Gupta and Bhattacharyya, 2011)。其中，Lagregren 假一级动力学方程：

■花岗岩红壤；□砂岩红壤；●红壤黄花菜地；○赤红壤；▲红壤菜园土；△紫色土；▼黑色石灰土；▽褐土

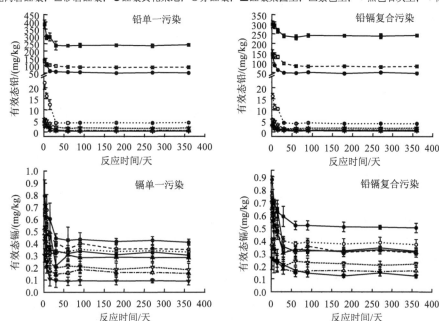

图 2.7　铅、镉单一和复合污染土壤中金属的老化过程(吴曼，2011)

$$\ln(q_e - q_t) = \ln q_e - k_1 t \tag{2-11}$$

式中，q_t 为时间 t(天)的离子吸附量或释放量(mg/kg)；q_e 为平衡时最大吸附量或释放量(mg/kg)；k_1 为一级动力学速率常数(/天)。

假二级动力学方程：

$$\frac{t}{q_c} = \frac{1}{k_2 q_e^2} + \frac{t}{q_e} \tag{2-12}$$

式中，k_2 为二级动力学速率常数[kg/(mg·天)]；$K = k_2 q_e^2$ 表征反应的键合常数。

Elovich 方程可简化：

$$q_t = \left(\frac{1}{\beta}\right)\ln(\alpha\beta) + \left(\frac{1}{\beta}\right)\ln t \tag{2-13}$$

式中，α 为初始吸附或释放速率[mg/(kg·天)]；β 是解吸常数(kg/mg)。

粒子扩散方程：

$$\frac{q_t}{t q_e} = \frac{4\sqrt{\dfrac{D}{\pi r^2}}}{\sqrt{t}} 1\frac{D}{r^2} \tag{2-14}$$

式中，D为扩散系数(cm/d)；r为土壤或矿物固体球状颗粒半径(cm)；D/r^2为扩散系数(/天)。

双常数速率方程：

$$\ln q_t = \ln A + B \ln t \tag{2-15}$$

式中，A和B为常数。

从表 2.5 可发现，无论是单一污染还是复合污染土壤，铜和锌的老化过程都最好符合假二级动力学方程(R^2 为 0.9940~1.0000, $P<0.0001$)，其次是双常数速率方程和 Elovich 方程，而粒子扩散方程拟合性较差。吴曼(2011)也证实外源铅、镉在土壤中的自然消减最好符合二级动力学方程。这意味着重金属与土壤表面羟基的化学作用力决定了金属在土壤中的自然消减过程(Sen Gupta and Bhattacharyya, 2011; Wu et al., 2011)。

一些研究表明水溶性金属加入土壤后，在最初的快反应后往往跟随一个缓慢的反应，它能够用菲克第二定律加以描述(Ma and Uren, 1997, 2006; Lu et al., 2005; Ma et al., 2006a)，其根源在于金属离子能够通过土壤矿物的微孔和裂隙，或者固态扩散，由表面渗入到矿物内部。在这个实验中，金属有效形态的变化不遵循扩散方程，预示着有效形态向无效形态的转化不完全取决于扩散作用。0.01mol/L CaCl₂提取的金属通常被认为是可交换态金属，也可作为非专性吸附部分，它是有效性很高的金属形态，随时间很容易向有效性低的形态转化，如专性吸附态、矿物结合态等。这种转化(老化)受控于多种作用，如 McLaughlin(2001)推测的微孔扩散、表面聚合/沉淀、有机质包裹等。虽然长期老化中微孔扩散是主要机制，但短期老化时表面作用不容忽视，尤其在高 pH 土壤中，因而在 1 年培育期间整个老化动力学过程很难用扩散方程表征。在上一节研究中，发现黏土矿物外源铜残渣态的生成可非常好地适合抛物线扩散方程，据此，可推断最无效的金属形态(残渣态)来源于微孔扩散作用，潜在无效形态(铁锰氧化物结合态、有机质结合态、碳酸盐结合态等)则很大程度上归功于表面作用。

表2.5　土壤中铜和锌老化动力学方程拟合的决定系数(R^2)(徐明岗等, 2008)

元素	动力学方程	单一污染			复合污染		
		红壤	水稻土	褐土	红壤	水稻土	褐土
铜	Elovich 方程	0.8691**	0.9073***	0.8289**	0.9052**	0.9085***	0.8858**
	扩散方程	0.6370*	0.7101*	0.5409	0.7109*	0.7380*	0.5862*
	一级方程	0.4565	0.5949*	0.4395	0.5566	0.6144*	0.4213
	双常数方程	0.8813**	0.9359***	0.8957**	0.9100***	0.9284***	0.9150***
	二级方程	0.9989****	0.9940****	0.9988****	0.9969****	0.9959****	0.9981****

元素	动力学方程	单一污染			复合污染		
		红壤	水稻土	褐土	红壤	水稻土	褐土
锌	Elovich方程	0.8268[**]	0.8994[**]	0.8248[**]	0.7927[**]	0.9339[***]	0.9128[***]
	扩散方程	0.5439	0.6770[*]	0.5124	0.5222	0.8012[**]	0.6158[*]
	一级方程	0.3362	0.5211	0.3635	0.3124	0.6854[*]	0.4469
	双常数方程	0.8304[**]	0.9253[***]	0.8753[**]	0.7918[**]	0.9392[***]	0.9519[***]
	二级方程	0.9999[****]	0.9987[****]	0.9996[****]	0.9999[****]	0.9949[****]	0.9997[****]

****：$P<0.0001$；***：$P<0.001$；**：$P<0.01$；*$P<0.05$

假二级动力学方程拟合的参数列于表2.6，可看出，金属在单一污染土壤和复合污染土壤中的老化没有明显的差异，铜和锌之间也没有显著的差异，而不同土壤中存在十分明显的差异，即土壤性质(特别是 pH)对金属的老化有显著的影响，随 pH 升高，老化速率加快。如在低 pH 土壤(红壤)，k_2 为 $4.36\times10^{-3}\sim7.05\times10^{-3}$kg/(mg·天) 高 pH 土壤(褐土)中，$k_2$ 为 $1.095\times10^{-2}\sim1.377\times10^{-2}$kg/(mg·天)，相差 2~3 倍。

表2.6　污染土壤中金属老化的二级动力学方程拟合参数值(徐明岗等，2008)

污染类型	土壤	元素	q_e(mg/kg)	k_2/[kg/(mg·天)]	K/[mg/(kg·天)]
单一污染	红壤	Cu	31.276 (0.467)	6.01×10^{-3} (2.56×10^{-3})	5.880 (2.609)
		Zn	53.857 (0.241)	6.42×10^{-3} (1.54×10^{-3})	18.634 (4.559)
	水稻土	Cu	10.174 (0.355)	7.65×10^{-3} (2.97×10^{-3})	0.792 (0.339)
		Zn	17.783 (0.287)	6.66×10^{-3} (1.89×10^{-3})	2.107 (0.637)
	褐土	Cu	11.067 (0.173)	1.377×10^{-2} (4.93×10^{-3})	1.686 (0.634)
		Zn	19.930 (0.154)	1.375×10^{-2} (4.48×10^{-3})	5.463 (1.825)
复合污染	红壤	Cu	35.495 (0.880)	4.36×10^{-3} (2.52×10^{-3})	5.498 (3.333)
		Zn	57.256 (0.287)	7.05×10^{-3} (2.22×10^{-3})	23.105 (7.382)
	水稻土	Cu	14.429 (0.413)	6.50×10^{-3} (2.54×10^{-3})	1.354 (0.575)
		Zn	19.757 (0.633)	3.93×10^{-3} (1.40×10^{-3})	1.535 (0.604)
	褐土	Cu	12.792 (0.249)	1.364×10^{-2} (7.02×10^{-3})	2.232 (1.199)
		Zn	21.362 (0.161)	1.095×10^{-2} (2.96×10^{-3})	4.997 (1.393)

注：括号内的数字为标准差

2.3.3　金属生物有效性/毒性的变化

以浙江水稻土为例，添加不同浓度的 Cu、Zn、Pb，老化不同的时间，发现金属浓度及老化时间对蔬菜根生长有显著的影响(图 2.8)。随金属浓度增加，对蔬菜毒害加强，蔬菜的根生长受到明显抑制，如老化 2 天时，铜浓度由 100mg/kg 增加到 400mg/kg，对小白菜和番茄的抑制率从 21.7%~26.7%增加到 74%以上。随老化时间延长，金属毒害下降，对蔬菜的根生长抑制减弱，如 100mg/kg Cu 添加量下，老化 2 天，对小白菜和番茄的抑制率分别为 21.7%和 26.7%；老化 30 天，降低到 13.7%和 14.6%；老化 180 天，抑制率仅为 2.7%和 5.8%。由于金属对植物毒害有所差异，所以，它们对小白菜和番茄根生长产生抑制的浓度不同，但相同的趋势都是在 2~30 天，对根长抑制明显，之后随老化时间延长，抑制效应趋于平缓。这意味着外源可溶性金属的老化可持续数月甚或年，但最明显的反应主要发生在 30 天内。从另一个侧面证实了徐明岗等(2008)和吴曼(2011)的研究结果。

将小白菜和番茄的根长抑制率的土壤重金属浓度(EC 值)进行比较，更容易看到图 2.8 显示的规律(表 2.7 和表 2.8)。番茄比小白菜对重金属更为敏感些，所以番茄的 EC 值(EC10、EC50、EC90 分别为蔬菜根长抑制率为 10%、50% 和 90% 时的重金属浓度)总体低于小白菜。但最大的差别是不同金属和不同老化时间，金属自身的毒性及与土壤结合的能力决定了它对植物所表现出来的伤害，本研究显示对蔬菜的毒害显然是 Cu≫Zn≫Pb。如添加金属 2 天后，Cu 对小白菜和番茄生长抑制一半的浓度(EC50)只有 197mg/kg 和 182mg/kg；但 Zn 升至 653mg/kg 和 470mg/ kg，Pb 则高达

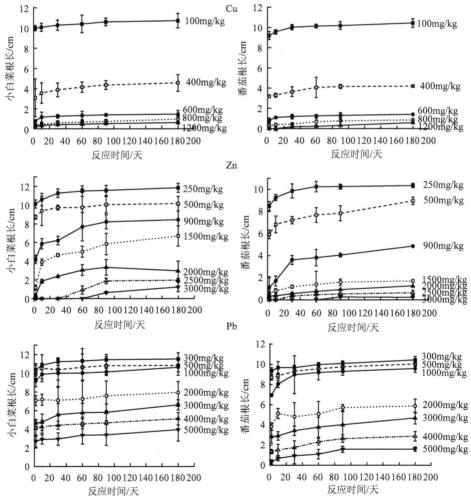

图 2.8　不同 Cu、Zn、Pb 浓度下蔬菜根长随老化时间的变化(纳明亮等，2007)

1903mg/kg 和 1171mg/kg。无论是 Cu,还是 Zn 和 Pb,它们对小白菜和番茄生长的抑制与老化时间显著相关,即随老化时间延长,抑制显著减弱(EC 值显著增加)。

种植蔬菜的土壤中有效态重金属含量随加入重金属浓度的增加而增大,随老化时间延长而下降(纳明亮,2007)。土壤有效态重金属含量与蔬菜根长有良好的负相关,达显著或极显著水平(表 2.9),表明土壤中重金属有效态是影响蔬菜根长的最主要因素,重金属对蔬菜生长的抑制/毒害主要是通过其有效态变化来实现的。老化过程由于显著降低了有效态浓度,所以明显减轻了金属对蔬菜的毒害作用。

表2.7 不同老化时间下小白菜的EC值(纳明亮,2007)

老化时间 /天	铜/(mg/kg)			锌/(mg/kg)			铅/(mg/kg)		
	EC10	EC50	EC90	EC10	EC50	EC90	EC10	EC50	EC90
2	70a	197a	552a	287a	653a	1 488a	236a	1 903a	13 751a
10	87b	233b	627b	332b	851b	2 183b	350b	2 195b	15 368b
30	92c	247c	667c	364c	885c	2 312c	406c	2 397c	14 134c
60	111d	278d	699d	339d	1 064d	2 689d	498d	2 675d	14 363d
90	138e	316e	727e	421e	1 200e	3 276e	524e	3 222e	14 321e
180	148f	334f	758f	439f	1 283f	3 404f	642f	3 259f	16 557f

注:不同字母代表同列中数据在5%水平下达到显著差异,下同

表2.8 不同老化时间下番茄的EC值(纳明亮,2007)

老化时间 /天	铜/(mg/kg)			锌/(mg/kg)			铅/(mg/kg)		
	EC10	EC50	EC90	EC10	EC50	EC90	EC10	EC50	EC90
2	64a	182a	520a	196a	470a	1128a	281a	1171a	4878a
10	81b	216b	574b	249b	556b	124 7b	437b	157 3b	566 0b
30	91c	239c	622c	282c	665c	156 8c	457c	167 8c	616 3c
60	110d	274d	677d	309d	717d	166 6d	557d	192 0d	662 2d
90	117d	286e	701e	334e	781e	182 8e	637e	216 5e	733 1e
180	125e	303f	738f	405f	891f	1960f	834f	2406f	6935f

表2.9 不同老化时间下土壤重金属有效态与小白菜、番茄根长的相关系数(纳明亮,2007)

天数/天	小白菜根长			番茄根长		
	铜	锌	铅	铜	锌	铅
2	−0.646	−0.958**	−0.940**	−0.665	−0.894**	−0.924**
10	−0.704*	−0.993*	−0.984**	−0.684	−0.926*	−0.956**
30	−0.724*	−0.946**	−0.969**	−0.729*	−0.889**	−0.964**
60	−0.749*	−0.991**	−0.972**	−0.766*	−0.927**	−0.962**
90	−0.723*	−0.967**	−0.958**	−0.733*	−0.886**	−0.987**
180	−0.752*	−0.976**	−0.950**	−0.743*	−0.899**	−0.951**

*:5%水平下的显著相关;**:1%水平下的极显著相关,下同

2.3.4 土壤性质的影响

如上所述，土壤性质特别是有机质和 pH 是影响重金属自然消减的最重要因素。以往的研究多通过人为调节土壤有机质和 pH 的方法来进行，这种因素控制方法虽然易于揭示有机质、pH 等各因素对重金属有效性的影响，但研究中短期添加的有机物料与实际农田土壤中的有机质，在组成和结构等方面有很大的差异，难以真实地反映实际土壤状况。作者基于"国家农田土壤肥力长期试验网"的长期实验土壤样品，以南方红壤、东北黑土两种典型土壤为代表，选取有机质或 pH 差异较大而土壤其他性质无明显差异的土样，重点分析有机质和 pH 对铅、镉稳定化过程的影响，这样获得的结果将更有实际意义。

研究选择两个参数 C_∞(平衡浓度，即外源重金属达到最大固定量时的土壤重金属有效态含量。该值越大，金属有效性越高)和 B(稳定化速率常数，是土壤有效态重金属含量对数与老化时间对数的线性方程的斜率。该值越大，金属有效性越低)。进行相关性分析，结果见表 2.10 和表 2.11。在东北黑土中，有机质与重金属的相关性更为密切，达显著相关。但显然，南方红壤中提高有机质含量对稳定重金属更有效，如有机质增加 1g/kg，有效态铅和镉在东北红壤中分别降低 2.61mg/kg和 0.0091mg/kg，而它们在东北黑土中则降低 0.39mg/kg 和 0.0037mg/kg(表 2.10)。同样地，pH 和重金属有很好的相关性，升高 pH，在南方红壤上对降低重金属有效性更加明显，表 2.11 显示 pH 升高一个单位，红壤铅、镉有效态下降 86.88mg/kg和 0.12mg/kg，东北黑土中则下降 16.96mg/kg 和 0.12mg/kg。总之，通过各种农业管理措施提高土壤的有机质和 pH，将极大地降低土壤重金属的有效态含量，并且加快重金属的稳定化过程(老化)，特别是对南方红壤，提升有机质和 pH，稳定重金属的效果更为突出。

表2.10　南方红壤和东北黑土有机质与 C_∞ 和 B 的相关关系(吴曼，2011)

土壤	参数	有机质与铅		有机质与镉	
		直线方程	R^2	直线方程	R^2
南方红壤	C_∞	$y=-2.609x+85.11$	0.864	$y=-0.0091x+0.6115$	0.977
	B	$y=0.0078x+0.0037$	0.325	$y=0.0060x+0.0096$	0.935
东北黑土	C_∞	$y=-0.390x+19.14$	0.998[*]	$y=-0.0037x+0.3814$	0.996[*]
	B	$y=0.0051x+0.1060$	0.995[*]	$y=0.0026x+0.0532$	0.994[*]

表2.11 南方红壤和东北黑土pH与C_∞和B的相关关系(吴曼, 2011)

土壤	参数	pH 与铅		pH 与镉	
		直线方程	R^2	直线方程	R^2
南方红壤	C_∞	$y = -86.77x + 538.3$	0.991^{**}	$y = -0.1155x + 1.029$	0.665
	B	$y = 0.0577x - 0.1713$	0.860^*	$y = 0.0196x + 0.0049$	0.707
东北黑土	C_∞	$y = -16.96x + 130.76$	0.866	$y = -0.1195x + 1.092$	0.996^*
	B	$y = 0.0947x - 0.4516$	0.808	$y = 0.0491x - 0.1944$	0.854

为了表明土壤其他性质对重金属稳定化过程的影响，同时也为了使研究结果更具有普遍意义，将培养的27个土样与所测定的6项土壤性质参数指标进行相关分析，结果显示：不同土壤性质对不同金属的相关性有所差异，但总体上是有机质、pH、阳离子交换量(CEC)及黏粒含量强烈影响重金属有效性(表2.12)。因而，提高土壤有机质、pH和CEC的各种农业措施不但可以降低外源铅、镉的有效性，而且可以加快其在土壤中的消减速度，更快地降低土壤中重金属铅、镉的有效态含量，缩短其危害的时间。进一步通径分析，表明有机质、pH、CEC和黏粒含量可解释75.2%的镉和81.3%的铅有效态含量；其中，pH对铅、镉有效性的直接影响作用最大，pH和有机质决定了土壤外源重金属铅、镉的稳定化速率：有机质对镉稳定化速率直接作用最大，pH对铅稳定化速率直接作用最大(吴曼, 2011)。

表2.12 重金属有效性与土壤性质的相关系数(吴曼, 2011)

处理	参数	有机质	pH	CEC	黏粒含量	粉粒含量	砂粒含量
单一镉污染	C_∞	−0.131	-0.850^{**}	-0.417^*	0.472^*	−0.271	−0.313
	B	0.478^*	0.405^*	0.497^{**}	0.057	−0.123	0.002
复合镉污染	C_∞	−0.095	-0.823^{**}	-0.492^{**}	0.536^{**}	−0.288	-0.399^*
	B	0.355	0.287	0.303	−0.131	−0.181	0.341
单一铅污染	C_∞	−0.367	-0.803^{**}	-0.463^*	0.191	−0.356	0.182
	B	0.413^*	0.733^{**}	0.333	−0.174	−0.023	0.172
复合铅污染	C_∞	−0.365	-0.800^{**}	-0.456^*	0.187	−0.357	0.188
	B	0.466^*	0.645^{**}	0.362	−0.128	0.150	−0.060

2.4 施肥强化土壤外源重金属的自然修复

土壤重金属的自然消减十分缓慢，且深受土壤性质特别是有机质、pH等影响，所以，为了强化重金属污染土壤的自然修复，人们采取了各种各样的措施，通过提高土壤pH、有机质含量等加快重金属的消减。常用的农业管理措施——施肥无疑是一个经济、可行的强化手段。以往关于施肥的研究主要集中在增产效应，而对其在重金属生物有效性方面缺乏系统研究。作者的研究团队在国家 973 课题"高风险污染土壤环境的生物修复与风险评价"(2002CB410809)、国家"十五"重点科技攻关课题"东南丘陵区中部持续高效农业发展模式与技术研究"(2001BA508B14)、国家"十一五"重点科技支撑计划课题"中南贫瘠红壤与水稻土地力提升关键技术模式研究与示范"(2006BAD05B09)和北京市自然科学基金项目"磷酸盐诱导土壤镉离子吸附-解吸反应的机理研究"(6062026)等项目的支持下开展了一系列工作,取得了深入系统的研究成果,本书从第三章到第七章分别对不同肥料与重金属污染土壤修复的关系进行了阐释,基本涵盖了施肥强化土壤外源重金属的自然修复,这里仅对该领域的一些共性问题予以讨论。

　　以"国家农田土壤肥力长期试验网"中的湖南祁阳红壤为例,外源铅、镉自然消减过程随不同施肥处理有显著的不同(图 2.9)。这应该取决于肥料的性质及肥料成分与重金属的相互作用,其作用机制不同,强化重金属修复效果也千差万别,所以,需要以离子相互作用为核心,对肥料直接与重金属的作用机制以及肥料通过改变土壤性质进而诱导重金属的行为分别进行概述。

■红壤 CK；□红壤 N；●红壤 NP；○红壤 NPK；▲红壤 M；△红壤 NPKM；▼红壤 1.5NPKM

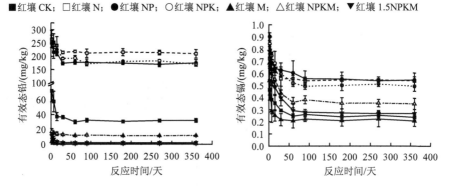

图 2.9　湖南祁阳红壤不同施肥处理下土壤有效态铅、镉的变化(吴曼，2011)

2.4.1　肥料强化重金属自然修复机制

　　肥料主要成分可以与重金属直接相互作用,影响重金属在土壤中的存在形态及吸附强度,进而决定和控制重金属的生物有效性/毒性。这方面最典型的莫过于有机肥,因为有机肥中含有大量的腐殖物质(带有羧基、羟基、氨基、羰基等官能团,拥有巨大的比表面积),可直接对重金属产生强的表面络合或包裹,使其老化(McLaughlin, 2001; Sheals et al., 2003; Karlsson et al., 2006; Strawn and Baker, 2009)。如图 2.9 所示,有机肥(M)处理中 Pb 比镉有效性降低更为明显,也与 Pandey 等(2000)测定的二价金属离子-土壤腐殖酸络合物稳定常数相吻合。华珞等(2002)

研究显示加入猪厩肥后，土壤有效态镉和铁锰氧化物结合态镉明显下降，从而减轻了镉对小麦的毒性；蒋廷慧等(1993)发现 Zn 污染土壤上随有机肥施用量增加，锌-有机螯合态含量逐渐增加，降低了植物对 Zn 的吸收。

无机化肥与重金属的直接相互作用比较复杂，主要体现在 3 个方面。一是与重金属发生沉淀作用或共吸附作用，这以磷肥为代表。大多数土壤中，重金属-磷酸盐沉淀甚或矿物的生成是磷肥稳定重金属的主要机理。根据重金属-磷酸盐的溶解平衡常数可知，相比其他磷酸盐矿物，铅-磷酸盐矿物最为稳定，因而，土壤中高浓度铅时能够生成一些诸如羟基磷铅矿、氯磷铅矿、氟磷铅矿等，这已被许多研究者证实(Ruby et al., 1994; Cotter-Howells and Caporn, 1996; Hettiarachchi et al., 2001; Cao et al., 2002, 2004; Scheckel and Ryan, 2004)。一般的土壤环境中，有的研究者显示有锌-磷酸盐矿物生成，而有的研究证实只生成磷酸锌沉淀，鉴别不出矿物(Cotter-Howells and Caporn, 1996; McGowen et al., 2001; Cao et al., 2004)。对于铜、镉等，都比较一致的认为难以生成磷酸盐的矿物(McGowen et al., 2001; Cao et al., 2004; Raicevic et al., 2005)。另外，磷酸盐可作为桥键，与重金属共吸附于土壤矿物表面，形成金属-磷酸盐表面络合物(Bolland et al., 1977; Agbenin, 1998; Bolan et al., 1999)。二是直接吸附重金属，这主要以难溶性的磷灰石、磷矿石为代表(Xu et al., 1994; Cao et al., 2004)。对不同的金属，表面吸附所占比重有显著差异，Cao 等(2004)证实磷矿石稳定 Pb 时，表面吸附只占 21.7%，而稳定铜、锌时，表面吸附高达 74.5%和 95.7%。Xu 等(1994)也表明羟基磷灰石对镉、锌的稳定作用以表面络合吸附和共沉淀为主。三是肥料的陪伴离子与重金属的相互作用，这主要是阳离子 Ca^{2+}、Mg^{2+} 和阴离子 Cl^-、SO_4^{2-} 等。阳离子以竞争为主，阴离子则主要形成络合离子，如 $CdCl^+$、$CdSO_4^-$，影响到重金属的生物有效性。无论是离子竞争作用还是离子络合作用，通常情况下，都对重金属有活化效果，即提高重金属生物有效性/毒性。如徐明岗等(2009)发现施入氮钾等养分后，对土壤钝化固定的铜、锌都有明显的活化作用。

实际上，施肥在更大程度上是通过改变土壤 pH、有机质、CEC 等，间接影响和控制重金属生物有效性的，特别在长期施肥过程中。众所周知，长期施用有机肥，能够增加土壤有机质，吴曼(2011)显示湖南祁阳红壤有机质含量(不施肥 CK 的有机质含量)仅 1.25%，但长期施用有机肥后有机质含量达到 2.99%，增加 1 倍多。Bolan 等(2003)发现土壤 CEC 随污泥用量而增加。如上所述，提高土壤有机质和 CEC 将促进重金属稳定化。对无机化肥而言，不同种类常引起土壤 pH 不同的反应，进而使重金属生物有效性呈现不同反应。植物吸收 NH_4^+-N 时根系分泌 H^+，将造成根际 pH 下降；吸收 NO_3^--N 时分泌 OH^-，造成 pH 升高。土壤 pH 常常有利于重金属固定。Tu 等(2000)研究显示施用尿素(200mg/kg)显著降低了红壤中铅、镉水溶态和交换态的含量，原因是施用尿素使土壤 pH 上升 0.02~0.53 个单位。蔡泽江等(2011)证实长期大量施用 N 肥，即使是 NPK 平衡施用，也会降低土壤 pH。从图 2.9 也可看出，施 N 处理(N、NP、NPK)，其有效态铅和镉的含量远高于对照(CK)，也是由于其 pH(pH<4.26)远低于对照(pH=5.74)(吴曼，2011)。磷肥的施用，不仅增加土壤 pH，而且由于磷酸根在可变电荷土壤表面的专性吸附，引起土壤表面负电荷增加，这些因素都将诱导重金属被强烈固定(于天仁等，1996; Agbenin, 1998; Pardo, 2004)。

但显而易见，肥料与重金属的交互作用要复杂得多，引起土壤重金属生物有效性的变化机制也难明确。如依赖于有机肥的性质，金属可能与有机肥成分生成可溶的或不可溶的金属-有机络合物，导致重金属生物有效性明显差别。Zhou 和 Wong(2001)观察到随污泥施用量增加，无论酸性土壤还是石灰性土壤，铜的吸附都下降。他们将其归于生成了可溶性铜-有机络合物。相比土壤有机质，有机肥不仅含有大量可溶性有机物质，而且也容易分解，这样势必将增加金属-有机络合物的移动性和活性(Temminghoff et al., 1997; Zhou and Wong, 2001)，造成高的环境风险。Lee 和 Doolittle(2002)发现，施用磷酸二氢钾，降低了石灰性土壤的 pH，但却增加了镉吸附。这很难给出合理解释，因而，对施肥强化重金属污染土壤自然修复的机制，还需要不断深入探讨。

2.4.2 施肥强化重金属污染土壤自然修复的风险分析

施肥作为重金属污染土壤自然修复的强化辅助手段，简单易行，但施肥不当，会带来许多潜在风险，务必谨慎小心。这些风险可能包括土壤重金属积累、水体富营养化、植物营养失衡等。

肥料特别是有机肥和磷肥含有较多的重金属，如镉、铜(Alloway, 1990)；在我国，富铜饲料添加剂已使畜禽粪便含铜量增加 10 倍以上，高达 732mg/kg(张艳云等，1996)；市售肥料镉、铜、锌的超标率分别为 24.1%、13.8%和 17.2%，以有机肥和过磷酸钙为重(陈林华等，2009)。长期大量施用这些肥料，势必造成重金属在土壤中积聚。刘景等(2009)表明 16 年连续施用有机肥后，湖南红壤铜、镉含量都明显增加，年平均增幅分别达 1.9mg/kg 和 0.09mg/kg，已超出国家土壤环境质量标准。

一些肥料尤其是含 NH_4^+ 的氮肥、磷肥，长期大量施用会引起土壤酸化(Hettiarachchi et al., 2001; McGowen et al., 2001; Basra and McGowen, 2004; 蔡泽江等，2011)，这样，不仅土壤性质恶化，还可能增加重金属的溶解性和移动性。更重要的是，为了强化重金属污染土壤的自然修复能力，经常会施入远超过作物正常生长所需的肥料，如 Basra 和 McGowen(2004)认为磷肥的加入量：难溶性磷矿石为 P/M(磷与重金属的摩尔比)=3/5，水溶性磷酸氢二铵为 P/M=1/15，相当于在冶炼厂污染的每千克土壤上添加180g磷矿石或10g磷酸氢二铵,这远远高于正常农业生产中的磷肥用量。那么,如此高量的氮肥、磷肥施入土壤,是否引起氮、磷的淋失进而导致水体富营养化,特别在土壤酸化情况下,这种营养元素的淋失是否加剧?Basra和McGowen(2004)显示磷酸氢二铵用量在10g/kg时,磷的淋失量仅2.31mg/kg,不足磷加入量的1%;但磷酸氢二铵用量增加到90g/kg时,磷的淋失量则高达335mg/kg,占总加入磷量的10.5%。因此,如果过量施入化肥或施肥不当,营养盐的淋失将大大加强,从而造成潜在水体富营养化风险。一个较为切实可行的方法是在非石灰性土壤上配合施用石灰物质来补偿潜在的土壤酸化(McGowen et al., 2001; Basra and McGowen, 2004)。或者像Ma和Rao(1997)及Cao等(2002)主张的水溶性磷肥和水难溶性磷肥配合,以便水溶性磷肥快速降低重金属有效浓度至可接受的水平;水难溶性磷肥提供稳定的磷源,从而保持长久地固定重金属。

另外,高量的单一肥料施入土壤,也有可能造成植物生长的营养失衡。Boisson等(1999)表明随羟基磷灰石增加,植物体有害元素浓度下降,但吸收的微量元素也下降,导致玉米锰缺乏;而Theodoratos等(2002)也证实磷酸二氢钙的添加不仅对植物吸收重金属没有影响,反而对植物生长有负影响,引起叶片钙的严重缺失。这说明高量的磷施入引起植物生长环境的营养失衡,这种失衡可能受多种因素制约,如肥料用量、土壤性质、植物种类等。因此,需要深入研究肥料施入污染土壤后,重金属在土壤-植物系统中的迁移-转化-运输,以及土壤表面性质、酸度性质等长期变化。

总而言之,在施肥辅助重金属污染土壤自然修复时,务必加强肥料与重金属相互作用的机理研究,特别系统研究肥料加入重金属污染土壤后,重金属在土壤-植物中的长期迁移过程;加强肥料引发的风险研究,特别是高量氮、磷、有机肥长期施入土壤导致的土壤恶化(酸化、盐渍化)、固定的重金属重新活化、新的重金属积聚、营养元素的淋失和营养失衡问题。

2.5　自然修复的若干结论

土壤重金属的自然修复或自然消减是重金属在土壤中发生的没有人为干扰的质量减少、毒性降低、浓度降低等自然发展过程。这个过程包括重金属的生物活性的降低、扩散、溶解、吸附、沉淀、挥发、化学和生物化学的稳定化。对污染的农田,自然修复可以广义的理解为在没有采取物理或机械等大的人为措施而开展正常农业生产活动(如种植作物、施肥、施用改良剂等)条件下,重金属在土壤中所发生的数量减少或活性降低等过程。这个概念体现了污染农田修复与利用的结合,具有中国特色,更适合中国土地缺乏的国情。

老化过程是重金属的主要自然修复过程之一，研究重金属的老化过程、机制及其影响因素，对于重金属污染修复的技术措施选择及其修复效率评价具有重要意义。使用化学连续提取和 X 射线衍射研究了添加到黏土矿物膨润土的铜的老化过程和机理。结果显示有效态铜(水溶性铜和 NH_4NO_3 与 EDTA 提取的铜)随时间快速减少，反应持续约 90 天。腐殖酸、针铁矿和碳酸钙都明显降低有效铜比例，但随时间延长这种作用逐渐减弱，说明这些组分对外源可溶性铜的长期老化基本没有影响。残渣铜可用一个扩散方程很好地描述(R^2=0.978~0.995, P<0.0001)，暗示微孔扩散是外源铜老化的主要机理。腐殖酸、针铁矿和碳酸钙存在时，表面反应比重增加，相应地扩散反应比重降低，预示着这些组分减缓铜的长期老化反应。随 pH 升高，铜-饱和膨润土的层间距下降，其含水量也下降，据此推断吸附在膨润土表面的铜扩散进入到黏土矿物层间，并且扩散的铜离子依赖于 pH：较低 pH(pH<5.5)时，扩散的铜离子主要以二价 Cu^{2+} 存在，带着二层水化壳，半径大扩散速度慢；较高 pH(pH=7.7)时，扩散的铜离子以一价 $CuOH^+$ 为主，带着一层水化壳，半径小扩散速度快。

重金属的老化过程受重金属元素种类、土壤类型、土壤 pH、有机质含量等诸多因素影响。pH 是影响土壤铜锌老化的关键因子。随着土壤 pH 的升高，重金属发生了明显的共沉淀作用，大多以沉淀态的形式存在于土壤中，有效性显著下降。添加少许改良剂，可以提高铜锌污染土壤的 pH，从而降低铜、锌的有效性，加快其老化进程。此外，复合污染土壤中的有效态铜、锌含量均高于单一污染，表明重金属离子间的相互作用也是影响其老化的重要因素。在一定范围内提高土壤 pH 和有机质含量均可显著抑制重金属离子的活性，这是施肥和施用改良剂修复重金属污染土壤的基础。

重金属老化显著降低其生物有效性/毒性。采用室内盆栽实验，观测了在水稻土中加入不同浓度重金属镉、铜、锌，分别老化 2 天、10 天、30 天、60 天、90 天，180 天后番茄和小白菜的根伸长。在同一浓度下，随时间的延长，根长有逐渐增长的趋势，土壤中重金属有效态呈下降趋势；对不同时间下镉、铜、锌的根长抑制率的重金属浓度(EC 值)进行分析，得出 2 天 EC 值最小，而 180 天 EC 值最大，说明随着时间的延长，土壤中重金属对蔬菜生长的毒性逐渐降低。而有效态重金属在红壤、水稻土和褐土中的变化最适合二级动力学方程，则说明金属有效形态向无效形态的转化过程(老化)并不完全取决于扩散作用，它是表面聚合/沉淀作用、有机质包裹作用、扩散作用等交互的结果。

施肥能够强化重金属污染土壤的自然修复，肥料主要通过主要成分与重金属的直接相互作用，或通过提升土壤 pH、有机质、CEC 等间接作用，来稳定土壤重金属。但是，应该注意肥料与重金属之间的作用十分复杂，肥料对土壤性质的影响也十分复杂，所以施肥强化重金属自然修复有许多不确定因素和潜在的风险，如土壤酸化、固定的重金属重新活化、新的重金属积聚、营养元素的淋失和营养失衡等。因此，施肥与重金属污染土壤的修复仍在发展、完善中。采用施肥或土壤改良剂修复重金属污染土壤，应注意克服其可能的环境风险。

主要参考文献

蔡泽江, 孙楠, 王伯仁, 等. 2011. 长期施肥对红壤 pH、作物产量及氮、磷、钾养分吸收的影响. 植物营养与肥料学报, 17(1), 71-78

陈林华, 倪吾钟, 李雪莲, 等. 2009. 常用肥料重金属含量的调查分析. 浙江理工大学学报, 26(2), 223-227

华珞, 白铃玉, 韦东普, 等. 2002. 有机肥-镉-锌交互作用对土壤镉锌形态和小麦生长的影响. 中国环境科学, 22(4), 346-350

蒋廷惠, 胡霭堂, 秦怀英. 1993. 土壤中锌的形态分布及其影响因素. 土壤学报, 30(3), 260-266

刘景, 吕家珑, 徐明岗, 等. 2009. 长期不同施肥对红壤 Cu 和镉含量及活化率的影响. 生态环境学报, 18(3), 914-919

纳明亮. 2007. 土壤重金属污染剂量与蔬菜毒性效应及其控制技术研究. 西北农林科技大学硕士学位论文

王其武, 刘文汉. 1994. X 射线吸收精细结构及其应用. 北京: 科学出版社

吴曼. 2011. 土壤性质对重金属稳定化过程的影响及其机理. 青岛大学硕士学位论文

徐明岗, 纳明亮, 张建新, 等. 2001. 红壤中 Cu、Zn、Pb 污染对蔬菜根伸长的抑制效应, 中国环境科学，28(2)：153-157

徐明岗, 王宝奇, 周世伟, 等. 2008. 外源铜锌在我国典型土壤中的老化特征. 环境科学, 29(11), 3213-3218

徐明岗, 张茜, 孙楠, 等. 2009. 不同养分对磷酸盐固定的污染土壤中铜锌生物有效性的影响. 环境科学, 30(7), 2053-2058

徐明岗, 张青, 李菊梅. 2004. 土壤锌自然消减的研究进展. 生态环境, 13(2):268-270

于天仁, 季国亮, 丁昌璞. 1996. 可变电荷土壤的电化学. 北京: 科学出版社

张艳云, 孙龙生, 申春平, 等. 1996. 日粮中添加高剂量铜对肉用子鸡生长和肝、粪铜浓度的影响. 禽业科技, 12(4), 3-5

周世伟. 2007. 外源铜在土壤矿物中的老化过程及影响因素研究. 中国农业科学院博士学位论文

朱祖祥. 1996. 中国农业百科全书-土壤卷. 北京: 农业出版社

Adriano D C, Wenzel W W, Vangronsveld J, et al. 2004. Role of assisted natural remediation in environmental cleanup. Geoderma, 122: 121-142

Agbenin J O. 1998. Phosphate-induced zinc retention in a tropical semi-arid soil. Eur. J. Soil Sci, 49: 693-700

Alcacio T E, Hesterberg D, Chou J W, et al. 2001. Molecular scale characteristics of Cu (II) bonding in goethite-humate complexes. Geochim. Cosmochim. Acta, 65: 1355-1366

Alexander M. 2000. Aging, bioavailability, and overestimation of risk form environmental pollutants. Environ. Sci. Technol., 34: 4259-4265

Ali N A, Ater M, Sunahara G I, et al. 2004. Phytotoxicity and bioaccumulation of copper and chromium using barley (*Hordeum vulgate* L.) in spiked artificial and natural forest soils. Ecotoxicol. Environ. Saf., 57: 363–374

Alloway B J. 1990. Heavy metals in soils. Glasgow: Blackie Academic and Professional

Alvarez–Puebla R A, Aisa C, Blasco J, et al. 2004. Copper heterogeneous nucleation on a palygorskitic clay: an XRD, EXAFS and molecular modeling study. Appl. Clay Sci., 25: 103–110

Alvarez–Puebla R A, dos Santos D S, Blanco Jr. C. et al. 2005. Particle and surface characterization of a natural illite and study of its copper retention. J. Colloid Interface Sci., 285: 41–49

Arias–Estevez M. Novoa–Munoz J C, Pateiro M, et al. 2007. Influence of aging on copper fractionation in an acid soil. Soil Sci., 172: 225–232

Barona A, Aranguiz I, Elías A. 1999. Assessment of metal extraction, distribution and contamination in surface soils by a 3–step sequential extraction procedure. Chemosphere, 39: 1911–1922

Barrow N J. 1986. Testing a mechanistic model. II. The effects of time and temperature on the reaction of zinc with a soil. J. Soil Sci., 37: 277–286

Barrow N J. 1992. A brief discussion on the effect of temperature on the reaction of inorganic ions with soil. J. Soil Sci., 43: 37–45

Barrow N J, Bowden J W, Posner A M, et al. 1981. Describing the adsorption of copper, zinc and lead on a variable charge mineral surface. Aust. J. Soil Res., 19: 309–321

Basra N T, McGowen S L. 2004. Evaluation of chemical imobilization treatments for reducing heavy metal transport in a smelter–contaminated soil. Environ. Pollut., 127: 73–82

Boisson J, Ruttens A, Mench M, et al. 1999. Evaluation of hydroxyapatite as a metal immobilizing soil additive for the remediation of poluted soils. Part 1. Influence of hydroxyapatite on metal exchangeability in soil, plan t growth and plant metal accumulation. Environ. Pollut., 104: 225–233

Bolan N S, Adriano D C, Duraisamy A, et al. 2003. Immobilization and phytoavailability of cadmium in variable charge soils: III. Effect of biosolid addition. Plant Soil, 256: 231–241

Bolan N S, Khan M A R, Tillman R W, et al. 1999. The efects of anion sorption on sorption and leaching of cadmium. Aust. J.Soil Res., 37: 445–460

Bolland M D A, Posner A M, Quirk J P. 1977. Zn adsorption by goethite in the absence and presence of phosphate. Aust. J. Soil Res., 15: 279–286

Boudesocque S, Guillon E, Aplincourt M, et al. 2007.Sorption of Cu (II) onto vineyard soils: Macroscopic and spectroscopic investigations. J. Colloid Interface Sci., 307: 40–49

Bradl H B. 2004. Adsorption of heavy metal ions on soils and soils constituents. J. Colloid Interface Sci., 277: 1–18

Brennan R F, Gartrell J W, Robson A D. 1986. The decline in the availability to plants of applied copper fertilizer. Aust. J. Agr. Res., 37: 107–113

Bruemmer G W, Gerth J, Tiller K G. 1988. Reaction kinetics of the adsorption and desorption of nickel, zinc an d cadmium by goethite. I. Adsorption and diffusion of metals. J. Soil Sci., 39: 37–51

Bruus Pedersen M, Kjær C, Elmegaard N. 2000. Toxicity and bioaeeumulation of copper to black bindweed (*Fallopia convolvulus*)in relation to bioavailability and the age of soil contamination. Arc. Environ. Contam. Toxicol., 39: 431–439

Bruus Pedersen M, Van Gestel C A M. 2001. Toxicity of copper to the collembolan *Folsomia fimetaria* in relation to the age of soil contamination. Ecotoxicol. Environ. Saf., 49: 54–59

Burton E D, Phillips I R, Hawker D W, et al. 2005. Copper behaviour in a Podosol. 1. pH–dependent sorption–desorption, sorption isotherm analysis, and aqueous speciation modelling. Aust. J. Soil Res., 43: 491–501

Cao X, Ma L Q, Chen M, et al. 2002. Impacts of phosphate amendments on lead biogeochemistry at a contaminated site. Environ. Sci. Technol., 36: 5296–5304

Cao X, Ma L Q, Rhue D R, et al. 2004. Mechanisms of lead, copper, and zinc retention by phosphate rock. Environ. Pollut., 131: 435–444

Chang T W, Wang M K, Jang L Y. 2005. An extended X–ray absorption spectroscopy study of copper (Ⅱ) sorption by oxides. Geoderma, 129: 211–218

Christensen J B, Botma J J, Christensen T H. 1999. Complexation of Cu and Pb by DOC in polluted groundwater: a comparison of experimental data and predictions by computer speciation models (WHAM and MINTEQA2). Water Res., 33: 3231–3238

Cotter–Howells J, Caporn S. 1996. Remediation of contaminated land by formation of heavy metal phosphates. Appl. Geochem., 11: 335–342

D'Amore J J, Al–Abed S R, Scheckel K G, et al. 2005. Methods for speciation of metals in soils: A review. J. Environ. Qual., 34: 1707–1745

Davidson C M, Duncan A L, Littlejohn D, et al. 1998. A critical evaluation of the three–stage BCR sequential extraction procedure to assess the potential mobility and toxicity of heavy metals in industrially–contaminated land. Anal. Chim. Acta, 363: 45–55

Dean J A. 1999. Lange's Handbook of Chemistry (Fifteenth Edition). New York: McGraw–Hill, Inc

Du Q, Sun Z, Forsling W, et al. 1997. Adsorption of copper at aqueous illite surfaces. J. Colloid Interface Sci., 187: 232–242

Fangueiro D, Bermond A, Santos E, et al. 2005. Kinetic approach to heavy metal mobilization assessment in sediments: Choose of kinetic equations and models to achieve maximum information. Talanta, 66: 844–857

Farquhar M, Charnock J M, England K E R, et al. 1996. Adsorption of Cu (Ⅱ) on the (0001) plane of mica: a REFLEXAFS and XPS study. J. Colloid Interface Sci, . 177: 561–567

Fernández E, Jiménez R, Lallena A M, et al. 2004. Evaluation of the BCR sequential extraction procedure applied for two unpolluted Spanish soils. Environ. Pollut., 131: 355–364

Fotovat A, Naidu R. 1997. Ion exchange resin and MINTEQA2speciation of Zn and Cu in alkaline sodic and acidic soil extracts. Aust. J. Soil Res., 35: 711–726

Ge Y, Murray P, Hendershot W H. 2000. Trace metal speciation and bioavailability in urban soils. Environ. Pollut., 107: 137–144

Hamon R, McLaughlin M J, Lombi E. 2006. Natural Attenuation of Trace Element Availability in Soils. Boca Raton: CRC Press

He H P, Guo J G, Xie X D, et al. 2001. Location and migration of cations in Cu^{2+}–adsorbed montmorillonite. Environ. Int., 26: 347–352

Hettiarachchi G M, Pierzynski G M, Ransom M D. 2001. In situ stabilization of soil lead using phosphorus. J. Environ. Qual., 30: 1214–1221

Huang P M, Sparks D L, Boyd S A. 1998. Future Prospects for Soil Chemistry. Madison, WI: Soil Science Society of America Special Publication

Hyun S P, Cho Y H, Hahn P S. 2005. An electron paramagnetic resonance study of Cu (II) sorbed on kaolinite. Appl. Clay Sci., 30: 69–78

Kaasalainen M, Yli–Halla M. 2003. Use of sequential extraction to assess metal partitioning in soils. Environ. Pollut., 126: 225–233

Karlsson T, Persson P, Skyllberg U. 2006. Complexation of copper (II) in organic soils and in dissolved organic matter–EXAFS evidence for chelate ring structures. Environ. Sci. Technol., 40: 2623–2628

Karmous M S, Rhaiem H B, Naamen S, et al. 2006. The interlayer structure and thermal behavior of Cu and Ni montmorillonites. Z. Krist. (Suppl.), 23: 431–436

Karthikeyan K G, Elliott H A, Chorover J. 1999. Role of surface precipitation in copper sorption by the hydrous oxides of iron and aluminum. J. Colloid Interface Sci., 209: 72–78

Kinniburgh D G, Jackson M L. 1981. Cation adsorption by hydrous metal oxides and clay. *In*: Anderson M A, Rubin A J (eds.) Adsorption of inorganics at solid–liquid interfaces. Ann Arbor Science Publishers, Inc., Ann Arbor: 91–160

Korshin G V, Frenkel A I, Stern E A. 1998. EXAFS study of the inner shell structure in copper (II) complexes with humic substances. Environ. Sci. Technol., 32: 2699–2705

Lee S. 2003. An XAFS study of Zn and Cd sorption mechanisms on montmorillonite and hydrous ferric oxide over extended reaction times. Ph.D. dissertation. ProQuest Information and Learning Company, Ann Arbor, MI

Lee J H, Doolittle J J. 2002. Phosphate application impacts on cadmium sorption in acidic and calcareous soils. Soil Sci., 167: 390–400

Lindsay W L. 1979. Chemical Equilibria in Soils. New York: John Wiley and Sons

Liu A, Gonzalez R D. 1999. Adsorption/desorption in a system consisting of humic acid, heavy metals and clay minerals. J. Colloid Interface Sci., 218: 225–232

Lock K, Janssen C R. 2003. Influence of aging on metal availability in soils. Rev. Environ. Contam. Toxicol., 178: 1–21.

Lu A, Zhang S, Shan X Q. 2005. Time effect on the fractionation of heavy metals in soils. Geoderma, 125: 225–234

Ma L Q, Rao G N. 1997. Efects of phosphate rock on sequential chemical extraction of lead in contaminated soils. J. Environ. Qual., 26: 788–794

Ma Y B, Lombi E, Nolan A L, et al. 2006a. Short·term natural attenuation of copper in soils: Efects of time, temperature and soil characteristics. Environ. Toxicol. Chem., 25: 652–658

Ma Y B, Lombi E, Oliver I W, et al. 2006b. Long–term aging of copper added to soils. Environ. Sci. Technol., 40: 6310–6317

Ma Y B, Uren N C. 1997. The effects of temperature, time and cycles of drying and rewetting on the extractability of zinc added to a calcareous soil. Geoderma, 75: 89–97

Ma Y B, Uren N C. 1998a. Transformations of heavy metals added to soil–application of a new sequential extraction procedure. Geoderma, 84: 157–168

Ma Y B, Uren N C. 1998b. Dehydration, diffusion and entrapment of zinc in bentonite. Clay. Clay Miner., 46: 132–138

Ma Y B, Uren N C. 2006. Effect of aging on the availability of zinc added to a calcareous clay soil.

Nutr. Cycl. Agroecosys., 76: 11–18

Martínez C E, McBride M B. 2000. Aging of coprecipitated Cu in alumina: changes in structural location, chemical form, and solubility. Geochim. Cosmochim. Acta, 64: 1729–1736

McBride M B. 1991. Processes of heavy and transition metal sorption by soil minerals. *In*: Bolt G H, De Boodt M F, Hayes M H B, et al. (Eds.) Interactions at the soil colloid–soil solution interface. Kluwer Academic Publishers, Dordrecht: 149–175

McBride M B, Martínez C E, Sauvé S. 1998. Copper (Ⅱ) activity in aged suspensions of goethite and organic matter. Soil Sci. Soc. Am. J., 62: 1542–1548

McGowen S L, Basta N T, Brown G O. 2001. Use of diammonium phosphate to induce heavy metal solubility and transport in smelter–contaminated soil. J. Environ. Qual., 30: 493–500

McLaren R G, Ritchie G S E. 1993. The long–term fate of copper fertilizer applied to a lateritic sandy soil in Western Australia. Aust. J. Soil Res., 31: 39–50

McLaughlin M J. 2001. Ageing of metals in soils changes bioavailability. Fact Sheet Environ. Risk Assess., (4): 1–6

Morton J D, Semrau J D, Hayes K F. 2001. An X–ray absorption spectroscopy study of the structure and reversibility of copper adsorbed to montmorillonite clay. Geochim. Cosmochim. Acta, 65: 2709–2722

Mossop K F, Davidson C M. 2003. Comparison of original and modified BCR sequential extraction procedures for the fractionation of copper, iron, lead, manganese and zinc in soils and sediments. Anal. Chim. Acta, 478: 111–118

Nolan A L, Lombi E, McLaughlin M J. 2003a. Metal bioaccumulation and toxicity in soils–Why bother with speciation? Aust. J. Chem., 56: 77–91

Nolan A L, McLaughlin M J, Mason S D. 2003b. Chemical speciation of Zn, Cd, Cu, and Pb in pore waters of agricultural and contaminated soils using Donnan dialysis. Environ. Sci. Technol., 37: 90–98

Pandey A K, Pandey S D, Misra V. 2000. Stability constants of metal–humic acid complexes and its role in environmental detoxification. Ecotoxicol. Environ. Saf., 47: 195–200

Pardo M T. 2004. Cadmium sorption–desorption by soils in the absence and presence of phosphate. Commun. Soil Sci. Plant Anal., 35: 1553–1568

Pueyo M, Sastre J, Hernández E, et al. 2003. Prediction of trace element mobility in contaminated soils by sequential extraction. J. Environ. Qual., 32: 2054–2066

Raicevic S, Kaludjerovic–Radoicic T, Zouboulis A I. 2005. In situ stabilization of toxic metals in poluted soils using phosphates: theoretical prediction and experimental verification. J. Hazard. Mater., B117: 41–53

Ramos L, Hernandez L M, Gonzalez M J. 1994. Sequential fractionation of copper, lead, cadmium and zinc in soils from or near Donana National Park. J. Environ. Qual., 23: 50–57

Renella G, Chaudfi A M, Brookes P C. 2002. Fresh additions of heavy metals do not model long–term efects on microbial biomass and activity. Soil Biol. Biochem., 34: 121–124

Ruby M V, Davis A, Nicholson A. 1994. In situ formation of lead phosphates in soils as a method to immobilize lead. Environ. Sci. Technol., 28: 646–654

Sari A, Tuzen M, Citak D, et al. 2007a. Adsorption characteristics of Cu (Ⅱ) and Pb (Ⅱ) onto expanded perlite from aqueous solution. J. Hazard. Mater., 148: 387–394

Sari A, Tuzen M, Citak D, et al. 2007b. Equilibrium, kinetic and thermodynamic studies of adsorption of Pb (Ⅱ) from aqueous solution onto Turkish kaolinite clay. J. Hazard. Mater., 149: 283–291

Scheckel K G, Ryan J A. 2004. Spectroscopic speciation and quantification of lead in phosphate–amended soils. J. Environ. Qual., 33: 1288–1295

Scheckel K G, Sparks D L. 2001. Temperature effects on nickel sorption kinetics at the mineral–water interface. Soil Sci. Soc. Am. J., 65: 719–728

Scheidegger A M, Sparks D L. 1996. A critical assessment of sorption–desorption mechanisms at the soil mineral/water interface. Soil Sci., 161: 813–831

Scott–Fordsmand J J, Weeks J M, Hopkin S P. 2000. Improtance of contamination history for understanding toxicity of copper to earthworm Eisenia fetica (Oligochaeta: Annelida), using neutral–red retention assay. Environ. Toxicol. Chem., 19: 1774–1780

Sen Gupta S, Bhattacharyya K G. 2011. Kinetics of adsorption of metal ions on inorganic materials: A review. Adv. Colloid Interface Sci., 162: 39–58

Sheals J, Granström M, Sjöberg S, et al. 2003. Coadsorption of Cu (Ⅱ) and glyphosate at the water–goethite (α–FeOOH) interface: molecular structures from FTIR and EXAFS measurements. J. Colloid Interface Sci., 262: 38–47

Strawn D G, Baker L L. 2009. Molecular characterization of copper in soils using X–ray absorption spectroscopy. Environ. Pollut., 157: 2813–2821

Shuman L M. 1985. Fractionation method for soil microelements. Soil Sci., 140: 11–22

Sparks D L. 1999. Soil Physical Chemistry (Second Edition). Boca Raton: CRC Press

Sparks D L. 2001. Elucidating the fundamental chemistry of soils: past and recent achievements and future frontiers. Geoderma, 100: 303–319

Sparks D L. 2003. Environmental Soil Chemistry (Second Edition). New York: Academic Press

Sparks D L. 2006. Advances in elucidating biogeochemical processes in soils: it is about scale and interfaces. J. Geochem. Explor., 88: 243–245

Temminghoff E J M, van Der Zee S E A T M, de Haan F A M. 1997. Copper mobility in a copper–contaminated sandy soil as affected by pH and solid and dissolved organic matter. Environ. Sci. Technol., 31: 1109–1115

Tessier A, Campbell P G C, Bisson M. 1979. Sequential extraction procedure for the speciation of particulate trace metals. Anal. Chem., 51: 844–851

Theodomtos P, Papassiopi N, Xenidis A. 2002. Evaluation of monobasic calcium phosphate for the immobilization ofheavy metals in contaminated soils from Lavrion. J. Hazard. Mater., B94: 135–146

Tipping E, Rieuwerts J, Pan G, et al, et al. 2003. The solid–solution partitioning of heavy metals (Cu, Zn, Cd, Pb) in upland soils of England and Wales. Environ. Pollut., 125: 213–225

Tom–Petersen A, Hansen H C B, Nybroe O. 2004. Time and moisture effects on total and bioavailable copper in soil water extracts. J. Environ. Qual., 33: 505–5l2

Tu C, Zheng C R, Chen H M. 2000. Effect of applying chemical fertilizers on forms of lead and cadmiumin red soil. Chemosphere, 41: 133–138

Tye A M, Young S, Crout N M J, et al. 2004. Speciation and solubility of Cu, Ni and Pb in contaminated soils. Eur. J. Soil Sci., 55: 579–590

Vulkan R, Zhao F J, Barbosa–Jefferson V, et al. 2000. Copper speciation and impacts on bacterial biosensors in the pore water of copper–contaminated soils. Environ. Sci. Technol., 34: 5115–5121

Wang G, Staunton S. 2006. Evolution of water–extractable copper in soil with time as a function of organic matter amendments and aeration. Eur. J. Soil Sci., 57: 372–380

Wu P X, Zhang Q, Dai Y P, et al. 2011. Adsorption of Cu (II), Cd (II) and Cr (III) ions from aqueous solutions on humic acid modified Ca–montmorillonite. Geoderma, 164: 215–219

Xia K, Bleam W F, Helmke P A. 1997. Studies of the nature of Cu^{2+} and Pb^{2+} binding sites in soil humic substances using X–ray absorption spectroscopy. Geochim. Cosmochim. Acta, 61: 2211–2221

Xu J M, Huang P M. 2010. Molecular enviornmental soil science at the interfaces in the earth's critical zone. Hangzhou and Berlin Hdidelberg: Zhejiang Univirersity Press, Springer–Velag

Xu Y, Schwartz F W, Tralna S J. 1994. Sorption of Zn^{2+} and Cd^{2+} on hydroxyapatite surfaces. Environ. Sci. Technol., 28: 1472–1480

Yong R N, Mulligan C N. 2004. Natural attenuation of contaminants in soil. Boca Raton: CRC Press

Zhou L X, Wong J W C. 2001. Effect of dissolved organic matter from sludge and sludge compost on soil copper sorption. J. Environ. Qual., 30: 878–883

Zhou S W, Xu M G, Ma Y B, et al. 2008. Aging mechanism of copper added to bentonite. Geoderma, 147: 86–92

第三章 氮肥调控土壤重金属污染的机制与技术

氮肥是农田最主要的肥料,其施用影响土壤重金属的形态和有效性。Tu 等(2000)认为施用尿素(200mg/kg)显著降低了红壤中铅和镉水溶交换态的含量,却增加了碳酸盐结合态和铁锰氧化物结合态的量,可能的原因是:施尿素使 pH 上升 0.02~0.53 个单位。而另有研究表明施用硫酸铵、硝酸铵和尿素能增加微酸性土壤中水溶交换态的锌和镉的含量,实验归结为这 3 种肥料均降低了土壤的 pH(Willaert and verloo, 1992)。

氮肥种类不同,对土壤重金属有效性的影响不同。曾清如(1997)对湖南铅锌尾矿土壤研究的结果表明,不同铵态氮肥对植物吸收重金属的影响不同,且与土壤重金属的溶出并不一定呈正相关,其中 NH_4HCO_3、$(NH_4)_2HPO_4$ 对土壤中锌和铜的溶出,NH_4Cl 和 $(NH_4)_2HPO_4$ 对镉的溶出均有较大的促进作用,而 $10^{-2}mol/L$ 的 $(NH_4)_2HPO_4$、NH_4HCO_3、NH_4Cl、$(NH_4)_2SO_4$ 对铅的溶出有抑制作用。楼玉兰等(2005)在嘉兴和浙江水稻土上的研究表明,铵态氮肥能降低根际土壤的 pH,提高根际土壤中的重金属活性,促进玉米对重金属的吸收;而硝态氮肥的作用则刚好相反。焦鹏等(2011)在云南棕壤土上的实验表明,玉米地上部铅、镉含量随 NH_4Cl 的施用量增加而增加。赵晶等(2009)在四川水稻土上的研究表明,所有氮肥处理都比无肥处理增加了小麦对镉的吸收,但不同氮肥处理之间的效果差异显著,其中以 NH_4Cl 的促进作用最强,$(NH_4)_2SO_4$ 处理的小麦吸收镉最少,尿素处理的小麦对镉的吸收随其用量增加而增加;而且不同氮肥对小麦吸收和累积镉的影响还因不同小麦品种和不同生育期而差异显著。在镉污染的黄绵土上的实验表明,施用尿素在促进小白菜生长的同时,一定程度上也促进了植株对镉的吸收和累积(李艳梅等,2008)。王艳红等(2008)对广东水稻土的研究也表明,在氮肥施用量相同的条件下,施用不同形态氮肥对小白菜地上部及根系吸收铅有显著影响;且氮肥在一定程度上会影响土壤中铅的形态分布,其中对交换态、碳酸盐结合态、无定形氧化锰结合态、无定形氧化铁结合态及有机结合态含铅量影响较大。从大量的研究结果可以看出,铵离子主要是通过改变土壤的化学性质来影响重金属离子的吸附。大量铵态氮肥施入土壤后,土壤中 NH_4^+ 的含量迅速增加,NH_4^+ 在土壤中将发生硝化作用,释放 H^+,短期内可使土壤 pH 明显降低(Eriksosn, 1990)。另外,作物吸收 NH_4^+ 时,根系会分泌 H^+,使根际周围酸化,土壤 pH 降低,从而导致作物吸镉量增加(Eriksssone, 1990;Willaert and verloo, 1992;吴启堂, 1994;邹春琴和杨志福, 1994)。此外,NH_4^+

还能与镉形成配合物而降低土壤对 Cd^{2+} 的吸附。

目前，多数研究认为施用铵态氮肥会提高重金属有效性，硝态氮肥则相反，但也有不同的实验结果。杨刚等(2007)对四川水稻土上鱼腥草的研究表明，铅浓度高时，施用铵态氮对鱼腥草积累铅量有一定的抑制作用；在相同浓度铅处理下，施用铵态氮肥可促进鱼腥草生长，降低重金属铅对鱼腥草的毒害，施用硝态氮肥时，则促进了鱼腥草体内的 Pb^{2+} 由根部向茎部转移。

除氮肥种类外，氮肥的不同施用量也会显著影响土壤中重金属的有效性。付婷婷等(2011)在四川铅污染的水稻土中施入不同水平的 $NaNO_3$ 和 $(NH_4)_2SO_4$，结果表明，施用适量的氮肥可促进日本毛连菜的生长和累积铅的能力，而施用过量氮肥则对日本毛连菜的生长和铅累积均有一定抑制作用；与硝态氮肥处理相比，铵态氮肥更有利于铅向日本毛连菜叶部转移。甲卡拉铁等(2010)在四川潴育型水稻土上的研究发现，施 NH_4Cl 可显著增加水稻对镉的吸收，并促进镉由秸秆向籽粒的转移；适量尿素能显著降低水稻籽粒镉含量，而不施尿素和高量尿素处理都显著提高了水稻籽粒中的镉含量。陈苏等(2010)对沈阳棕壤研究表明，增加尿素施用量显著提高了小麦不同部位镉、铅浓度，与其提高了土壤中交换态镉、铅含量紧密相关，尿素施用促进了镉、铅向交换态转变，使之易于被植物吸收。王艳红等(2010)对广东赤红壤菜园土上荠菜的研究发现，$CO(NH_2)_2$ 、NH_4NO_3、$Ca(NO_3)_2$ 、NH_4Cl、$(NH_4)_2SO_4$ 均促进了芥菜根系对镉 的吸收，且根系镉含量随施氮量的增加而增加；但根系吸收转运镉的能力随氮肥施用量的增加呈先降后增的变化趋势；在低氮水平下，$CO(NH_2)_2$ 和 $Ca(NO_3)_2$ 处理能显著降低芥菜地上部镉含量；在施氮量相同的条件下，NH_4Cl 和$(NH_4)_2SO_4$ 显著降低了土壤 pH，增加了土壤 DTPA-Cd 含量，促进了芥菜对镉的吸收。赵晶等(2010)对水稻土的研究也发现小麦对镉的吸收随尿素的用量增加而增加。

通过对全国各种土壤类型上的研究分析发现，在铅、镉污染的土壤上施用氮肥，会显著影响地上部生物量、土壤性质及重金属活性和形态从而影响重金属的转移和毒性。一般情况下，NH_4^+–N 可能会促进植物吸收重金属元素，NO_3^-–N 会抑制植物对重金属的吸收，但是具体情况却因为不同的土壤性质、不同的重金属污染程度、不同的施肥量、不同的植物生育期、植物的不同部位等因素有显著差异，甚至会出现相反的结果。这说明，在土壤-植物系统中，氮肥对重金属的作用是相当复杂的，除了二者本身的性质以外，还有很多因素需要给予充分的重视和考虑。

综上所述，氮肥在土壤重金属生物有效性上的作用可归结为两点：一是对重金属的活化，如铵态氮肥对根际的酸化可导致重金属的有效性增加。二是可钝化重金属，如尿素在某些条件下使土壤 pH 上升，致使铅和镉向相对活性较低的碳酸盐结合态和铁锰氧化物结合态转化。

3.1　氮肥对重金属修复的效果与技术

以铅、镉污染水稻土为例。在广东铅、镉污染水稻土上进行氮肥品种和用量实验,污染土壤总铅含量为393mg/kg,pH6.82;土壤全镉含量为1.95mg/kg、pH6.72。分别以小白菜和芥菜为供试对象。设 5 个氮肥品种:NH_4NO_3、NH_4Cl、$(NH_4)_2SO_4$、$Ca(NO_3)_2$、$CO(NH_2)_2$;铅污染土壤施氮水平 3 个(100mg/kg、200mg/kg、300mg/kg 风干土);镉污染土壤施氮水平 4 个(50mg/kg、100mg/kg、200mg/kg、400mg/kg 风干土)。以只施磷($Ca(H_2PO_4)_2·H_2O$,基肥)、钾(K_2SO_4,追肥)肥为对照,施同量磷肥(100mg/kg 风干土,以 P_2O_5 计)和同量钾肥(200mg/kg 风干土,以 K_2O 计)。均设 4 次重复。

3.1.1　氮肥对铅污染土壤的修复效果

氮肥品种和用量对小白菜地上部铅含量均有显著影响(表 3.1)。在相同施氮水平下,地上部铅含量以施加$(NH_4)_2SO_4$处理最高,NH_4NO_3处理最低。对于同种氮肥,地上部铅含量以施氮处理大于不施氮处理,且随施氮量的增加而增加($Ca(NO_3)_2$处理除外),但适量 NH_4NO_3 处理影响不显著。说明适量 NH_4NO_3 不会对小白菜地上部铅含量增加有显著影响。因此,在类似污染土壤上可选 NH_4NO_3作为氮肥。

表3.1　不同氮肥及用量下小白菜地上部铅含量　　　　(单位：mg/kg干重)

施氮量/(mg/kg 风干土)	NH_4NO_3	NH_4Cl	$(NH_4)_2SO_4$	$Ca(NO_3)_2$	$CO(NH_2)_2$
0	0.705±0.038b	0.705±0.038c	0.705±0.038d	0.705±0.038c	0.705±0.038d
100	0.711±0.041bC	0.748±0.053cC	1.701±0.189cA	1.688±0.092aA	1.383±0.061cB
200	0.709±0.057bD	1.292±0.034bC	2.067±0.217bA	1.304±0.052bC	1.701±0.092bB
300	0.849±0.073aD	1.858±0.248aB	2.438±0.316aA	1.268±0.110bC	2.288±0.191aA

注：NH_4NO_3：硝酸铵,NH_4Cl为氯化铵,$(NH_4)_2SO_4$为硫酸铵,$Ca(NO_3)_2$为硝酸钙, $CO(NH_2)_2$为尿素;小写字母为同一列数据进行比较,大写字母为同一行数据进行比较,不同字母表示达到5%显著差异;表中数据平均值±标准差;下同

不同品种氮肥施入土壤后,在土壤中的转化和行为各不相同,使土壤物理和化学性质发生变化,其中对 pH 影响尤为明显。表 3.2 显示,与对照相比,不同施氮处理均降低了铅污染土壤 pH,且随着施氮量的增加逐渐下降,其中 $Ca(NO_3)_2$处理土壤 pH 变化不显著,而$(NH_4)_2SO_4$处理土壤 pH 下降趋势最大。相同施氮水平下,不同氮肥处理土壤 pH 均以 $Ca(NO_3)_2$ 处理最高,以$(NH_4)_2SO_4$ 处理最低,其他 3 种肥处理土壤 pH 随着氮肥施用量的不同变化趋势不尽相同。

施入 NH_4Cl 和$(NH_4)_2SO_4$处理土壤 pH 明显降低,最大降低幅度分别为 0.66

和1.04个单位,其生理酸性得到了很好的体现;Ca(NO$_3$)$_2$处理土壤pH变化不显著,因为植物吸收NO$_3^-$后,根系会排放出OH$^-$以维持体内电荷平衡;尿素是酰铵态氮肥,水解生成的铵及铵硝化生成的硝态氮均可被植物吸收,同时,在脲酶作用下生成的NH$_4^+$如果未发生硝化作用或者不被植物吸收,则可导致土壤pH上升;但在土壤微生物和根系分泌物的作用下,尿素对土壤pH影响可能会比较复杂。

表3.2 不同氮肥品种及用量下铅污染土壤的pH

施氮量/(mg/kg 风干土)	NH$_4$NO$_3$	NH$_4$Cl	(NH$_4$)$_2$SO$_4$	Ca(NO$_3$)$_2$	CO(NH$_2$)$_2$
0	7.30±0.11a	7.30±0.11a	7.30±0.11a	7.30±0.11a	7.30±0.11a
100	6.84±0.19bBC	6.83±0.11bBC	6.70±0.12bC	7.19±0.07aA	6.99±0.07bB
200	6.79±0.04bB	6.76±0.11bcBC	6.44±0.07cC	7.17±0.14aA	6.66±0.08cD
300	6.68±0.06bB	6.64±0.04cC	6.26±0.19cC	7.25±0.09aA	6.77±0.15cCD

3.1.2 氮肥对镉污染土壤的修复效果

镉胁迫下氮肥品种和用量对芥菜地上部生物量有显著影响(表3.3)。对于同种氮肥,芥菜地上部生物量以施氮处理高于不施氮处理,且与氮肥施用量呈显著正相关($P<0.05$)。在相同施氮水平下,不同氮肥处理的芥菜地上部生物量有显著差异($P<0.05$),5种氮肥对芥菜地上部生物量的增加效果大致为 CO(NH$_2$)$_2$>NH$_4$NO$_3$>NH$_4$Cl$\approx$(NH$_4$)$_2$SO$_4\approx$Ca(NO$_3$)$_2$。在本实验氮肥用量范围内,施用 CO(NH$_2$)$_2$、NH$_4$NO$_3$和Ca(NO$_3$)$_2$的处理芥菜生物量均随着氮肥用量的增加而显著提高,其余两种氮肥在0~200mg/kg施用水平下有相同的变化趋势,但在400mg/kg高氮水平下与200mg/kg氮水平处理相比略有降低,但无显著差异。因此,从提高作物产量的角度出发,宜选择尿素或硝酸铵作为氮肥施用。

表3.3 不同氮肥品种及用量下芥菜地上部生物量 (单位:g/盆)

施氮量(mg/kg 风干土)	CO(NH$_2$)$_2$	NH$_4$NO$_3$	NH$_4$Cl	(NH$_4$)$_2$SO$_4$	Ca(NO$_3$)$_2$
0	12.94±1.63e	12.94±1.63e	12.94±1.63d	12.94±1.63d	12.94±1.63e
50	28.94±1.71dA	25.89±2.52dB	31.01±2.00cA	22.94±1.54cB	23.47±2.18dB
100	61.34±3.66cA	51.51±4.60cB	41.40±3.43bC	43.36±3.35bC	43.96±4.56cC
200	76.56±7.76bAB	82.81±7.45bA	75.29±7.46aAB	72.90±6.53aAB	68.85±5.85bB
400	116.59±5.70aA	108.66±8.02aA	72.19±7.12aC	73.12±5.11aC	75.04±2.32aB

图3.1表明,氮肥品种和用量对芥菜地上部镉含量有显著影响($P<0.05$)。对于同种氮肥,随施氮量的提高,芥菜地上部镉含量均表现出先降后增的趋势,同时也随地上部生物量的增加而降低,与生物稀释效应关系密切,但在400mg/kg施氮水平下,5种氮肥均促进芥菜地上部对镉的吸收累积,并未因"稀释效应"而降低,

在高氮用量下芥菜地上部镉含量明显提高的现象,其原因还有待于进一步探明。

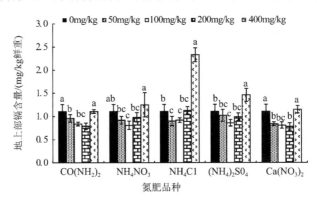

图 3.1　不同氮肥下芥菜地上部镉含量

相同氮肥浓度柱子的相同小写字母表示在 5%的水平上没有显著差异

相同施氮水平下,不同氮肥品种对芥菜地上部吸收镉的影响也不同。施氮量 ≤200mg/kg 时,芥菜地上部镉含量以施用(NH₄)₂SO₄ 和 NH₄Cl 的处理较高,以施用 CO(NH₂)₂ 和 Ca(NO₃)₂ 的处理最低,说明施用 CO(NH₂)₂ 和 Ca(NO₃)₂对降低芥菜地上部镉含量的效果优于(NH₄)₂SO₄ 和 NH₄Cl。值得一提的是,5 种氮肥处理中,芥菜地上部镉含量与(NH₄)₂SO₄ 和 NH₄Cl 的施用量呈显著正相关($r=0.876$,$P<0.01$;$r=0.644$,$P<0.01$),与另外 3 种氮肥施用量间无显著相关性,说明这两种肥料如果应用在镉污染土壤上,很可能会促进植物对镉的吸收。因此,从农业安全生产的角度出发,减少镉的植物系数,应尽量避免施用(NH₄)₂SO₄ 和 NH₄Cl 这两种肥料,而推广使用 CO(NH₂)₂ 和 Ca(NO₃)₂。

表 3.4 显示,与对照比较,施用 Ca(NO₃)₂ 的处理土壤 pH 随氮肥用量呈增加趋势,而其他氮肥处理呈降低趋势,其中施用 NH₄Cl 和(NH₄)₂SO₄ 的处理因其为生理酸性肥料而土壤 pH 降低幅度最大。CO(NH₂)₂ 和 NH₄NO₃ 在 50mg/kg 施用水平时,亦可提高土壤 pH。

不同形态和用量的氮肥对镉的生物有效性有不同影响。随着氮肥用量的增加,NH₄⁺-N(NH₄Cl 和(NH₄)₂SO₄)显著增加了土壤中镉的有效性,且与土壤 pH 值呈显著负相关($r=-0.830$,$P<0.0001$;$r=-0.983$,$P<0.0001$),而 NO₃⁻-N(以 Ca(NO₃)₂ 形式加入)却显著降低了镉的有效性,其变化趋势与土壤 pH 的变化趋势相反。CO(NH₂)₂ 和 NH₄NO₃ 处理中,虽然土壤 pH 随着施氮量的增加显著降低,但土壤 DTPA-Cd 含量并没有显著变化(表 3.4)。由于 EDTA 对重金属的作用能力强,它能浸提出土壤中水溶性、交换态、吸附态、有机结合态和部分氧化态的重金属,其提取的土壤重金属含量不能很好地反映植物效应。

表3.4　不同氮肥品种及用量下镉污染土壤pH及有效态镉　　　（单位：mg/kg）

土壤性质	施氮量/(mg/kg)	$CO(NH_2)_2$	NH_4NO_3	NH_4Cl	$(NH_4)_2SO_4$	$Ca(NO_3)_2$
pH	0	6.58±0.21ab	6.58±0.21b	6.58±0.21ab	6.58±0.21a	6.58±0.21b
	50	6.68±0.07a	6.80±0.05a	6.78±0.04a	6.70±0.06a	6.86±0.07a
	100	6.63±0.05ab	6.62±0.06ab	6.65±0.14ab	6.62±0.19a	6.78±0.11ab
	200	6.49±0.08bc	6.48±0.07b	6.45±0.15b	6.54±0.44a	6.84±0.09a
	400	6.32±0.11b	6.48±0.23b	5.65±0.12c	5.62±0.40b	6.86±0.14a
EDTA 有 效 态 镉	0	1.54±0.02a	1.54±0.02a	1.54±0.02b	1.54±0.02c	1.54±0.02a
	50	1.54±0.02a	1.49±0.04a	1.53±0.01b	1.57±0.03bc	1.55±0.03a
	100	1.50±0.03a	1.48±0.04a	1.54±0.03b	1.57±0.02bc	1.47±0.03ab
	200	1.51±0.02a	1.50±0.01a	1.55±0.03b	1.61±0.08b	1.43±0.06b
	400	1.52±0.03a	1.49±0.04a	1.67±0.06a	1.68±0.06a	1.42±0.11b

注：同一列不同字母表示相同氮肥品种在不同氮肥用量下的pH及有效态镉的含量

3.1.3　小结

各施氮处理均增加了小白菜地上部铅含量，而适量的 NH_4NO_3 不会对其造成显著影响，增施 $Ca(NO_3)_2$ 也有助于抑制小白菜地上部对铅的吸收。氮肥在一定程度上会影响土壤中各形态铅含量，小白菜吸收的铅主要来源于土壤中水溶态和交换态铅。

在施氮水平≤200mg/kg 的条件下，尿素和硝酸钙处理能显著降低芥菜地上部镉含量，降低幅度分别为 13%~29%和 24%~30%，但硝酸钙的增产效果远低于尿素。在施氮量相同的条件下，氯化铵和硫酸铵显著降低了土壤 pH，增加了土壤 DTPA-Cd 含量，促进了芥菜对镉的吸收。对于已受镉污染的农田土壤，从增加产量和提高芥菜的抗重金属能力等角度出发，建议选择尿素作为氮源，且施用量应控制在 200mg/kg 以内。

3.2　氮肥修复土壤重金属污染的机理

3.2.1　氮肥改变土壤 pH

氮肥施入土壤中，首先改变了土壤的 pH。由于土壤发生专性吸附时，重金属进入吸附点位土壤释放 H^+，所以，如果施氮肥使土壤变酸，就会增大土壤中重金属的溶解度，土壤吸附重金属的量将减少。从根际环境看，当植物吸收 NH_4^+ 和 NO_3^-，根系分泌不同的离子，吸收 NH_4^+–N 时引起 H^+ 的分泌，造成根际周围酸化,而吸收 NO_3^-–N,植物分泌 OH^-,造成根际碱化(Wallace, 1979)。Eriksson(1990)也证实使土壤变酸的氮肥作用强度顺序$(NH_4)_2SO_4$>NH_4NO_3>$Ca(NO_3)_2$。曾清如(1997)的研究结果, NH_4HCO_3 和 $(NH_4)_2HPO_4$ 对锌和铜的溶出, NH_4Cl 和 $(NH_4)_2HPO_4$ 对镉的溶出均有较大的促进作用, 而 10^{-2}mol/L 的$(NH_4)_2HPO_4$、NH_4HCO_3、NH_4Cl、$(NH_4)_2SO_4$ 对铅的溶出有抑制作用。说明不同形态的氮肥,由于对根际土壤环境酸化的影响程度不同, 以及竞争作用不同, 对土壤吸附和解吸重金属的影响也不同。

Eriksson(1990)发现氮肥增加土壤镉活性, 促进植物吸收镉。促进的顺序是$(NH_4)_2SO_4$>NH_4NO_3>$Ca(NO_3)_2$。其作用机理一方面可能是盐基阳离子对镉的置换作用, 另一方面可能是肥料降低施肥点周围土壤 pH 而增加镉的溶解度。可是也有实验结果指出硝态氮肥减少菜心的吸镉量, 硫铵却增加菜心的吸镉量。曾晓舵(1997)研究表明不同形态化肥在施肥量一致的情况下对菜心产量影响不很大, 但对菜心镉含量有显著影响。对于不同形态的氮肥, 施用硫酸铵的处理显著高于尿素、硝酸铵处理, 施用硝酸钙和碳酸氢铵的处理则较低。另外的研究结果是, 增加氮肥可导致禾谷类缺铜, 其中$(NH_4)_2HPO_4$ 处理的水稻幼苗铜含量最低, 比对照降低 32.9%(吴启堂, 1994)。因此可以认为, 不同种类的氮肥对重金属的植物有效性的影响有较大的差异。可能是所研究的作物或其他条件不同, 相同肥料的作用也不一定相同, 例如 Eriksson 发现 NH_4NO_3 促进植物吸收镉, 而曾晓舵(1997)的研究却得出硝态氮肥减少菜心的吸镉量。其他肥料也有类似的现象。

在镉污染的水稻土上施用 5 种氮肥, 在高量处理(400mg/kg)下, 除 NH_4NO_3 处理外均表现出 pH 的显著变化, 其中, 铵态氮肥 NH_4Cl 和 $(NH_4)_2SO_4$ 处理 pH 下降, 高达 1 个单位;而 $Ca(NO_3)_2$ 处理 pH 则上升了近 0.3;NH_4NO_3 处理则呈现出随施用量先增后降的趋势, 但即使在高量水平下, pH 也未低于对照(表 3.4)。

3.2.2　不同氮肥改变土壤中重金属赋存形态

施用 5 种氮肥的污染土壤中,各施氮处理中,铅的主要形态是以残渣态(RES)为主, 晶体形氧化铁结合态(CFe)、无定形氧化铁结合态(AFe)、有机结合态(OM)和碳酸盐结合态(Carb)居中, 其次是无定形氧化锰结合态和交换态, 水溶态铅含量最低。氮肥品种和施用水平对上述铅形态的分布顺序并未产生明显影响, 但施氮处理土壤中铅的各种形态含量与对照和施肥前相比有显著变化($P<0.05$)(表3.5)。

所有处理中, 交换态铅含量较施肥前均减小, 可能是植物吸收所致, 因交换态铅是植物吸收的主要形态, 碳酸盐态铅及铁锰氧化物结合形态铅在一定条件下可被植物吸收。各施肥处理对土壤中水溶态、晶体形氧化铁结合态及残渣态铅含量没有显著变化。碳酸盐结合态、无定形氧化锰结合态、无定形氧化铁结合态及有机结合态铅含量影响较大，但无明显规律性。

表3.5　氮肥不同施用水平下土壤中铅的形态分布　　　（单位：mg/kg）

氮肥类型	施氮量/(mg/kg风干土)	Ex-Pb	Carb-Pb	MnOX-Pb	AFe-Pb	CFe-Pb	OM-Pb	RES-Pb
施肥前		1.472	31.19	0.569	26.44	53.11	36.28	240.26
NH_4NO_3	0	0.251c	31.49ab	0.742a	30.51a	50.95a	33.17a	241.78a
	100	0.948b	32.23a	0.984b	34.25a	49.14a	30.62a	240.15a
	200	1.087a	27.98b	1.051ab	31.19a	54.37a	32.60a	243.54a
	300	0.256c	28.31b	1.079a	31.51a	51.9a	32.14a	242.75a
NH_4Cl	0	0.251b	31.49a	0.742c	30.51b	50.95a	33.17a	241.78a
	100	0.884a	25.61b	0.970a	32.68ab	50.39a	35.18a	241.02a
	200	0.107c	27.04b	0.866b	32.76ab	46.04a	31.82a	246.55a
	300	0.097c	25.10b	0.870b	35.76a	44.66a	33.38a	243.93a
$(NH_4)_2SO_4$	0	0.251a	31.49a	0.742a	30.51a	50.95a	33.17ab	241.78a
	100	0.220ab	27.99a	0.803b	28.47b	50.61a	34.69a	243.61a
	200	0.121c	27.14a	0.935a	31.64b	50.39a	29.86bc	242.21a
	300	0.190b	29.98a	0.636c	36.17a	47.33a	27.45c	239.41a
$Ca(NO_3)_2$	0	0.251b	31.49ab	0.742a	30.51a	50.95a	33.17ab	241.78a
	100	0.032c	32.60a	0.611c	30.60b	45.35a	34.62a	240.75a
	200	0.287b	28.29b	0.713ab	32.00ab	49.92a	36.90a	239.84a
	300	0.977a	30.66ab	0.656bc	35.22a	50.52a	30.35b	241.56a
$CO(NH_2)_2$	0	0.251a	31.49	0.742a	30.51a	50.95a	33.17ab	241.78a
	100	1.277ab	30.48a	0.858a	29.65a	53.54a	33.38a	242.2a
	200	1.353a	28.88a	0.471c	25.67b	55.74a	29.86b	239.73a
	300	1.224b	29.83a	0.483c	28.52ab	50.95a	32.56ab	243.94a

注：水溶态含量极低(未列)；Ex：交换态；Carb：碳酸盐结合态；MnOX：无定形氧化锰结合态；AFe：无定形氧化铁结合态；CFe：晶体形氧化铁结合态；OM：有机结合态；RES：残渣态。多重比较为同种氮肥同一列数据比较

　　重金属在土壤中的存在形态及含量将直接影响植物对重金属的吸收和积累。逐步回归分析显示(表3.6)，在不同氮肥处理下，小白菜地上部吸收的铅来源于土壤中不同形态的铅，其中，以土壤中交换态铅含量对小白菜地上部铅含量贡献最大，其次是无定形氧化锰结合态铅及有机结合态铅。这在一定程度上表明，氮肥的施用，在改变土壤理化性质的同时，必然会改变土壤中各种形态铅含量，从而影响小白菜对铅的吸收。因此，选择适当的氮肥品种和用量来调节土壤中有效态铅含量，对于降低小白菜体内铅的积累会起到一定的积极作用。

表3.6　小白菜地上部铅含量与土壤各形态铅含量逐步回归分析

氮肥类型	回归方程	R^2	F
NH_4NO_3	$y=0.8930-0.1793x_1$	0.620	16.34**
NH_4Cl	$y=-9.7683-1.7077x_1+4.7505x_3+0.1282x_4+0.0920x_6$	0.634	34.59**
$(NH_4)_2SO_4$	$y=4.3232-0.0735x_6$	0.604	15.26**
$Ca(NO_3)_2$	$y=2.7445-0.5449x_1-0.0321x_6$	0.682	9.67**
$CO(NH_2)_2$	$y=2.6928-1.4936x_3$	0.479	9.21*

注：x_1：交换态铅；x_2：碳酸盐态；x_3：无定型氧化锰结合态；x_4：无定形氧化铁结合态；x_5：晶形氧化铁结合态铅；x_6：有机结合态铅；x_7：残渣态铅

3.2.3　不同氮肥对土壤重金属吸附-解吸的影响

重金属进入土壤后能通过物理吸附和化学吸附被土壤固定起来，而影响土壤吸附重金属的因素比较复杂，包括土壤中的金属离子浓度、温度、土壤中活性铁、铝、锰、硅、温度、湿度、光照等条件。当前受污染的土壤不断受到环境因素和农业措施的影响，使重金属在土壤中的植物有效性受到抑制或促进，其中化学氮肥的施用会改变土壤的上述要素，从而改变土壤对重金属的吸附-解吸。pH 是影响重金属在土壤中吸附-解吸的重要因素之一，土壤 pH 的下降会增加重金属在土壤中的溶解度，因为当土壤发生专性吸附时，总是重金属离子进入吸附位点，释放出 H^+。而氮肥施入土壤后首先会改变土壤 pH，随着土壤 pH 的变化，土壤溶液电导值增大，离子强度增强；从而影响土壤重金属吸附。

3.3　存在的问题与展望

利用氮肥修复土壤重金属污染研究相对较少，研究存在较多问题。

(1) 绝大多数研究，包括本文中所述的研究均在室内培养条件下完成，与大田条件下土壤的实际条件相差甚大。实验室的结果对实际生产的指导性有待提高。因此，未来对土壤原位修复技术的探索和原理研究需要在更大尺度拓展。

(2) 实际生产使用过程中，一定要把握适度原则。过量的氮肥可能引起土壤盐化、土壤酸化、养分不平衡等问题，甚至会流向环境，造成二次污染。

(3) 对氮肥影响重金属有效性的机理，还需要进行更深入的研究和探索。

(4) 氮肥在我国农田中施用是必不可少的，在中轻度重金属污染的农田中，通过选择合适的氮肥种类和用量来修复重金属污染土壤达到在施肥的同时起到修复土壤的目的。但应适当结合其他修复手段，如与磷钾肥配合施用、在休闲季种植重金属超级累植物，来移除土壤中的重金属等。充分利用土壤中肥料的后效，提高肥料的利用率，产生出更高的生态效益和环境效益。

主要参考文献

陈苏，孙丽娜，孙铁珩，等. 2010. 施用尿素对土壤中 Cd、Pb 形态分布及植物有效性的影响. 生态杂志，29(10): 2003–2009

付婷婷，伍钧，漆辉，等. 2011. 氮肥形态对日本毛连菜生长及铅累积特性的影响. 水土保持学报，25(4): 257–260

甲卡拉铁，喻华，冯文强，等. 2010. 氮肥品种和用量对水稻产量和镉吸收的影响研究. 中国生态农业学报，18(2): 281–285

焦鹏，高建培，王宏镔，等. 2011. N、P、K 肥对玉米幼苗吸收和积累重金属的影响. 农业环境科学学报，30(6): 1094–1102

李艳梅，刘小林，袁霞，等. 2008. 镉氮交互作用对小白菜生长及其体内镉累积的影响. 干旱地区农业研究，26 (6): 110–113, 118

楼玉兰，章永松，林咸永. 2005. 氮肥形态对污泥农用土壤中重金属活性及玉米对其吸收的影响. 浙江大学学报，31(4): 392–398

王艳红，艾绍英，李盟军，等. 2008. 氮肥对污染农田土壤中铅的调控效应. 环境污染与防治，30(7): 39–42, 46

王艳红，艾绍英，李盟军，等. 2010. 氮肥对镉在土壤-芥菜系统中迁移转化的影响. 中国生态农业学报，18(3): 649–653

吴启堂. 1994. 不同水稻、菜心品种和化肥形态对作物吸收累积镉的影响. 华南农业大学学报，15(4): 1–6

杨刚，伍钧，唐亚，等. 2007, 不同形态氮肥施用对鱼腥草吸收转运 Pb 的影响. 农业环境科学学报，26(4): 1380–1385

曾清如. 1997, 不同氮肥对铅锌矿尾矿污染土壤中重金属的溶出及水稻苗吸收的影响. 土壤肥料，3: 7–11

曾晓舵. 1997, 不同形态的肥料对菜心吸收镉的影响. 热带亚热带土壤科学，6 (1): 42–44

赵晶，冯文强，秦鱼生，等. 2009. 不同磷、钾肥对小麦产量及吸收镉的影响. 西南农业学报，22(3): 690–696

赵晶，冯文强，秦鱼生，等. 2010. 不同氮肥对小麦生长和吸收镉的影响. 应用与环境生物学报，16(1): 58–62

邹春琴，杨志福. 1994, 素形态对春小麦根际 pH 与磷素营养状况的影响. 土壤通报，25(4): 175–177

Tu C, Zheng C R, Chen H M. 2000. Effect of applying chemical fertilizers on forms of lead and cadmium in red soil Chemosphere, 41: 133–138

Eriksson J E. 1990. Effects of nitrogen–containing fertilizers on solubility and plant uptake of cadmium. Water, Air and Soil Poll, 49: 355–368

Wallace A. 1979. Excess trace metal effects on calcium distribution in plants. Commun Soil Sci and Plant Anal, 10(1–2): 473–479

Willaert G, Verloo M. 1992. Effect of various nitrogen fertilizers on the chemical and biological activity of major and trace elements in a cadmium contaminated soil. Pedologie, 43: 83–91

第四章 磷肥施用与土壤重金属污染修复

含磷化合物作为肥料在农业生产上已得到广泛应用，是保证作物增产的主要措施之一。随着环境污染的加剧，一些研究者发现它们在稳定重金属方面有非常明显的效果，可以成为重金属污染土壤修复的一种廉价的、行之有效的重要措施。

4.1 磷肥修复土壤重金属的研究进展

4.1.1 我国磷肥资源概况

用于修复重金属污染土壤的磷化合物种类多样，既有水溶性的磷酸二氢钾、磷酸二氢钙及三元过磷酸钙、磷酸氢二铵、磷酸氢二钠、磷酸等，又有水难溶性的羟基磷灰石(HAP)、磷矿石等。从目前的文献资料看，常用的磷修复剂类物质包括：磷酸、磷肥及工业副产品，如磷矿粉、羟基磷灰石等(陈世宝等，2010)。在酸性土壤上直接使用磷矿粉的肥效很好，有时可与普通过磷酸钙的肥效相媲美，我国南方有大面积的推广应用，最高的时候每年可达 60 万~70 万/hm²(曹志洪，2003)。

根据 2003 年《美国地质调查》统计，世界磷矿经济储量为 170 亿吨，远景储量 500 亿吨。在中国、摩洛哥、美国、南非、俄罗斯等磷矿资源大国中，中国和摩洛哥是世界上磷矿储量最大的国家，占世界磷矿经济储量的 72.3%，远景储量的 68%，其中中国经济储量位居第一，远景储量位居第二。据国土资源部数据，截至 2007 年年底，全国共有磷矿产地 495 处，储量 13.59 亿吨，查明资源量 167 亿吨，平均品位约 17%。我国磷矿产区主要集中在贵、云、川、湘、鄂 5 省，5 省磷矿储量占我国磷矿总储量的 85%。加强含磷材料修复环境重金属污染的研究，对充分利用我国磷矿资源，以及有效治理我国环境重金属污染都具有重要的意义，同时也赋予了磷肥新的意义(龙梅等，2006；周世伟和徐明岗，2007)。

目前，我国农业生产中使用的磷肥主要分为低浓度磷肥和高浓度磷肥两类。低浓度磷肥有过磷酸钙、钙镁磷肥、沉淀磷肥、脱氟磷肥、钢渣磷肥、磷矿粉和骨粉等；高浓度磷肥有重过磷酸钙、磷铵(AP)、磷酸一铵(MAP)、磷酸二铵(DAP)、硝酸磷肥(NP)、氮磷钾复混肥或氮磷钾复合肥(李东坡和武志杰，2008)。据不完全统计，截至 2009 年年底，我国磷肥产能 2000 万吨 P_2O_5 左右，其中高浓度磷肥产可达 1450 万吨 P_2O_5。高浓磷复肥加工能力：磷酸二铵(DAP)能力(实物，下同)1200 万吨，磷酸一铵(MAP)能力 1300 万吨，重钙(TSP)能力 200 万吨；硝酸磷肥(NP)90 万吨；高浓度 NPK 复合肥能力 5000 万吨左右，NPK 复混(合)肥加工能力 2 亿吨。过磷酸钙(SSP)主要就近施用，由于对磷矿要求不高、可利用其他产品废酸、价格相对低廉等优势，仍保留 500 万吨 P_2O_5 左右能力；钙镁磷肥(FMP)已逐步被其他磷肥所替代，加之需要消耗价格较高的焦炭，阻碍了钙镁磷肥的生产，只在云南、贵州、湖北等磷矿产区焦炭供应便利的地区保留部分装置，产能 40 万~50 万吨 P_2O_5，实物产量 350 万吨左右。

从以上数据可知，我国磷矿资源非常丰富，但品位较低，磷肥种类多样，产量很高，且在各地的分布各异，应该仔细研究如何充分利用当地的磷资源，尤其是低品位的磷矿资源，在保证正常农业生产的同时，降低重金属的危害，提高磷的利用率，为我国农业经济发展和环境保护服务。

4.1.2　含磷化合物在修复土壤重金属污染方面的应用

大量研究证明，含磷化合物在稳定重金属方面有非常显著的效果。Suzuki 等(1981)发现人工合成羟基磷灰石可用于去除溶液中铅离子。经过不断地研究和发展，利用含磷材料对环境重金属污染进行修复，被认为是重金属污染原位修复的一种廉价的、行之有效的、极具应用前景重要方法之一，已在地质、环境、化学和农业等领域，引起广泛兴趣，周世伟和徐明岗(2007)、龙梅等(2006)都曾对其应用进行过综述。

环境介质中重金属的生物有效性和生物毒性，均由其含量与赋存形态共同决定，其中赋存形态的影响更为直接：不同赋存形态的重金属在土壤及沉积物中迁移性能显著不同，其生物可利用性差异显著(Ernst, 1996)。含磷材料施用于土壤或沉积物，可以促使其重金属由活泼形态向惰性形态转化，显著降低其生物有效性，达到修复重金属污染的目的(曹志洪，2003)。

当前对磷化合物修复作用研究最多的重金属元素是铅，其次是镉，而锌、铜等研究相对较少。对土壤和沉积物中的重金属元素，含磷材料能显著降低其溶出、转移及其生物可利用性。所以，磷酸盐作为一种修复添加剂治理重金属污染土壤时，它不能改变重金属的总量，而是通过改变重金属在土壤-植物系统中的形态来降低重金属的生物有效性和/或毒性。因此，研究磷酸盐修复污染土壤的效果及与重金属的作用机制时，实际上重点研究的是磷酸盐施入污染土壤后重金属在土壤中的形态变化。在此意义上讲，磷酸盐修复重金属污染土壤的研究方法实质上就是磷酸盐施用后土壤重金属形态的研究方法。目前，研究磷酸盐稳定重金属的机理时，使用的方法大体分为两类：一是间接方法，主要包括化学形态提取法和化学平衡形态模型法；二是直接方法，主要指各种光谱技术和显微镜技术(周世伟和徐明岗，2007)。

4.1.3　含磷化合物修复土壤重金属污染的原理

磷酸盐稳定重金属的反应机理十分复杂，目前的研究将其大体分为 3 类：①磷酸盐诱导重金属吸附；②磷酸盐与重金属生成沉淀或矿物；③磷酸盐表面直接吸附重金属(周世伟和徐明岗，2007)。

磷酸盐诱导重金属吸附通常发生在热带、亚热带的可变电荷土壤上，因为其富含氧化铁、氧化铝及高岭石，能够专性吸附磷酸盐，引起土壤表面负电荷增加和/或溶液 pH 升高从而诱导重金属吸附增加(于天仁等，1996; Agbenin, 1998; Bolan et al., 2003; Pardo, 2004)。

在大多数土壤上，重金属-磷酸盐沉淀甚或矿物的生成是磷酸盐稳定重金属的主要机理，尤其是重金属含量很高的矿区土壤。根据重金属-磷酸盐的溶解平衡常数知，相比其他磷酸盐矿物，铅-磷酸盐矿物最为稳定。因而土壤中高浓度铅和磷酸盐共存时能够生成一些矿物，如羟基磷铅矿、氯磷铅矿、氟磷铅矿等(Ruby et al., 1994; Cotter-Howells and Caporn, 1996; Hettiarachchi et al., 2001; Cao et al., 2002, 2004; Scheckel and Ryan, 2004)。

磷酸盐表面直接吸附重金属只发生在难溶性的磷灰石、磷矿石上(Xu et al., 1994; Cao et al., 2004)，因为水溶性磷酸盐不存在表面吸附重金属行为。不同的重金属在其表面吸附的程度明显有别，如磷矿石稳定铅时，生成氟磷铅矿的比例达 78.3%，表面吸附只占 21.7%；而表面吸附的铜、锌则分别高达 74.5% 和 95.7%(Cao et al., 2004)。

目前，对土壤中铅的研究较多。一般而言，不同的含磷化合物主要通过两种途径来改变土壤中铅的结合形态：一种是通过增强对铅的专性吸附，减少铅的解吸量；另一种则是通过可溶性磷在土壤溶液中的"异成分溶解"作用，与土壤溶液中的铅形成稳定性的磷酸铅盐类化合物，改变溶液中铅的平衡反应(陈世宝等，2010)。

土壤中加入磷酸盐类化合物除导致重金属离子直接被含磷化合物吸附外，还导致土壤颗粒表面负电荷增加进而对金属阳离子的吸附作用增强。土壤中的重金属离子主要通过与磷灰石类矿物颗粒表面的 Ca^{2+} 发生阳离子交换而被吸附在矿物颗粒表面(Scheckel et al., 2003)，其反应过程如下(M 为金属离子)。

$$Ca_{10}(PO_4)_6(OH)_2 + xM^{2+} \rightarrow MxCa_{10-x}(PO_4)_6(OH)_2 + xCa^{2+}$$

另外，由于磷酸根阴离子($H_2PO_4^-$)增加而导致的阴离子吸附，增强了对重金属离子的吸附，如 Naidu 等(1994)发现，土壤中加入磷肥后，因 $H_2PO_4^-$ 增加，土壤颗粒表面的阴离子电性吸附增加，对 Zn^{2+}、Cd^{2+} 和 Cu^{2+} 的吸附增强。

土壤环境是影响重金属活性的重要因素之一，其中土壤 pH 的作用非常重要，它不仅影响重金属的反应过程，还会影响修复剂的特性和功能。土壤 pH 变化对重金属离子的活性影响很大。一般而言，随土壤 pH 增加，重金属离子在土壤中的移动性降低，导致其生物毒性呈指数下降。但研究表明酸性条件(pH≤6 时)更有利于铅的固定(Sauve et al., 1998; Zhang et al., 1998)。酸性条件有利于固体铅从污染土壤及沉积物中溶出，溶出的 Pb^{2+} 被含磷材料吸附或与含磷材料反应，生成溶解度很低的晶体；酸性条件还是溶解-沉淀机理中 Pb^{2+} 转化为低溶解度的磷酸铅盐的必要条件。胥焕岩等(2004)指出，pH 决定了羟基磷灰石的溶解特性、表面性质及 Cd^{2+} 的赋存状态，这些与 HAP 的除镉行为均密切相关。相对来说，中性条件更有利于 Cd^{2+}、Zn^{2+} 和 Hg^+ 等重金属离子的去除(刘羽和彭明生，2001)。相对于固定铅，磷矿石固定镉和锌时，pH 的影响会更大。

pH 对重金属在土壤中的沉淀-溶解过程也有重要影响。以下方程列出了加入到土壤中的磷的溶解-沉淀(共沉淀)反应过程。

$$Ca_{10}(PO_4)_6(OH)_2 (s)+14H^+ (aq)\rightarrow10Ca^{2+} (aq)+6H_2PO_4^{-} (aq) + 2H_2O$$

$$M^{2+}(aq)+6H_2PO_4^{-} (aq)+2H_2O\rightarrow M_{10}(PO_4)_6(OH)_2 (s)$$

$$Ca_{10}(PO_4)_6(OH)_2 (s)+xM^{2+}\rightarrow(Ca_{10-x}M_x)(PO_4)_6(OH)_2 (s) + xCa^{2+}$$

这些反应所形成的金属磷酸盐在很大 pH 范围内溶解度都极小。Zhang 和 Ryan(1998)研究发现，土壤溶液中磷灰石的溶解与羟基磷酸铅、氯磷酸铅的形成取决于溶液的 pH 变化，溶液 pH 为 2.0~5.0 时，主要以沉淀反应生成氯磷酸铅(CP)，而 pH 增加至 6.0~7.0 时，磷灰石表面负电荷不断增加，表面吸附的铅离子阻止了磷灰石的进一步溶解，故高 pH 时以表面吸附反应占主导作用。

4.2　施用磷肥修复土壤重金属污染的效果

含磷化合物对重金属污染土壤的修复效果表现在对作物产量及作物重金属含量的影响、对重金属在土壤中有效形态的影响等方面。

4.2.1　含磷化合物改善重金属污染土壤中作物的生长和生物量

重金属污染能够显著降低植物地上部及根系的生长，且污染程度越高，植物生长受到的影响越大。植物地上部及根系生物量的变化可以直观地反映重金属毒性的变化，从而也能反映修复的效果。

在镉、铅、锌、铜污染的湖南红壤上的盆栽实验，实验设 4 个磷肥品种：三料过磷酸钙(TSP)、磷酸二氢铵(DAP)、磷矿粉(PR)和羟基磷灰粉(HA)，4 种磷肥中仅 PR 含少量镉(0.11mg Cd/kg)，不同磷化合物按 2.5g P/kg 用量施入土壤。底肥用量 N 和 K_2O 分别为 0.10g/kg、0.15g/kg 土壤。重金属(镉/铅/锌/铜)添加 3 个浓度分别为：T0(CK)、T1(0.6mg/kg /100mg/kg /66mg/kg /30mg/kg)和 T2(1.5mg/kg /300mg/kg /200mg/kg /100mg/kg)。结果(图 4.1)表明：4 种磷源均能显著提高酸性重金属污染土壤上植物地上部和根系的生物量。在轻度污染的红壤上，4 种磷酸盐的作用效果为 HA>TSP>PR>DAP，均可将地上部生物量提高到未污染水平，T1-TSP 和 T1-HA 处理的生物量分别高于污染土壤(T2)处理 18% 和 26%。在重度污染土壤上，施用 TSP、DAP 和 PR 对作物生物量的影响相近，均高于不施用磷肥的污染土壤(T2)处理近 1/3，接近施用磷肥的未污染土壤；施用 HA 的处理地上部生物量显著高于同等条件下的其他磷肥处理。根系生物量对重金属污染程度的反应远不如地上部明显，施用磷肥后，也能显著促进污染条件下根系的生长。

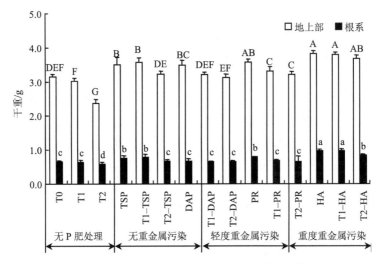

图 4.1　施用不同含磷化合物的重金属污染红壤上小油菜的生物量(Chen et al., 2007)

T0：对照；T1：镉、铅、锌、铜分别以 0.6mg/kg、100mg/kg、66mg/kg、30mg/kg 加入土壤；T2：镉、铅、锌、铜分别以 1.5mg/kg、300mg/kg、200mg/kg、100mg/kg 加入土壤；TSP：三料过磷酸钙；DAP：磷酸二氢铵；PR：磷矿粉；HA：羟基磷灰粉；不同磷化合物按 2.5g P_2O_5/kg 浓度加入。　图中大写字母代表地上部生物量的显著性差异；小写字母代表根系生物量的显著性差异

　　陈世宝和朱永官(2004)在安徽的重金属污染黄壤上施用 HA、PR 和 SSP 的实验也表明：芥蓝茎叶和根系生物量相比未施用磷肥的污染土壤均有显著的增加，且磷肥的作用效果 HA>PR>SSP。与上述结果一致，这说明，在不同程度污染的红壤中加入这些磷肥，一方面增加了磷的投入保证了植物的正常生长所需，一方面显著降低了土壤重金属对植物生长的危害，而且以 HA 效果最佳，即使在重度污染条件下也几乎能够维持正常的产量。

　　磷肥对土壤单一重金属污染的抑制作用更为明显。陈苗苗(2009)对镉污染红壤和褐土上使用不同磷酸盐后植株生物量变化的研究表明：施用磷肥能够显著改变作物的生长状况。被镉污染后，红壤和褐土上小油菜的生物量均显著降低，且随着污染加剧，植物的生长受到严重抑制。其中二级污染红壤和褐土上的小油菜生物量在加 NK 养分与不加 NK 养分处理下分别比未污染处理的生物量降低了1/3~1/2；三级污染的红壤和褐土上，小油菜生物量分别降低了 67.5%~82.6%。同样镉污染条件下，加入 NK 肥与未加入 NK 肥的生物量变化趋势相同，且多数相

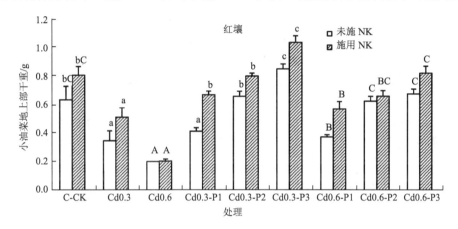

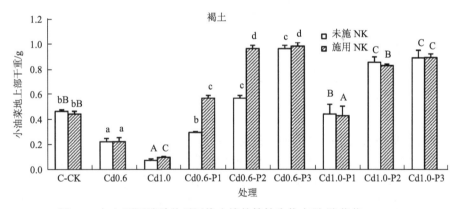

图 4.2　加入不同磷酸盐后污染土壤的植株生物产量(陈苗苗，2009)

C-CK：对照，不加入 NPK 养分的无污染土壤；Cd 0.3：土壤中加入 0.3mg Cd / kg；Cd 0.6：土壤中加入 0.6mg Cd /kg；Cd 1.0：土壤中加入 1.0mg Cd / kg；P1：磷酸二氢铵，P2：磷酸二氢钾，P3：磷酸二氢钙，其中N:P_2O_5:K_2O=0.2:0.92:0.12，下同。图中未施 NK 处理中的不同小写字母表示同一镉浓度(红壤 0.3mg/kg，黄泥土 0.6mg/kg)的不同磷酸盐水平及 C-CK 处理之间的植株生物产量差异显著(P<0.05)；施加 NK 处理中的不同小写字母表示同一镉浓度(红壤 0.3mg/kg，黄泥土 0.6mg/kg)不同磷酸盐水平及 C-CK 处理之间的植株生物产量差异显著(P<0.05)。未施 NK 处理中的大写字母表示同一镉浓度(红壤 0.6mg/kg，黄泥土 1.0mg/kg)不同磷酸盐水平及 C-CK 处理之间的植株生物产量差异显著(P<0.05)；施加 NK 处理中的不同大写字母表示同一镉浓度(红壤 0.6mg/kg，黄泥土 1.0mg/kg)不同磷酸盐水平及 C-CK 处理之间的植株生物产量差异显著(P<0.05)

同磷处理间的差别并不大,这说明重金属污染的红壤和褐土上,NK对作物产量的影响不大,磷肥是减轻重金属毒害作用的最主要因素。

两种土壤加入不同磷酸盐后,生物量较污染土壤处理均显著增加(图 4.2)。在镉轻度污染红壤中,加入 $NH_4H_2PO_4$ 后,小油菜生物量与未加入磷肥的污染处理(镉 0.3mg/kg)基本持平;重度污染红壤上的小油菜生物量则比重金属污染处理(镉 0.6mg/kg)提高了 82%(不施 NK)和 172%(施用 NK),但是仍显著低于 CK。加入 KH_2PO_4 后,轻、重度污染的小油菜生物量均与 CK 持平,相比未加入 KH_2PO_4 处理,生物量分别提高了 50%~80%和 2 倍多。$Ca(H_2PO_4)_2$ 的作用在三种磷肥中最为显著,尤其是在轻度污染土壤上,其生物量显著高于 CK,与 C-养分持平,较未加入 $Ca(H_2PO_4)_2$ 的污染土壤提高了近 1.5 倍;在重度污染的土壤上,生物量与 CK 持平,但相对于未加入 $Ca(H_2PO_4)_2$ 的污染土壤(镉 0.6mg/kg)提高了 2 倍多。

可见,在镉单一污染的红壤上,三种磷酸盐可增加小油菜生物量的顺序为:$Ca(H_2PO_4)_2 > KH_2PO_4 > NH_4H_2PO_4$,且污染程度越高,磷肥对生物量的影响程度也越高,效果越好。在褐土中也有相似的趋势,但不同磷酸盐对生物量的提高幅度要高于红壤,在重度污染的褐土上施用 $Ca(H_2PO_4)_2$ 提高作物生物量的幅度最大,高达 991.2%,且 KH_2PO_4 的效果要好于在红壤上的效果,其作用与 $Ca(H_2PO_4)_2$ 相近(陈苗苗,2009)。

综上所述,无论单一重金属污染还是复合重金属污染,合理施用磷肥,尤其是 HA 及 $Ca(H_2PO_4)_2$ 能够保持作物的正常产量,把重金属的毒害作用降到最低,在重度污染的土壤中效果更好。

4.2.2　施用含磷化合物后重金属污染土壤上作物体内重金属含量的变化

施用磷肥不仅能够减少植物生物量的降低,还能降低植物内重金属的含量。图 4.3 和 4.4 显示,在重金属混合污染的红壤和黄棕壤上施用三料过磷酸钙(TSP)、磷酸二氢铵(DAP)、磷矿粉(PR)和羟基磷灰粉(HA)均明显降低了小油菜茎叶中镉、铅、锌、铜含量。在红壤中,含磷化合物对作物体内重金属元素含量的影响效果铅>锌、铜>镉,对铅的影响最显著;不同磷处理中,以 HA 对降低植物铅的含量最为明显,DAP 次之。在相同较高污染浓度下(T2),红壤、黄棕壤中 HA 处理植株茎叶浓度分别比对照降低 53.3%、35.7%,DAP 处理的植株茎叶浓度分别比对照降低 57.9%、13.7%。相比较而言,TSP 及 PR 处理对降低植物重金属含量的效果较差。在黄棕壤中,和对照(T0)相比较,DAP 处理增加了植株对锌的吸收,茎叶中锌的浓度从 61.36mg/kg 增加到 82.15mg/kg;对铜的含量变化影响不显著(图 4.4)。不同磷处理对植株根中的重金属离子浓度的影响与茎叶相似。在铅污染黄棕壤上施用 HA、SSP 和 PR 的实验也表明，施用含磷化合物有效地降低了植株茎叶和根中铅的含量，且不同磷肥的作用效果 HA>SSP>PR5000(陈世宝和朱永官，2004)。

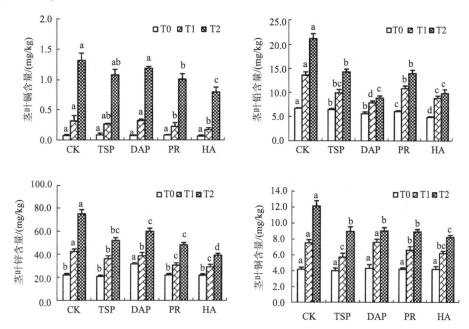

图 4.3　红壤施用不同磷肥的植株茎叶镉、铅、锌、铜的含量 (Chen et al., 2007)

T0：无重金属污染；T1：低浓度污染土壤：镉、铅、锌、铜的浓度分别为 0.6mg/kg、100mg/kg、66mg/kg、30mg/kg；T2：高浓度污染土壤：镉、铅、锌、铜的浓度分别为 1.5mg/kg、300mg/kg、200mg/kg、100mg/kg；CK：不施磷肥处理，TSP：三料过磷酸钙；DAP：磷酸二氢铵；PR：磷矿粉；HA：羟基磷灰粉；不同磷化合物按 2.5g P_2O_5/kg 浓度加入；相同浓度的不同处理间，不同字母表示差异显著 $P<0.05$，下同

对于单一污染的土壤来说，不同的磷肥在不同类型土壤上、不同污染程度下对植株体内重金属含量的影响有所不同。陈苗苗(2009)的研究显示：在镉污染的红壤与褐土上，无论 NK 养分状况如何，镉污染土壤上植株的镉含量均比未污染土壤显著升高。在红壤上，二级污染的影响不大，但三级污染能提高植株体内镉含量高达 175.4%(未施 NK)、53.5%(施用 NK)。对于褐土来说，二、三级污染之间差别不大，都比对照提高了 20%~30%。褐土上污染程度和施用 NK 与否对植株含镉量的变化影响不大(图 4.5)。植株镉含量对污染的响应在红壤比在褐土更为敏感，尤其是在重度污染范围内。

镉二级污染条件下，红壤添加 $NH_4H_2PO_4$、KH_2PO_4 和 $Ca(H_2PO_4)_2$ 后的小油菜中镉含量比未加入磷酸盐的土壤小油菜中镉含量均升高。其中未加入 NK 条件下，$Ca(H_2PO_4)_2$ 与 KH_2PO_4 处理提高 32%左右，小于 $NH_4H_2PO_4$ 处理的 43%；而

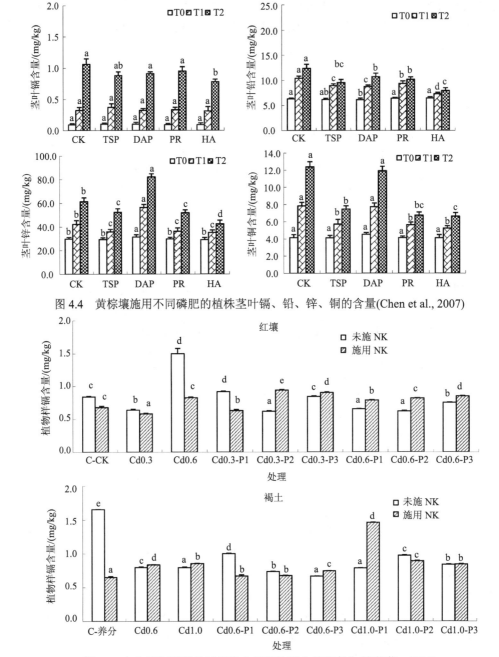

图 4.4　黄棕壤施用不同磷肥的植株茎叶镉、铅、锌、铜的含量(Chen et al., 2007)

图 4.5　加入不同磷酸盐后污染土壤植株镉含量的变化(陈苗苗，2009)

未施 NK 处理中的不同字母表示同一镉浓度下不同磷酸盐水平下及 C-CK(C-养分)处理之间的植株生物量差异显著(P<0.05)；施加 NK 处理中的不同字母表示同一镉浓度下不同磷酸盐水平下及 C-CK(C-养分)处理之间的植株生物量差异显著(P<0.05)

加入NK后，情况正好相反，$Ca(H_2PO_4)_2$与KH_2PO_4的施入增加了小油菜体内54%~60%的镉含量，$NH_4H_2PO_4$只有8%。褐土各施磷处理与红壤相反，均降低了植物体内镉的含量：未加入NK条件下，$Ca(H_2PO_4)_2$处理降低得最多，为16.5%；加入NK条件下，$NH_4H_2PO_4$和KH_2PO_4处理都降低了近20%，而$Ca(H_2PO_4)_2$只有10%(图4.5)。可见，二级污染条件下，红壤和褐土上施用$NH_4H_2PO_4$、KH_2PO_4和$Ca(H_2PO_4)_2$对植株体内含镉量的影响是相反的，且NK养分也有显著的作用。

镉三级污染条件下，红壤中添加$NH_4H_2PO_4$、KH_2PO_4和$Ca(H_2PO_4)_2$后均能显著降低植株体内镉的含量。未施用 NK 肥时，小油菜镉含量比未加入磷酸盐处理降低了 50%~58%；加入 NK 条件下，降低幅度低于加入 NK 处理，以 $Ca(H_2PO_4)_2$ 最高为 23%。而褐土的相同处理中，不论是否加入 NK 养分，$Ca(H_2PO_4)_2$ 和 $NH_4H_2PO_4$ 处理植株含镉量均基本持平；而 KH_2PO_4 则有升高现象，未加入 NK 条件下，升高 22%，在加入 NK 养分的条件下，升高达 70.9%(图 4.5)。

由以上分析可见，不同的土壤性质及不同的 NK 管理都会影响到植株体内重金属含量。在红壤上，二级污染条件下，施用三种磷酸盐会促进植株对镉的吸收，且未加入 NK 时，三种磷酸盐作用程度相似，加入 NK 后，KH_2PO_4 和 $Ca(H_2PO_4)_2$ 的促进作用加强，$NH_4H_2PO_4$ 促进作用减弱；而三级污染条件下，三种磷酸盐的加入反而会降低植株对镉的吸收，且 NK 显著降低了磷肥的效果，即使效果最显著的 $Ca(H_2PO_4)_2$ 处理也未达到未加入 NK 时的一半作用。褐土中正好相反，二级污染条件下，施用三种磷酸盐会降低植株对镉的吸收，且 NK 促进了磷肥的效果；三级污染条件下，施用 KH_2PO_4 则促进对镉的吸收，其他两种磷酸盐效果不明显。

综上所述，在以磷进行重金属污染土壤的修复过程中，针对不同污染物本身及不同含磷化合物性质，其修复效果相差较大。在污染土壤上，尤其是重度污染的酸性土壤上，施用磷肥，对缓解重金属对植物的毒性有显著作用，且 HA 和磷酸氢钙的效果好于其他含磷化合物。在利用磷肥修复土壤重金属污染时，应特别注意其他条件，如污染程度、土壤类型、养分条件、作物种类等，针对不同的修复目的，采用不同的施用方法。

4.2.3　施用含磷化合物后重金属污染土壤中重金属有效态含量的变化

土壤中对植物真正有害的是有效态的重金属。施入修复剂后，有效态重金属的变化是检验修复效果的重要指标。磷酸盐的合理施用可以显著降低污染土壤中的重金属有效性。张茜(2007)在铜、锌三级污染的红壤和黄泥土上，施用 $Ca(H_2PO_4)_2$ 作为改良剂，结果未施入改良剂的污染红壤中，单一和复合污染有效态铜含量分别为 29.0mg/kg 和 40.0mg/kg，经磷酸盐固定后，其有效态铜含量分别较未施入时降低了 11.6%和 8.3%，有效态锌含量分别降低了 4.0%和 3.0%，均达到了显著水平(图 4.6)。这说明，无论是单一污染还是复合污染，施用 Ca(H₂PO₄)均能够显著减低红壤有效态铜、锌含量，促进重金属的固定。对于黄泥土而言，施入磷酸盐固定后，单一、复合污染有效态铜含量分别为 3.1mg/kg 和 3.7mg/kg，与未施用磷酸盐处理无显著差别，磷酸盐的固定作用并不明显；有效态锌含量分别降低了 4.0%和 4.6%(图 4.6)。

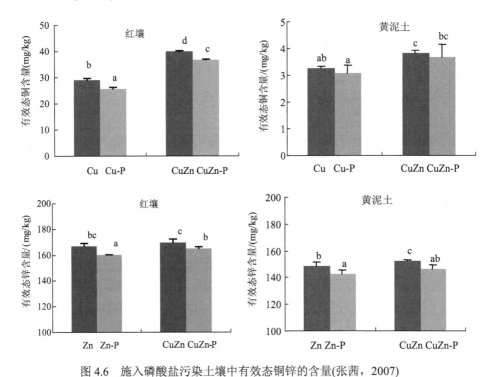

图 4.6　施入磷酸盐污染土壤中有效态铜锌的含量(张茜，2007)

Zn：锌单一污染；Cu：铜单一污染；CuZn：铜锌复合污染；Zn-P：锌单一污染加磷；Cu-P：铜单一污染加磷；

CuZn-P：铜锌复合污染加磷；图中不同的小写字母表示在 5%水平下差异显著

在红壤和黄泥土中，施用磷肥作为改良剂前后，铜锌复合污染的有效态铜含量与铜单一污染相比，均高 13%~30%；而同样情况下，有效态锌的含量却相差不大(图 4.6)。这说明在红壤和黄泥土中，铜、锌共存促进了铜的有效性，而对锌的有效性无影响。无论是否施入磷酸盐，红壤中有效态铜、锌的含量都显著高于黄泥土。施入磷酸盐后，红壤中单一污染的有效态铜、锌含量仍高于黄泥土中相应处理 7.4 倍和 10.6%(图 4.6)。

综上，磷酸盐对污染红壤中铜、锌的固定作用较强；但磷酸盐对污染黄泥土中铜的稳定效果不明显。这可能与组成土壤的矿物所带电荷有关。红壤含有较多的黏土矿物和铁铝氧化物，所带的电荷是可变电荷，外施入磷酸盐易改变土壤中的电荷；而黄泥土中所带的可变电荷少，因而外源施入磷酸盐不易改变电荷的数量，也就无法增加对铜的吸附。

对于镉污染来说，不同土壤类型间的差异很大，且在不同污染水平下及不同的 NK 养分条件下，不同种类的磷肥对土壤重金属有效性影响也各有不同(图 4.7)。

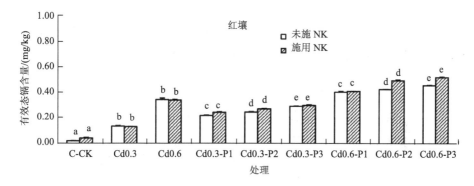

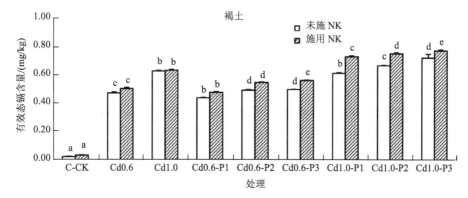

图 4.7　加入不同磷酸盐后污染土壤有效态镉含量变化(陈苗苗，2009)

图中未施 NK 处理中的不同小写字母表示同一镉浓度(红壤 0.3mg/kg 和 0.6mg/kg，褐土 0.6mg/kg 和 1.0mg/kg)的不同磷酸盐水平及 C-CK 处理之间的有效态镉含量差异显著($P<0.05$)；施加 NK 处理中的不同小写字母表示同一镉浓度(红壤 0.3mg/kg 和 0.6mg/kg，黄泥土 0.6mg/kg 和 1.0mg/kg)不同磷酸盐水平及 C-CK 处理之间的有效态镉含量差异显著($P<0.05$)

在镉污染的红壤上，NK 肥对镉有效性作用不大。施用 $NH_4H_2PO_4$、KH_2PO_4 和 $Ca(H_2PO_4)_2$ 后，其有效态镉含量比未加磷酸盐的处理明显增加。在二级污染水平下，施用三种磷肥处理比未施用磷肥处理分别提高了 60%~112%；镉三级污染水平下则提高了 17%~52%(图 4.7)。即三种磷酸盐对污染红壤有效态镉含量的提升顺序为：$Ca(H_2PO_4)_2>KH_2PO_4>NH_4H_2PO_4$。

　　而相同污染程度的褐土中，添加 $NH_4H_2PO_4$、KH_2PO_4 和 $Ca(H_2PO_4)_2$ 后，各处理的情况则不尽相同。三级污染条件下，无论施用磷肥与否，施用 NK 处理的有效态镉含量均高于未施用 NK 处理，说明 NK 在重度污染条件下削弱了重金属的固定作用。磷酸盐在不同的 NK 条件下对有效态镉的影响趋势是一致的：$NH_4H_2PO_4$ 处理略有降低，最多下降了 13%；KH_2PO_4 和 $Ca(H_2PO_4)_2$ 处理略有增加，波动幅度不超过 15%(图 4.7)。可见，在褐土上，磷酸盐对有效镉的影响不大，远小于在红壤上。

　　因此，不同磷酸盐在酸性土壤和碱性土壤中对有效态重金属的影响不同，应考虑实际情况予以施用；酸性土壤上施用磷肥时，可能会激发镉的毒性，应慎重使用，而且应注意 NK 肥对磷固定重金属的削弱作用。

　　以上阐述了不同磷肥在不同条件下对土壤重金属有效性的影响，那么不同磷肥施入污染土壤后，土壤有效态重金属的变化过程是怎样的呢？

　　魏晓欣(2010)在上海地区 pH 为 6.2 的铅、锌、铜重度污染土壤上的研究表明，施用重过磷酸钙磷肥(TSP)、磷灰石矿(PR)及复合的磷肥和磷灰石矿(PR+TSP)对有效态铅、锌、铜的浓度都有显著的影响，且因为含磷物质的种类不同，其影响过程也不同。

　　魏晓欣(2010)的研究数据表明，添加 TSP 使土壤中有效态铅的浓度在 1 周内显著下降，降低幅度达到 80% 左右，成为所有处理中最低的浓度，且在这一浓度持平，说明 TSP 对铅有相当有效且迅速的固定作用。PR+TSP 的降低速度显著低于 TSP，复合处理 1 周之后，铅的浓度快速下降到原来的 40% 左右，随着添加时间的变化，有效态铅的浓度继续缓慢下降，最终在第 4 周降为与同期的 TSP 处理浓度相同。PR 处理的下降速率比较稳定，平均下降 15%，到第 4 周时下降到初始浓度的 40%，是三种磷处理中浓度最高的，仅低于同时期铅的自然老化过程浓度，三种磷肥对土壤中有效态铅的降低效果是 TSP>PR+TSP>PR。从有效态锌的浓度变化来看，降低效果最好的是 PR，添加 PR 之后，有效态锌的浓度持续下降，4 周后浓度由 4.77mg/L 降低到 2.88mg/L，降低幅度达到 39.7%。TSP 添加后对有效态锌浓度的变化影响不大，始终与 CK 相近。而添加 PR+TSP 的复合物质后，在第 1 周时也下降，但与 CK 无显著差异，但是在第 2 周时，有效态锌的浓度回升到 4.78mg/L，与初始浓度接近，此后虽然也呈下降趋势，但始终显著高于自然老化过程的浓度(CK)。因此，要特别注意，PR+TSP 和 TSP 修复污染土壤时，有可能随着施入时间的延长而提高 Zn 的有效性，增加其环境生态风险。添加 PR 之后有效态铜浓度随着时间的变化浓度呈下降趋势，降幅在 43%~30%，与 CK 无显著差异。在添加 TSP 之后，有效态铜的浓度在前两周显著升高，虽然后期随着时间延长而下降，但是在整个过程中，铜的浓度始终显著高于 CK 处理。添加 PR+TSP 之后，铜的浓度在一周内增加了一倍，远远高于其他几个处理，同 TSP

处理一样，虽然后期呈显著下降趋势，但整个过程中，有效态铜含量都远远高于 CK 处理，甚至高于 TSP 处理。因此，这三种磷肥不能降低铜的有效性，反而，需要特别注意，PR+TSP 和 TSP 很有可能会大幅度提高铜的有效性，增加其环境生态风险。

以上结果表明，即使相同土壤，相同的污染条件下，不同的含磷化合物在施入土壤后，其对不同重金属有效性的影响有很大差异，且随着施入时间的延长，这种差异会越来越大，有的甚至是相反的结果(如 TSP+PR 对锌的影响)。因此，研究修复剂对土壤重金属的作用，不能只局限于一个时间点，还要看其长期的过程和总体影响。

4.3 含磷化合物修复重金属污染土壤的原理与影响因素

磷对重金属污染土壤修复的机制主要包括环境化学机制和生理生化机制两种：前者是指由于土壤中重金属离子直接被磷酸盐吸附及磷酸根阴离子诱导的间接作用吸附，以及重金属离子与土壤溶液中的磷酸根形成磷酸盐沉淀等环境化学过程；后者主要指重金属离子与磷形成的磷酸盐类化合物在植物体细胞壁与液泡的沉淀作用降低了重金属离子在植物体内的木质部长距离输送(陈世宝等，2010)。

4.3.1 含磷化合物施用改变土壤的 pH

在红壤和黄棕壤上，随着加入重金属离子 Cd^{2+}、Pb^{2+}、Zn^{2+}、Cu^{2+} 浓度的增加(T0→T1→T2)，土壤 pH 呈下降趋势(图 4.8)。而施用不同磷(TSP、DAP、PR 和 HA)后，除了可溶性 DAP 使土壤 pH 明显下降外，其他处理对土壤 pH 影响不大。DAP 由于在土壤溶解过程中释放的 NH_4^+ 与 H^+ 进行离子交换作用，使 pH 有明显降低，因此，在重金属污染的红壤和黄棕壤上使用磷肥时应避免使用 DAP，以免降低土壤 pH，提高重金属毒性。

陈世宝和朱永官(2004)在铅污染的黄壤上施用 HA、SSP 和 PR 则发现，HA 能够显著提高土壤 pH，且磷的浓度越高，提高的幅度越大(图 4.9)。当施用 HA 的磷含量为 2500mg/kg 时，可使 pH 升高 0.2 个单位，当施用 HA 的磷含量为 5000mg/kg 时，pH 可升高 0.4 个单位。施用 SSP 略微降低土壤 pH，PR 及 HA+SSP 均与 CK 无显著区别，对土壤 pH 影响不大(图 4.9)。

陈苗苗(2009)在重金属镉污染(二级污染和三级污染)的红壤的研究也表明，土壤 pH 随镉污染程度增加而降低，且施用 NK 肥会显著促进 pH 的降低，重度污染条件下施用 NK 与否 pH 可相差近 0.5 个单位(图 4.10)。这可能是因为土壤吸附重金属离子后释放出 H^+ 所致。而褐土则与红壤相反，镉污染土壤 pH 比未污染土壤的 pH 显著升高,加入 NK 会稍稍减缓 pH 的增加:未加入 NK 和加入 NK 条件下,三级污染水平的土壤 pH 分别升高了 11.9%和 7.4%,二级污染水平的土壤 pH 分别升高了 7.8%和 5.2%(图 4.10)。

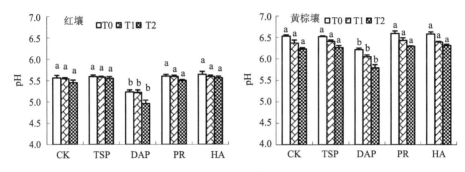

图 4.8　不同磷处理土壤的 pH 变化(Chen et al., 2007)

T0:无重金属污染;T1 低浓度污染土壤:镉、铅、锌、铜的浓度分别为 0.6mg/kg、100mg/kg、66mg/kg、30mg/kg;

T2 高浓度污染土壤:镉、铅、锌、铜的浓度分别为 1.5mg/kg、300mg/kg、200mg/kg、100mg/kg;TSP:三料过磷

酸钙;DAP:磷酸二氢铵;PR:磷矿粉;HA:羟基磷灰粉;不同磷化合物按 2.5g P_2O_5/kg 浓度加入

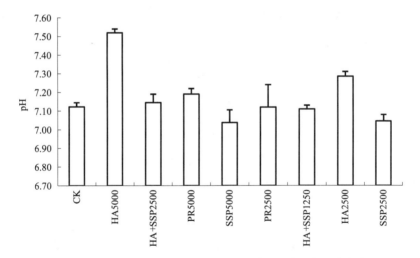

图 4.9　重金属污染黄壤上不同磷肥施用下的土壤 pH(陈世宝和朱永官,2004)

CK:不施磷肥处理,HA:羟基磷灰石,PR:磷灰石,SSP:可溶性磷肥磷酸氢钙;5000、2500、1250 分别表示

磷的含量为 5000mg/kg、2500mg/kg 和 1250mg/kg

　　在污染土壤中加入 $NH_4H_2PO_4$、KH_2PO_4 和 $Ca(H_2PO_4)_2$ 后,红壤和褐土 pH 的变化也不尽相同。就红壤来说,加入三种磷酸盐后,污染土壤 pH 比未加磷酸盐处理显著升高,且污染越重,磷肥提高 pH 的效果越好,但总体来说 pH 的升高幅度并不大。在镉二级污染水平(Cd 0.3),未加 NK 养分的处理中,添加三种磷酸盐

后污染土壤 pH 比未加入磷酸盐的污染土壤 pH 分别升高 5.2%~11.2%；加入 NK 养分的处理中，则分别升高 12.3%~20.7%，但两个养分处理最终的土壤 pH 相近(图 4.10)。

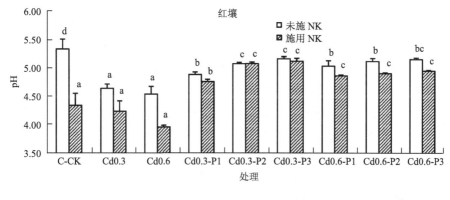

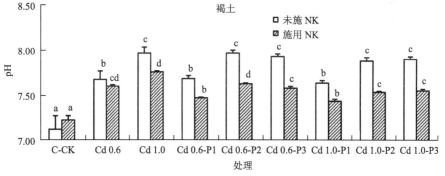

图 4.10　加入不同磷酸盐后污染土壤 pH 变化(陈苗苗，2009)

图中未施 NK 处理中的不同小写字母表示同一镉浓度(红壤 0.3mg/kg 和 0.6mg/kg，褐土 0.6mg/kg 和 1.0mg/kg)的不同磷酸盐水平及 C-CK 处理之间的 pH 差异显著($P<0.05$)；施加 NK 处理中的不同小写字母表示同一镉浓度(红壤 0.3mg/kg 和 0.6mg/kg，褐土 0.6mg/kg 和 1.0mg/kg)不同磷酸盐水平及 C-CK 处理之间的 pH 差异显著($P<0.05$)

在未加入 NK 养分的三级污染红壤(Cd 0.6)处理中，添加三种磷酸盐后污染土壤 pH 比未加磷酸盐时提高 10%~13%；加入 NK 养分的处理下，pH 升高超过 20%，但修复后的 pH 仍低于未施 NK 处理(图 4.10)。可见，三种磷酸盐对提高红壤 pH 的顺序：$KH_2PO_4 \approx Ca(H_2PO_4)_2 > NH_4H_2PO_4$，且 NPK 配合施用更有利于土壤 pH 的增加。

三种磷肥在镉污染的褐土上对土壤 pH 的影响与在红壤上不尽相同。在未施 NK 的二级污染处理中，KH_2PO_4 和 $Ca(H_2PO_4)_2$ 处理相比不施用磷肥的土壤 pH 略升高 0.1~0.2，$NH_4H_2PO_4$ 处理则基本不变；加入 NPK 后，比只加入磷肥的土壤 pH 低，且三种磷肥处理之间没有显著差异。三级污染条件下，$NH_4H_2PO_4$ 的加入可降低土壤 pH 近 0.3 个单位，KH_2PO_4 和 $Ca(H_2PO_4)_2$ 的降低幅度都很小(图 4.10)。总体来说，三种磷酸盐降低褐土 pH 顺序为：$NH_4H_2PO_4 > KH_2PO_4 \approx Ca(H_2PO_4)_2$。但是，鉴于褐土本身 pH 较高，所以三种磷酸盐所导致的 pH 变幅并不大，不超过 5%。

综上，红壤和褐土在镉污染及利用磷酸盐修复后的土壤 pH 的变化趋势不同。红壤被镉污染后，pH 显著降低，而加入三种磷酸盐后，pH 均显著升高，且 NK 的施入对于提高土壤 pH 有一定的削弱作用。而褐土被镉污染后，pH 变化与红壤正好相反，随着污染程度增加，pH 也增加；加入磷酸盐后，pH 反而有所降低，但降幅不大。因此，$NH_4H_2PO_4$、KH_2PO_4 和 $Ca(H_2PO_4)_2$ 的施用对红壤 pH 影响显著，对褐土的影响不大。

有研究表明，土壤有效态镉含量随土壤 pH 升高而降低。因此，从这一角度讲，红壤上施用磷酸盐，可显著降低镉的有效性，而褐土上施用磷酸盐则有增加镉有效性的可能，但其作用不大。

另外，施用 NK 肥料及磷酸盐对镉有效性的显著影响可能还存在有以下因素：①NH_4^+、K^+ 与重金属离子对土壤表面吸附点位的竞争作用；②NH_4^+、K^+ 与土壤颗粒表面重金属离子发生交换作用，提高土壤重金属的有效性；③阴离子与重金属离子的络合作用，大大提高了溶液中重金属离子的浓度；④阴离子对重金属离子的沉淀作用，降低土壤重金属的有效性。化肥对土壤镉有效性的影响是由 pH、伴随阳离子的竞争作用、离子交换作用、络合、沉淀等共同作用的净结果。这些离子对重金属活性的影响将在第七章中详述。

4.3.2 含磷化合物施用后污染土壤中重金属形态的变化

植物对重金属的吸收及重金属对植物的毒性和危害程度，不但取决于该元素的数量，而且取决于该元素在土壤中的赋存状态。从物理化学角度说，土壤中重金属的不同形态就意味着重金属离子处于不同能量状态，能量状态不同，它们在土壤中的迁移性不同，而迁移性的大小又决定了重金属的生物有效性。因此，重金属在土壤中的赋存形态变化是检验修复剂效果的重要标准之一。对土壤中重金属形态的分离多采用 Tesser 顺序提取法(Tesser et al., 1979)，后人大多在此法的基础上进行了改进。

在施用不同磷酸盐(HA、DAP、SSP 和 PR)的污染红壤上，利用改进的 Tesser 连续提取法，分离重金属镉、铅和锌的 5 种形态：水溶性和可交换态(EX)，有机结合态(OC)，碳酸盐结合态(CB)，铁铝氧化物结合态(OX)及残渣态(RES)。结

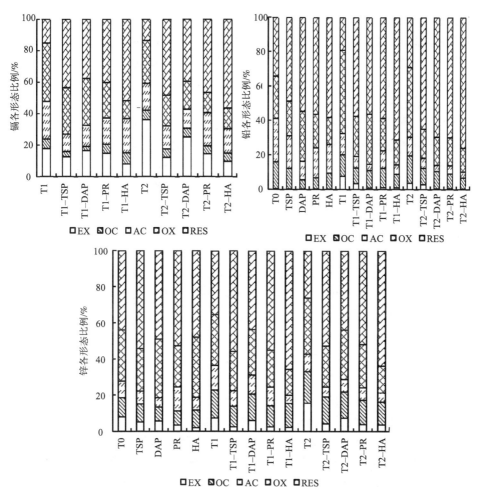

图 4.11 不施磷的对照(T0、T1 和 T2)和施用 4 种磷肥的污染红壤中镉、铅和锌的不同形态所占的百分数(Chen et al., 2007)

T0：对照；T1：镉、铅、锌分别以 0.6mg/kg、100mg/kg、66mg/kg 加入土壤；T2：镉、铅、锌分别以 1.5mg/kg、300mg/kg、200mg/kg 加入土壤；TSP：三料过磷酸钙；DAP：磷酸二氢铵；PR：磷矿粉；HA：羟基磷灰粉；不同磷化合物按 2.5g P_2O_5/kg 浓度加入

果表明(图4.11)：未加入磷酸盐时，污染红壤中，EX比例最高，其余形态的顺序为OX>CB>OC>RES。EX和OX的镉占到总量的54%~62%，铅占到总量的56%～60%，锌占总量的44%~49%，说明在红壤中重金属的有效性较高。加入磷后，EX、OC、CB、OX 4种形态的重金属量显著降低，RES重金属显著升高，其中RES-Pb增加了35.6%~51.9%，RES-Cd增加了22.4%~42.5%，RES-Zn增加了8.4%~37.6%，说明磷的加入促进了非残渣态/潜在活性态向残渣态/非活性态的转化，而残渣态的

增加意味着重金属在土壤中的迁移性和植株有效性的降低，即增加的磷会有效地"固定"重金属，从而降低其对植物的毒性和危害性。从总体上看，施磷对抑制铅的活性效果最好。在4个不同的施磷处理中，以HA、DAP处理对土壤中铅的残渣态增加最显著，其次为TSP和PR处理。总体而言，施磷对重金属离子形态变化影响顺序：HA>DAP>SSP≈PR(图4.11)。

在铅污染的黄壤上(陈世宝和朱永官，2004)也有相似的结果，施入不同的磷对土壤中铅的形态变化有很大的影响，主要表现在水溶态(A)、交换态(B)、碳酸盐结合态(C)及氧化铁锰结合态(D)的显著减少，而残渣态(F)则都有显著的增加，增加幅度可高达 81.8%。不同磷肥对土壤残渣态铅的影响顺序：HA>HA+SSP>SSP>PR。

以上结果表明 HA 是红壤和黄壤重金属污染修复的一种良好的修复剂，它对于改变土壤溶液中铅的化学平衡具有重要作用。其机理在于 HA 具有巨大的吸附表面积和专性吸附点位，对增强铅的吸附起了重要作用。因此，HA 对减轻污染土壤中铅的有效性有较好的治理效果，而 TSP、PR 由于其在土壤中的弱溶解性而达不到最佳修复效果。

4.3.3 含磷化合物对污染土壤中重金属吸附-解析过程的影响

从土壤系统以外输入的重金属在土壤中处于吸附-解吸的动态平衡中，土壤对重金属的吸附-解吸制约了重金属离子从地表到食物链的迁移及传递。

Cd^{2+} 被土壤固定的重要机制之一是土壤矿质黏粒与有机胶体对镉离子的吸附，降低其有效性和移动性。吸附作用是指各种气体、蒸气及溶液里的溶质被吸着在固体或液体物质表面上的作用。一般认为，土壤对 Cd^{2+} 的吸附作用应属于表面吸附的范畴，分为专性吸附和非专性吸附。专性吸附是指土壤颗粒与金属离子形成螯合物，金属离子在土壤颗粒内层与氧原子或羟基结合，这种吸附作用发生在胶体决定电位层——Stern 层中，不能被 Ca^{2+}、K^+ 置换(Mclaren and Grawford，1973)。非专性吸附是指金属离子通过静电引力和热运动的平衡作用，保持在双电层的外层——扩散层中，这种作用是可逆的，遵守质量作用定律，可以等当量的相互置换(Sawhney，1972)。土壤表面存在结合能较高的点位和结合能较低的点位，研究证实，镉可以通过高、低能位被土壤吸附(廖敏，1998)，通过专性吸附机制被吸附的 Cd^{2+} 结合能较高，不容易被解吸，而非专性吸附的镉离子结合能较低，容易被解吸。土壤对镉的吸附机理主要是专性吸附(张会民等，2005)。

我们在污染红壤和褐土上研究了不同种类的磷酸盐(KH_2PO_4、$Ca(H_2PO_4)_2$、$NH_4H_2PO_4$)对重金属 Cd^{2+} 吸附-解吸的影响。

1. 不同磷酸盐的土壤镉吸附

将 $NH_4H_2PO_4$、KH_2PO_4、$Ca(H_2PO_4)_2$ 加入到吸附镉后的红壤中，这些磷酸盐中伴随阳离子可与镉竞争土壤表面的吸附点位，影响红壤持镉量，且不同磷酸盐对持镉量影响程度不同(图 4.12)。

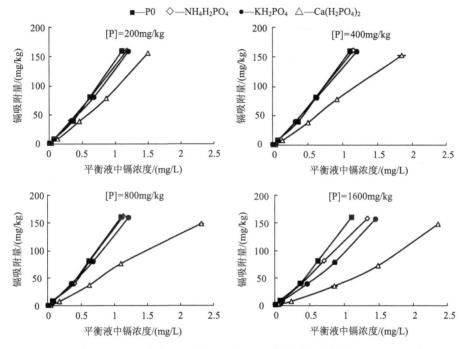

图 4.12　不同磷酸盐下红壤镉的吸附等温曲线(陈苗苗等，2009)

在镉最大添加浓度为 20mg/L 条件下，磷的加入浓度 200～1600mg/kg 时，加 $NH_4H_2PO_4$、KH_2PO_4、$Ca(H_2PO_4)_2$ 比不加磷酸盐的处理体系中，镉的吸附量均下降，其中 $Ca(H_2PO_4)_2$ 降低红壤持镉量的幅度最明显。当 $Ca(H_2PO_4)_2$ 处理磷用量分别为 200mg/kg、400mg/kg、800mg/kg 和 1600mg/kg 时，镉的最大吸附量分别较不加磷酸盐(159.1mg/kg)处理分别降低了 2.5%、4.7%、7.6%和 7.9%(图 4.12)。将 $NH_4H_2PO_4$、KH_2PO_4、$Ca(H_2PO_4)_2$ 加入吸附镉后的褐土中，同样影响褐土持镉量(图 4.13)。除 [P]=200mg/kg 处理外，不同磷用量的处理对褐土持镉量的影响效果相似，加入磷酸盐后均使平衡液中镉浓度显著增加，即均在不同程度上降低了褐土持镉量。[P]=800mg/kg 和[P]=1600mg/kg 处理中，三种磷酸盐降低褐土持镉量的能力为 $Ca(H_2PO_4)_2$>KH_2PO_4>$NH_4H_2PO_4$。可见，在高磷处理时，$Ca(H_2PO_4)_2$ 降低褐土持镉量能力最强。在镉 1、镉 5、镉 10、镉 20 处理中，当 $Ca(H_2PO_4)_2$ 用量为 1600mg/kg 时，褐土持镉量较不加磷酸盐(196.7mg/kg)处理分别降低 16.7%、3.4%、1.8%和 1.0%。

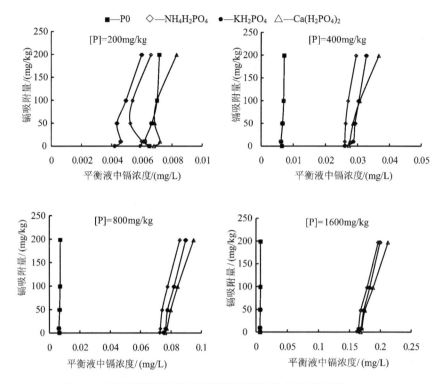

图 4.13　不同磷酸盐下褐土镉的吸附等温曲线(陈苗苗等，2009)

　　不同磷酸盐对吸附镉后的土壤持镉量影响差异主要是由于磷酸盐中陪伴阳离子不同所致。其中，NH_4^+ 主要是通过降低土壤 pH 或与镉形成配合物来降低土壤对镉的吸附。K^+ 则通过与 Cd^{2+} 竞争土壤的吸附点位影响土壤对镉的吸附，K^+ 为一价离子，其对二价离子的竞争作用较弱。Ca^{2+} 作为土壤主要的盐基饱和离子之一，其对镉吸附影响一方面，Ca^{2+} 与土壤有一定程度的专性吸附，将改变可变电荷土壤的表面正电荷量，另外，Ca^{2+} 可与 Cd^{2+} 竞争土壤中的黏土矿物、氧化物及有机质上的阳离子交换吸附点位，从而降低土壤对 Cd^{2+} 的吸附。

　　三种磷酸盐对红壤镉吸附率的影响规律与效果也存在差异(图 4.14)。随着 $NH_4H_2PO_4$ 和 KH_2PO_4 用量的增加，镉吸附率无明显变化；而随 $Ca(H_2PO_4)_2$ 用量的增加，镉吸附率显著下降，这种趋势在所有镉处理中表现一致。这可能是因为土壤对 Ca^{2+} 的吸附主要为非专性吸附，在与 Cd^{2+} 竞争土壤的吸附位点时，将占据土壤的弱吸附点位，降低土壤对镉的非专性吸附。与不加磷酸盐的处理相比，加入 $Ca(H_2PO_4)_2$ 抑制红壤对镉的吸附，且吸附率随磷加入量的增加而降低。图 4.15 显示，随着磷用量的增加，褐土不同磷酸盐处理镉的吸附率均显著降低。其中，磷用量增至 400mg/kg、800mg/kg、1600mg/kg 时，三种磷酸盐对褐土镉吸附率降低的影响比较显著，但三种磷酸盐之间没有差别。

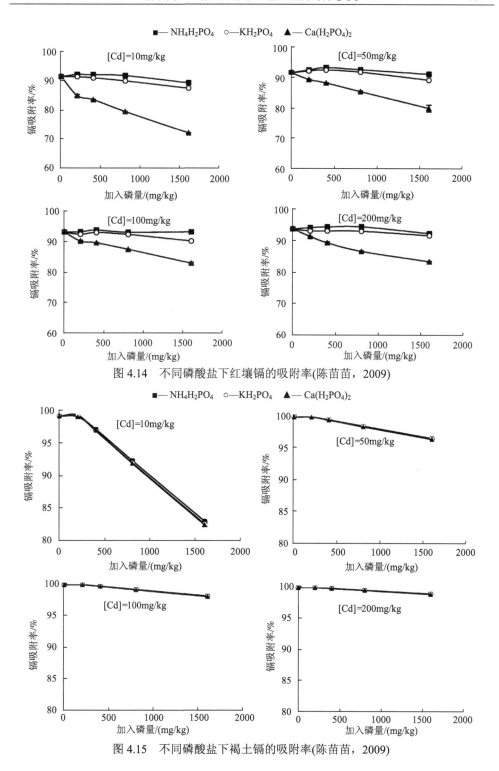

图 4.14　不同磷酸盐下红壤镉的吸附率(陈苗苗，2009)

图 4.15　不同磷酸盐下褐土镉的吸附率(陈苗苗，2009)

2. 不同磷酸盐下土壤镉解吸

红壤镉解吸量随加入磷量的增加而显著降低(图 4.16)，可能是因为随磷用量的增加，土壤磷吸附量增加，磷酸根对镉的专性吸附增加所致。镉吸附量不同时，磷酸盐对镉解吸量的影响程度也不一样。在不同镉浓度下(10mg/kg、50mg/kg 和100mg/kg)，三种磷酸盐对红壤镉解吸量降低的影响趋势基本一致，但三种磷酸盐间差异不显著。而在添加[Cd]=200mg/kg 下，$Ca(H_2PO_4)_2$ 对红壤镉的最大解吸量比未加磷酸盐的处理下降 9.1mg/kg 左右，下降量显著比 KH_2PO_4 和 $NH_4H_2PO_4$ 高(图 4.16)。可见，只有在高镉条件下，由于镉吸附量较大，三种磷酸盐对镉解吸量的影响才变得差异显著。

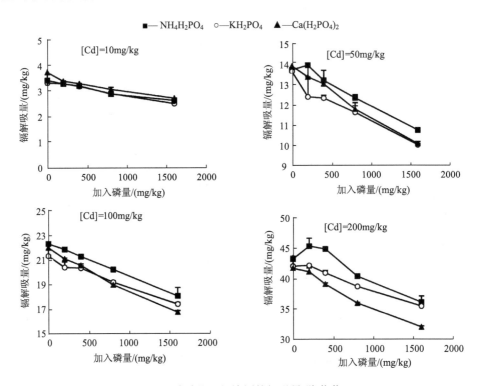

图 4.16　不同磷酸盐下红壤镉的解吸量(陈苗苗，2009)

由图 4.17 可知，添加镉的浓度为 10mg/kg 时，随 $Ca(H_2PO_4)_2$ 用量的增加，褐土镉解吸量基本不变，施用 KH_2PO_4 和 $NH_4H_2PO_4$ 处理镉的解吸量显著降低。而在添加镉的浓度为 50mg/kg、100mg/kg、200mg/kg 处理下，随磷用量的增加，镉解吸量均显著增加，增幅为 20.8%~79.7%。镉吸附量不同时，不同磷酸盐对镉解吸量的影响存在差异。在添加镉浓度为 10mg/kg 的处理下，$Ca(H_2PO_4)_2$ 使土壤解

吸镉量显著低于 KH_2PO_4 和 $NH_4H_2PO_4$，在添加镉浓度为 50mg/kg、100mg/kg 处理下，KH_2PO_4 使土壤解吸镉量显著高于 $NH_4H_2PO_4$ 和 $Ca(H_2PO_4)_2$，而在添加镉浓度为 200mg/kg 处理下，$Ca(H_2PO_4)_2$ 使土壤解吸镉量显著高于 KH_2PO_4 和 $NH_4H_2PO_4$(图 4.17)。可见，不同磷酸盐对褐土镉解吸量的影响因镉吸附量的不同而存在差异。

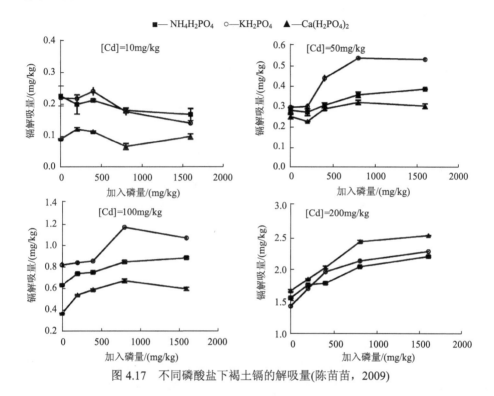

图 4.17　不同磷酸盐下褐土镉的解吸量(陈苗苗，2009)

随三种磷酸盐用量的增加，红壤镉解吸率显著降低(图 4.18)。在低镉吸附量处理(Cd 1)中，$Ca(H_2PO_4)_2$ 对红壤镉的解吸率显著高于 KH_2PO_4 和 $NH_4H_2PO_4$，这可能是在镉吸附量较低条件下，Ca^{2+} 与 Cd^{2+} 的竞争作用更为强烈所致，因为阳离子间的竞争吸附与其比例有关。

有研究表明，施用 KH_2PO_4 可降低酸性土壤中镉的水溶性和可交换态的量，镉的碳酸盐结合态量却增加了；钙镁磷肥可使交换态镉含量降低，碳酸盐结合态和铁锰氧化结合态的镉增加。加入磷酸盐后，镉在土壤中的存在形态发生了变化，从而影响了镉的解吸。

综上所述，就红壤而言，$Ca(H_2PO_4)_2$ 使红壤镉最大吸附量和吸附率降低 2.5%~7.9% 和 10%~20%，而 KH_2PO_4 和 $NH_4H_2PO_4$ 对红壤持镉量无明显影响。就褐土而言，三种磷酸盐可显著降低褐土镉吸附量和吸附率，降低顺序为

$Ca(H_2PO_4)_2 > KH_2PO_4 > NH_4H_2PO_4$，其中，$Ca(H_2PO_4)_2$ 可使褐土镉最大吸附量降低 0.01~2.1mg/kg，镉吸附率降低 1.0%~16.7%。

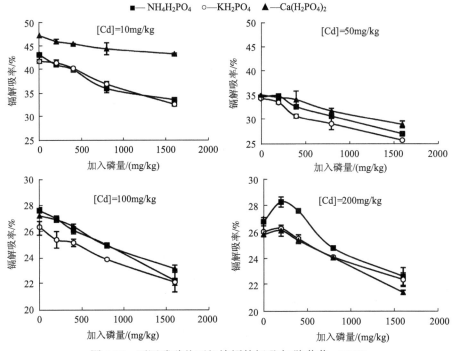

图 4.18　不同磷酸盐下红壤镉的解吸率(陈苗苗，2009)

随磷加入量的增加，红壤中三种磷酸盐均可显著降低红壤镉解吸量和解吸率，但高镉处理下，$Ca(H_2PO_4)_2$ 降低红壤镉解吸量比 KH_2PO_4 和 $NH_4H_2PO_4$ 高得多；低镉处理下，$Ca(H_2PO_4)_2$ 降低红壤镉离子的解吸率明显高于 KH_2PO_4 和 $NH_4H_2PO_4$。褐土在高镉处理下，随加磷量的增加，镉解吸量显著增加了 20.8%~79.7%；对镉解吸量表现为：在低镉处理下 $Ca(H_2PO_4)_2$ 最低；中镉处理下，KH_2PO_4 最高；高镉处理下，$Ca(H_2PO_4)_2$ 最高。

3. 不同磷镉比对土壤镉吸附—解吸的影响

两种土壤上不同磷镉比下镉的吸附量和解吸量的变化具有相同的趋势：随着磷镉比的增加，镉的吸附量和解吸量均显著降低，且在磷镉比< 2时，下降速度最快；相同磷镉比时，磷镉的总量越高，镉的吸附量和解吸量越大(图 4.19 和图 4.20)。

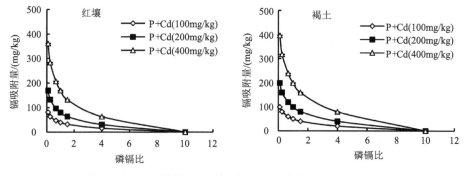

图 4.19 不同磷镉比下红壤和褐土镉吸附量(陈苗苗，2009)

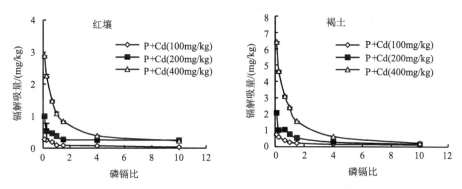

图 4.20 不同磷镉比下红壤和褐土镉解吸量(陈苗苗，2009)

4.3.4 含磷化合物对重金属的生物沉淀作用

无论是用化学形态提取法还是化学平衡形态模型法研究重金属的形态变化都是间接的方法，是根据科学原理的推测。而各种光谱技术和显微镜技术则提供了在微观条件下直接揭示重金属形态的方法。光谱和显微镜技术是表面反应机理研究中十分有用的工具，逐渐成为土壤表面化学研究的热点。当表面吸附原子后，一束光子将引起该原子发射电子或其他光子，靠探测这些电子或光子，科学家能够在原子、分子水平上理解表面性质。因此，通过光谱和显微镜分析，能够直接给出磷酸盐和重金属相互作用的证据，来支持或发展磷酸盐稳定重金属的机理(周世伟和徐明岗，2007)。

植物根细胞壁是重金属离子进入植物体内进行长距离运输的第一道屏障。植物根表细胞对铅离子的束缚作用也是植物对铅污染产生耐性的主要机制之一。玉米盆栽实验表明，在铅污染土壤中施入较高的可溶性磷肥，可导致植物的根表细胞中形成磷酸铅盐沉淀，从而抑制植物对铅的吸收及植物体内的长距离运输，降低铅的生物毒性(陈世宝等，2010)。

利用扫描电镜(SEM-EDS)及透射电镜(TEM-EDS)对施入磷约 90 天后的盆栽植株根、茎及土壤颗粒进行分析(图 4.21~图 4.23)。对植株根表的电镜分析发现：在不同磷处理土壤中铅以磷酸盐形式沉积在植株根表(图 4.21)，在 HA、PR 处理土壤中，铅几乎是以纯磷酸盐(Pb$_5$(PO$_4$)$_3$X, X=Cl, OH)沉淀在植株根表，却未发现镉、铜、锌的磷酸盐沉淀。对植物中污染重金属的含量变化分析结果显示，土壤中加入不同的磷能有效降低植株对铅、镉、铜、锌的吸收，其原因可能与土壤中的磷与土壤溶液中的重金属离子在土壤及植物根表或细胞膜形成磷酸盐沉淀

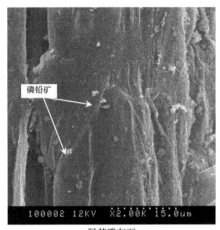
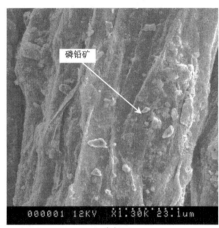

羟基磷灰石　　　　　　　　　　　　　　　磷灰石

图 4.21　污染红壤(镉/铅/锌：1.5mg/kg/300mg/kg/200mg/kg)不同磷处理盆栽油菜根表的扫描电镜(Chen et al., 2007)

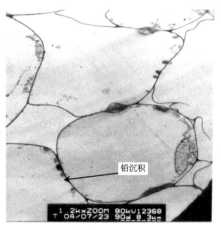
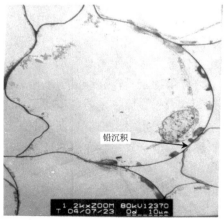

图 4.22　铅在红壤不同磷处理盆栽小白菜根表细胞沉淀的透射电镜分析(Chen et al., 2007. 数据待发表)

图中铅化合物沉淀成分为磷氯(氟)铅矿(pyromorphite)，分子式为：Pb$_5$(PO$_4$)$_3$X (X=Cl, F)

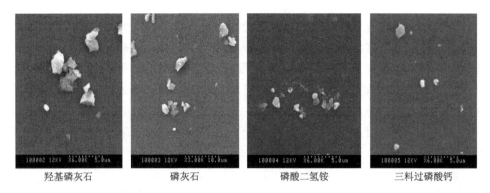

羟基磷灰石   磷灰石   磷酸二氢铵   三料过磷酸钙

图4.23 不同磷处理的污染红壤(镉/铅/锌：1.5mg/kg /300mg/kg /200mg/kg)的扫描电镜
(Chen et al., 2007)

从而降低金属离子向植物体内运输。作者通过对植株根细胞的透射电镜分析结果证实了这种假设，图4.22显示了植株根细胞吸收的铅离子以磷酸盐形式沉积在细胞膜的表面，有效地降低了铅离子在植株体内向木质部的运输。

Nriagu(1974)认为磷固定土壤中铅的主要机制是磷与铅在土壤中生成环境稳定性更高的磷铅矿类化合物($Pb_5(PO_4)_3X$, $X=Cl^-$、OH^-、F^-等)，因土壤主要阴离子种类不同，分别形成氟磷铅矿(fluoropyromophite, FP)、羟基磷铅矿(hydroxypyromorphite, HP)及氯磷铅矿(chloropyromorphite, CP)等(Kolthoff and Rosenblum, 1933; Dermatas et al., 2006)，这3种磷酸铅矿物的环境稳定性逐渐增加(Chrysochoou et al., 2007)。通过对土壤表层颗粒的扫描电镜分析，其形成的氯磷酸铅盐[$Pb_5(PO_4)_3X$, $X=Cl$]的沉淀也得到了证实(图4.23)。

4.4 长期施用磷肥的环境风险

4.4.1 磷肥中重金属元素的二次污染

磷肥是由磷矿石通过机械法、酸制法或热制法加工而成的，在各类化肥中，其重金属杂质含量最高。磷肥生产趋向于复合化、高效浓缩化、专业化发展，但由于原料矿石本身的杂质及生产工艺流程的污染，磷肥中常含有不等量的副成分，大多是重金属元素、有毒有害化合物及放射性物质，长期施用在土壤中通过累积，造成土壤污染；同时磷肥生产过程中，部分有毒、有害物质进入磷肥产品，通过施用进入土壤。化学磷肥的施用对土壤生态环境的影响不容忽视。

磷矿石中的主要杂质元素为氟(F)、铁(Fe)、铝(Al)、镁(Mg)、砷(As)、镉(Cd)、硒(Se)、铬(Cr)、汞(Hg)、钒(V)、镭(U)等，其中As、Cd、Cr、Hg、U 等属有毒、有害元素。

　　磷肥中重金属含量取决于制取磷肥所用的磷酸盐矿石沉积。与火成沉积相比，沉积磷酸盐矿石通常含有更多的镉和其他金属，而砷和铅少些。所用制造工艺的选择也能决定岩石中有多少金属转到化肥中。在过磷酸钙制备过程中，岩石中的所有重金属都转入磷肥中，但在生产湿法磷酸时，重金属就会分布在磷酸和磷石膏副产物中，60%~70%镉进入磷酸，70%~95%镉、铜、锌及其他金属存在于过滤级磷酸中，余量则进入磷石膏中，而大部分铅(70%~95%)存在于磷石膏中(高阳俊和张乃明，2003)。

　　磷矿石中杂质元素的含量不仅与岩石种类有关，也与成矿地点有关。以镉为例，其潜在毒性仅次于汞而居第二位。世界各地磷矿的含镉一般在1~110mg/kg，澳大利亚为4~109mg/kg，而美国Florida为3~15mg/kg，美国个别矿高达980mg/kg，我国主要磷矿石镉含量为0.1~571mg/kg，大部分含量为0.2~2.5mg/kg，平均含量为15.3mg/kg(鲁如坤等，1992)。表4.1为我国磷矿含镉量和世界主要国家磷矿的比较。非常幸运的是我国磷矿中镉的平均含量，比世界主要磷矿都低。

表4.1　我国和世界主要国家磷矿的含镉量(鲁如坤等，1992)

国家	矿名	含量范围/(mg/kg)	平均值/(mg/kg)
中国	全部矿采	0.1~571	15.3
	扣除少数矿后*	0.1~4.4	0.98
苏联	Kola	—	0.3
美国	Florida	3~12	7
	N.C.	—	36
多哥	Togo	38~60	53
摩洛哥	Khouribga	1~17	12
	Joussoufia	—	4
阿尔及利亚	Algier	—	23
突尼斯	Gafsa	55~57	56

* 去除广西等不重要矿后

　　我国不同地区磷矿含镉量有巨大差别，其中广西的磷矿是我国所有磷矿含镉量最高的，平均达174mg/kg，含量在12~571mg/kg。由于我国磷矿平均含镉量较低，因此我国磷肥中镉平均含量也较低。根据1992年对全国30个主要磷肥生产厂家生产的磷肥测定，平均含镉量为0.61mg/kg。这大约相当于磷矿含镉的62%，含量在0.1~2.9mg/kg，远远低于国际上一般含量5~50mg/kg的常见范围(鲁如坤等，1992)。

　　不同磷肥由于加工工艺的不同，镉含量也有所差异。特别是热法和湿法磷肥相比，热法磷肥一般含镉远远低于湿法磷肥。我国主要磷肥中普钙的平均镉含量为 0.75mg/kg，含量为 0.1~2.93mg/kg，过磷酸钙平均含镉 0.175mg/kg。而钙镁磷肥平均只有 0.11mg/kg，只相当于普钙含镉量的 15%，相当于磷矿平均含镉的 11%左右。这显然是由于钙镁磷肥经过高温熔融，使大部分镉挥发了。这一点应是钙镁磷肥的一个重要优点，它可以使用含镉量较高的磷矿生产出含镉量较低的肥料。据丛艳国和魏立华(2002)对山东、北京、云南、浙江、湖南等地抽样调查，普钙、磷矿粉、钙镁磷肥、铬渣磷肥等磷肥中重金属 As、Cd、Cr、Pb、Sr、Cu、Zn 含量较高。一般磷矿石中约有 80%镉存留于肥料中，我国此数据略低，约为 62%。

现在人们越来越关心土壤中 Cd、Pb、As 等有毒元素的累积及其由此带来的潜在环境危害。如果使用的是国产的磷矿粉和磷肥，一般镉的含量较低，不大可能造成土壤和农产品的镉污染。我国的钙镁磷肥是热法工艺制造的，大部分镉在加工中挥发了。因此钙镁磷肥产品的含镉量比湿法磷肥的更低，前者为 0.11mg/kg，后者则为 0.1~2.9mg/kg。不幸的是我国磷肥以普钙和磷铵为主，钙镁磷肥主要在南方有使用(曹志洪，2003)。同时，我国所用的磷肥也有不少是国外进口的，据统计，2009 年，进口各种磷复肥实物量 178 万吨，其中，DAP 来自摩洛哥、突尼斯和美国，均是镉含量较高的地区，所以长期施用这些磷肥的土壤或农产品就会有严重的镉污染的问题(陈芳等，2005；任顺荣等，2005；韩晓凯等，2008)，必须引起足够的重视。

我国每年施用过磷酸钙带入土壤中的 Zn、Ni、Cu、Co、Cr 量分别为 200g/hm²、1113g/hm²、2018g/hm²、113g/hm² 和 1213g/hm²；每年随磷肥带入土壤中的镉量在 37 吨以上。四川连续施用 1125kg/(hm²·a)过磷酸钙 15 年后，土壤镉含量增加了 1.32 倍(李东坡和武志杰，2008)。就是磷石膏所携带的镉也可以污染土壤和农产品，故也应一并考虑，谨慎使用，防止在施用磷肥过程中可能产生的镉污染。另外，中国磷矿的 Zn、Ni、Cu、Co 等重金属含量比国外磷矿还高。按湿法工艺生产磷肥或磷酸的加工过程中磷矿石所含 60% ~ 90%的重金属进入产品，以及制造钙镁磷肥的原料蛇纹石中含较高的 Ni、Cr 等重金属的情况来看，在肥料产品标准中限制重金属的含量是十分必要的(曹志洪，2003)。

4.4.2　长期施用磷肥导致富营养化

作为常用的钝化修复剂，磷酸盐所带来的水体富营养化问题也备受关注。

磷肥施入土壤中后容易被固定。作物对磷肥的利用率很低，通常情况下，当季作物只有 5%~15%，加上后效一般也不超过 25%，因此有 75%~90%的磷滞留在土壤中。在施用量较低的情况下，由于土壤对磷也有一定的吸附缓冲容量，磷的淋失量相对较低，不足加入量的 1%，但随着施用量的增加，磷的淋失量可高达 10%以上。

一般情况下，钝化修复土壤时的磷施入量远高于土壤正常磷需要量，才能达到理想的钝化效果，且农田土壤中本就普遍存在磷投入量大大高于其带出量，农田生态系统中磷盈余使得土壤中的总磷和有效磷的水平不断上升，这无疑会造成大量磷淋失和浪费，带来水体富营养化风险(高阳俊和张乃明，2003；王立群等，2009)。

魏晓欣(2010)对人工模拟降雨条件下施用不同性质的含磷材料(可溶性的磷肥TSP、难溶性的磷矿粉 PR)污染土壤淋滤液的研究表明，磷的淋洗在不同的磷处理间表现出显著差异。魏晓欣(2010)的研究表明，在淋洗的初期阶段即淋溶量为 1 倍孔容量(pore volume, PV)时，无论是无磷处理土壤还是磷处理土壤，其淋滤液中的磷随着淋溶量的增加呈现缓慢增加的趋势，说明在淋洗过程中，土壤本身的水溶态磷和含磷材料中的磷开始缓慢进行释放。随着淋溶量的继续增加，无磷处理土壤和 PR 处理土壤其淋滤液的磷趋于平衡；当淋溶量达到 2PV 时，TSP 和 PR+TSP 处理的淋滤液的磷含量开始迅速增加，这种变化主要是跟磷材料的性质有关。TSP 是一种可溶性的磷肥，随着淋洗量的增加，释放到土壤中的磷迅速增加，而 PR 是一种难溶性的磷矿粉，磷释放较小。

因此，在用含磷物质处理重金属污染土壤时，需要考虑磷在土体内的迁移和淋洗，防止导致地下水富营养化的环境风险性。

4.5 结　　论

磷肥作为农业生产上常用的肥料，对降低污染土壤中重金属的毒性具有显著作用。

(1) 在湖南红壤和浙江水稻土上，观测了三料过磷酸钙(TSP)、磷酸二氢铵(DAP)、磷矿粉(PR)和羟基磷灰粉(HA)四种不同磷肥对土壤铅、镉、锌、铜有效性的影响及其机理。不同污染物及不同含磷化合物，其修复效果相差较大。不同磷肥均明显降低了植株茎叶中铅、镉、锌、铜含量，对铅吸收降低效果最显著(Pb>Cu、Zn>Cd)。不同磷肥施用下，对油菜生物量增加效果最显著的是 HA，DAP 较差；能有效"固定"铅进而降低对植物毒性的效果次序为 HA>DAP>SSP、PR，以 HA、DAP 降幅较大(32.5%~57.9%)。

电镜分析显示了施磷肥的修复机理：在铅、镉、锌、铜中仅铅几乎是以纯磷酸盐形式沉淀在细胞膜表面，有效地降低了 Pb^{2+} 在植株体内向木质部的运输，减轻对植物的毒害。另外，施磷肥后很大程度上减少了土壤铅的可提取性，可明显降低土壤铅被吸收的风险。同时，上述四种含磷化合物在土壤剖面中的迁移性很小，不会带来水体的富营养化及二次污染等问题。因此，利用这些磷肥进行重金属污染土壤的原位修复治理具有明显的经济和环境效应，在我国人均耕地面积日趋减少的形势下，该方法具有较广阔的应用前景。

(2) 在湖南红壤和北京褐土上，观测分析了三类磷酸盐($NH_4H_2PO_4$、KH_2PO_4 和 $Ca(H_2PO_4)_2$)对土壤镉的有效性、吸附-解吸的影响与机制。加入磷酸盐后，镉污染红壤和褐土小油菜生物量分别提高 18.7%~291.1%和 31.5%~991.2%，提升顺序为 $Ca(H_2PO_4)_2 \geq KH_2PO_4 > NH_4H_2PO_4$；红壤小油菜吸镉量在镉二级污染水平下提高 8.3%~54.6%，而在镉三级污染水平下降低 11.1%~58.4%；褐土小油菜吸镉量在镉二级污染水平下降低 7.9%~19.8%，在镉三级污染水平下，仅 KH_2PO_4 增加了小油菜吸镉量。

加入磷酸盐后，污染红壤有效态镉含量显著升高 17.0%~122.7%，提升顺序为 $Ca(H_2PO_4)_2 > KH_2PO_4 > NH_4H_2PO_4$；对镉污染褐土而言，$Ca(H_2PO_4)_2$ 和 KH_2PO_4 可明显提高土壤有效态镉含量 3.0%~15.0%，而 $NH_4H_2PO_4$ 则显著降低有效态镉含量 2.4%~13.4%。

褐土对镉的吸附能力比红壤强。加入不同浓度 KH_2PO_4 时，随 KH_2PO_4 用量的增加，红壤镉吸附量呈先增后减的峰型曲线变化，而褐土对镉的吸附量直线降低。两种土壤镉解吸量均随镉吸附量的增加而迅速增加，基本呈线性关系。KH_2PO_4 浓度不同时，土壤镉的解吸量差异不显著。

不同磷酸盐下，$Ca(H_2PO_4)_2$ 使红壤镉最大吸附量和吸附率降低分别为 2.5%~7.9%和 10%~20%，而 KH_2PO_4 和 $NH_4H_2PO_4$ 对红壤持镉量无明显影响；三种磷酸盐可显著降低褐土镉吸附量和吸附率，降低顺序为 $Ca(H_2PO_4)_2 > KH_2PO_4 > NH_4H_2PO_4$，其中，$Ca(H_2PO_4)_2$ 可使褐土镉最大吸附量降低 0.01~2.1mg/kg，镉吸附率降低 1.0%~16.7%。

三种磷酸盐影响下，红壤镉解吸量和解吸率均随磷用量的增加而显著降低 15.8%~27.8%和 3.7%~9.6%；高镉时，$Ca(H_2PO_4)_2$ 降低红壤镉解吸量比 KH_2PO_4 和 $NH_4H_2PO_4$ 高得多；低镉时，$Ca(H_2PO_4)_2$ 降低红壤镉解吸率明显高于 KH_2PO_4 和 $NH_4H_2PO_4$。

以上结果说明，施用磷肥促进了土壤对重金属的吸附、降低重金属的生物有效性，因此，作物产量升高而重金属含量降低，其中以 $Ca(H_2PO_4)_2$ 的效果最明显。所以，在重金属污染土壤上施用磷肥时，应该优先考虑选择施用 $Ca(H_2PO_4)_2$。

当然，施用磷肥控制重金属迁移和毒害时，需要考虑磷在土体内的累积、迁移和淋洗，防止导致地下水富营养化的环境风险性。

主要参考文献

曹志洪. 2003. 施肥与土壤健康质量–论施肥对环境的影响. 土壤, 35(6): 450–455

丛艳国, 魏立华. 2002. 土壤环境重金属污染物来源的现状分析. 现代化农业, (1): 18–20

陈芳, 董元华, 安琼, 等. 2005. 长期肥料定位试验条件下土壤中重金属的含量变化. 土壤, 37(3): 308–311

陈苗苗. 2009. 磷酸盐对我国典型土壤镉吸附−解吸影响的差异与机制. 河北农业大学硕士学位
　论文

陈苗苗, 张桂银, 徐明岗, 等. 2009. 不同磷酸盐下红壤对镉离子的吸附−解吸特征. 农业环境科
　学学报, 28(8): 1578−1584

陈世宝, 李娜, 王萌, 等. 2010. 利用磷进行铅污染土壤原位修复中需考虑的几个问题. 中国生
　态农业学报, 18(1): 203−209

陈世宝, 朱永官. 2004. 不同含磷化合物对中国芥菜(*Brassica oleracea*)铅吸收特性的影响. 环境
　科学学报, 24(4): 707−712

高阳俊, 张乃明. 2003. 施用磷肥对环境的影响探讨. 土壤肥料科学, 19(6): 162−165

韩晓凯, 高月, 娄翼来, 等. 2008. 长期施肥对黑土中 Cu、Cd 含量及其剖面分布的影响. 安全与
　环境学报, 8(3): 10−13

胥焕岩, 彭明生, 刘羽. 2004. pH 值对羟基磷灰石除镉行为的影响. 矿物岩石地球化学通报,
　23(4), 305−309

李东坡, 武志杰. 2008. 化学肥料的土壤生态环境效应. 应用生态学报, 19(5): 1158−1165

廖敏. 1998. 施加石灰降低不同母质土壤中镉毒性机理研究. 农业环境保护, 17(3): 101−103

刘羽, 彭明生. 2001. 磷灰石在废水治理中的应用. 安全与环境学报, 1(1): 9−11

龙梅, 胡锋, 李辉信, 等. 2006. 低成本含磷材料修复环境重金属污染的研究进展. 环境污染治
　理技术与设备, 7(7): 1−10

鲁如坤, 时正元, 熊礼明. 1992. 我国磷矿磷肥中镉的含量及其对生态环境影响的评价. 土壤学
　报, 29(2): 150−157

任顺荣, 邵玉翠, 高宝岩, 等. 2005. 长期定位施肥对土壤重金属含量的影响. 水土保持学报,
　19(4): 96−99

王立群, 罗磊, 马义兵, 等. 2009. 重金属污染土壤原位钝化修复研究进展. 应用生态学报, 20(5):
　1214−1222

魏晓欣. 2010. 含磷物质钝化修复重金属复合污染土壤. 西安科技大学硕士学位论文

于天仁, 季国亮, 丁昌璞. 1996. 可变电荷土壤的电化学. 北京科学出版社

张会民, 徐明岗, 吕家珑, 等. 2005. pH 对土壤及其组分吸附和解吸镉的影响研究进展. 农业环
　境科学学报, 24(增刊): 320−324

张茜. 2007. 磷酸盐和石灰对污染土壤中铜锌的固定作用及其影响因素. 中国农业科学院硕士
　学位论文

周世伟, 徐明岗. 2007. 磷酸盐修复重金属污染土壤的研究进展. 生态学报, 27(7): 3043−3050

Agbenin J O. 1998. Phosphate−induced zinc retention in a tropical semi−arid soil. Eur. J. Soil Sci. 49:
　693−700

Bolan N S, Adriano D C, Duraisamy P, et al. 2003. Immobilization and phytoavailability of cadmium
　in variable charge soils I. Effect of phosphate addition. Plant Soil, 250: 83−94

Cao X, Ma L Q, Chen M, et al. 2002. Impacts of phosphate amendments on lead biogeochemistry at a
　contaminated site. Environ. Sci. Technol., 36 : 5296−5304

Cao X, Ma L Q, Rhue D R, et al. 2004. Mechanisms of lead, copper, and zinc retention by
　phosphate rock. Environ. Pollut., 131: 435−444

Chen S B, Xu M G, Ma Y B, et al. 2007. Evaluation of different phosphate amendments on
　availability of metals in contaminated soil. Ecotoxicol. Environ. Saf., 67: 278−285

Chrysochoou M, Dermatas D, Dennis G. 2007. Phosphate application to firing range soils for Pb immobilization. J. Hazard. Mater., 144: 1–14

Cotter-Howells J, Caporn S. 1996. Remediation of contaminated land by formation of heavy metal phosphates. Appl. Geochem., 11: 335–342

Dermatas D, Shen G, Chrysochoou M, et al. 2006. Pb speciation versus TCLP release in firing range soils. J. Hazard. Mater., 136: 34–46

Ernst W H O. 1996. Bioavailability of heavy metals and decontamination of soils by plants. Appl. Geochem., 11: 163–167

Hettiarachchi G M, Pierzynski G M, Ransom M D. 2001. In situ stabilization of soil lead using phosphorus. J. Environ. Qual., 30: 1214–1221

Kolthoff I M, Rosenblum C. 1933. The adsorbent properties and specific surfaces of lead sulfate. J. Am. Chem. Soc., 55: 2656–2672

Mclaren R G, Grawford D V. 1973. Study on soil copper. 2. The specific adsorption of copper by soils. J. Soil Sci., 24: 443–452

Naidu R Bolan N S Kookana R S, et al. 1994. Ionic strength and pH effects on the adsorption of cadmium and the surface charge of soils. Eur. J. Soil Sci., 45: 419–429

Nriagu J O. 1974. Lead orthophosphates–IV formation and stability in the environment. Geochim. Cosmochim. Acta, 38: 887–898

Pardo M T. 2004. Cadmium sorption–desorption by soils in the absence and presence of phosphate. Commun. Soil Sci. Plant Anal., 35: 1553–1568

Ruby M V, Davis A, Nicholson A. 1994. In situ formation of lead phosphates in soils as a method to immobilize lead. Environ. Sci. Technol., 28: 646–654

Sauve S, McBride M, Hendershot W. 1998. Lead phosphate solubility in water and soil suspensions. Environ. Sci. Technol., 32: 388–393

Sawhney B L. 1972. Selective sorption and fixation of cations by clay mineral: A review. Clay. Clay. Miner., 20: 93–100

Scheckel K G, Impelliteri C A, Ryan J A, etal. 2003. Assessment of a sequential extraction procedure for perturbed lead– contaminated samples with and without phosphorus amendments. Environ. Sci. Technol., 37: 1892–1898

Scheckel K G, Ryan J A. 2004. Spectroscopic speciation and quantification of lead in phosphate–amended soils. J. Environ. Qual., 33: 1288–1295

Suzuki T, Hatsushika T, Hayakawa Y. 1981. Synthetic hydroxyapatites employed as inorganic cation exchangers. J. Chem. Soc. Faraday Trans., 77: 1059–1062

Tessier A, Cam Pbell P G C, Bisson M. 1979. Sequential extraction procedure for the speciation of particulate trace metals. Anal. Chem., 51: 844–851

Xu Y, Schwartz F W, Tralna S J. 1994. Sorption of Zn^{2+} and Cd^{2+} on hydroxyapatite surfaces. Environ. Sci. Technol., 28: 1472–1480

Zhang P C, Ryan J A. 1998. Formation of pyromorphite in anglesitehydroxyapatite suspensions under varying pH conditions. Environ. Sci. Technol., 32: 3318–3324

Zhang P C, Ryan J A, Yang J. 1998. *In vitro* soil Pb solubility in the presence of hydroxyapatite. Environ. Sci. Technol., 32: 2763–2768

第五章 钾肥施用与土壤重金属污染修复

钾(K)是植物必需的大量营养元素之一，通过促进植物蛋白质的合成、激活酶的活性、参与细胞渗透调节作用等过程使植物维持在正常的生理状态(Marschner, 1995；陆景陵，1994)。同时，钾离子(K^+)也是土壤主要的盐基饱和离子之一，是影响土壤阳离子交换量的重要因素，并可能会影响其他元素在植物-土壤系统中的迁移。因此，钾对作物生长和土壤性质都具有重要意义。据《2000 年中国环境状况公报》，中国缺钾耕地面积已占总面积的 56%，南方土壤缺钾程度高于北方。我国钾肥消耗量约占世界消耗总量的 20%，但 60%的钾肥依赖进口。因此，提高钾肥利用效率，充分发挥钾肥功效是保证我国持续农业的重要举措之一。其中，拓展钾肥的环境作用，降低或修复土壤重金属污染也是提高钾肥利用率的方法之一。农业生产中常用的钾肥有氯化钾(KCl)、硫酸钾(K_2SO_4)、硝酸钾(KNO_3)、磷酸二氢钾(KH_2PO_4)等，另外农家肥中常用的草木灰中也含有大量的钾。这些钾肥的施用不但能够补充土壤和植物生长所需的钾元素，同时也可以对土壤-植物系统中的重金属活性产生影响。这些影响主要表现在两个方面：影响植物对土壤重金属离子的吸收及影响土壤中重金属的有效性。不少研究表明，不同 K 肥形式对污染土壤中重金属的活性及植物吸收重金属的影响不同。

5.1 不同形态的钾对土壤重金属修复作用的研究进展

5.1.1 不同钾肥改变植物对土壤重金属离子的吸收

不同钾肥对植物体内重金属含量及对土壤中重金属的吸收，前人已经做大量研究，得出的结果也各有异同。Bingham(1984, 1986)等首先报道了钾肥中的伴随离子 Cl^-、SO_4^{2-} 可增加瑞士甜菜对镉的吸收。Sparrow 等(1994)表明，与等量的 K_2SO_4 相比，施用 KCl 可增加马铃薯块茎中镉的浓度。Grant 等(1996)认为 KCl 增加了大麦籽粒中镉的浓度。与 KCl 相比，K_2SO_4 具有降低菜心镉浓度的作用(吴启堂等，1994)。依纯真等(1996a)研究了 KCl、K_2SO_4、KNO_3 对水稻土上水稻和小麦生育期吸收累积镉的影响，表明 KCl 对水稻开花期和成熟期吸收镉有促进作用；而在淹水条件下，K_2SO_4 则降低了水稻对镉的吸收；而且 KCl 对水稻吸收镉的促进作用在不同作物、不同生育期表现的程度不一样，不同作物成熟期体内镉含量为水稻茎中镉>叶中镉>谷壳中镉>糙米中镉，小麦叶中镉>茎中镉>穗壳中镉>麦粒中镉，施用 KCl 对水稻吸收镉的促进效率高于小麦。对小麦而言，KCl、K_2SO_4 的加入明显提高了植株对镉的吸收，而 KNO_3 只有在最高量用量下对植物镉含量有显著影响(Zhao et al., 2003)。K_2SO_4 能显著降低紫色菜园土上白菜中的铅含量，KCl 在低铅污染条件下低量施用时，则显著增加铅含量(樊驰等，2011)。单施钾肥能降低非石灰性潮土上蕹菜植株的铅迁移总量，而钾肥与氮肥适当比例配施则能显著提高植物地上部铅的含量，进而显著提高了植物的铅迁移总量，提高植物地上部提取铅的效率(祁由菊等，2007)。在广东铅污染土壤上的实验表明，K_2SO_4 能显著降低辣椒根、茎叶及果实中铅的含量，KCl 则增加了辣椒茎叶和果实中铅的含量(王艳红等，2009)。聂俊华(2004)等在超富集植物绿叶苋菜、紫穗槐、羽叶鬼针草上的研究结果是 KCl 在低用量时促进植物对铅的吸收，而较高的量则降低铅的有效性。对草甸棕壤上小麦的研究发现，不同施用水平的 K_2SO_4 均减少了小麦对镉的吸收，降低了镉的植物有效性；且随着钾肥施用水平的增加，小麦植株不同部位(根、茎叶和籽实)镉的浓度先逐渐降低而后上升，小麦植株不同部位的富集系数也呈现先降低而后上升的趋势(陈苏等，2007)。

综上，研究者对钾肥的作用有较为相对统一的结论，普遍认为 KCl 促进了植物对镉的吸收；K_2SO_4 在旱地是促进镉吸收的效果，在水田则相反，可能与 SO_4^{2-} 在水田易被还原有关；KNO_3 的效果相对较弱。但是也有不同的结果，如尽管 KCl 对大多数作物是促进镉的吸收，但 McLaughlin(1995)等人的田间试验表明其对马铃薯块茎中镉的浓度没有影响。通过对上述资料的分析，可以发现钾肥对植物吸收重金属离子的影响因不同作物种类、不同生育期、肥料的不同用量及不同环境条件等而有很大差异。但是，作物体内的重金属含量与土壤中有效重金属含量密切相关(Norvell, 2000)。因此，钾肥对土壤重金属有效性的影响是其影响作物吸收的重要原因。

5.1.2　不同钾肥改变土壤重金属的有效性

施用钾肥能够显著改变土壤中重金属元素的有效性，从而影响其对植物的毒性。

在广东铅污染土壤上的实验表明，土壤有效态铅含量随着 K_2SO_4 用量的增加而有所降低，但施用 KCl 对土壤 DTPA-Pb 含量没有明显的影响(王艳红等，2009)。陈苏等(2007)在草甸棕壤种植的小麦上施用 K_2SO_4，根际、非根际土壤交换态 Cd 的含量均显著降低。在四川水稻土上施用 KCl、K_2SO_4、KNO_3，结果表明，KCl 对土壤镉的提取能力有促进作用，而 K_2SO_4 则起到了抑制作用，说明 KCl 活化了土壤中的镉。然而，KCl 对提高镉提取能力的作用时间维持较短，可能是 KCl 加入土壤后与镉形成的稳定性较低的络合物被其他物质所破坏，从而逐渐从土壤中减少(赵晶等，2010)。对潮褐土施用 KCl、K_2SO_4、KNO_3 后小麦根际环境镉的研究结果，KCl 提高了根际土壤中有效态镉的含量，而 K_2SO_4 和 KNO_3 降低了根际土壤有效态镉的含量作用(薛培英等，2007)。KCl 提高土壤锌和镉的有效性，但随 KCl 施用量增加，对锌的促进作用降低，而对镉促进效果增强，钾肥用量与小麦体内镉含量呈极显著正相关(张桃红，2006)。在镉污染的赤红壤上施用不同量的钾肥，钾离子与镉共存时，与钠体系相比，钾体系赤红壤的总吸附容量降低了 31.3%，是控制土壤镉有效性的关键因子(宋正国等，2010)。低浓度的 K_2SO_4 对潮褐土 Cu^{2+} 的吸附略有促进，促进红壤对 Cu^{2+} 的次级吸附；KH_2PO_4 浓度高时促进潮褐土 Cu^{2+} 的吸附；而 KH_2PO_4 对红壤 Cu^{2+} 吸附的促进作用比 K_2SO_4 强(陈苗苗等，2009)。

5.1.3　钾肥影响重金属行为的机理

1. 钾离子对重金属吸附点位的竞争作用

钾通过与重金属离子竞争土壤的吸附点位影响土壤重金属的吸附。钾对镉有效性的影响主要包括两方面：一是钾与土壤吸附的镉发生交换、竞争吸附，致使土壤溶液中含有更多的镉；二是钾的施用促进植物根系的生长，增加对镉的吸收。此外，钾与二价阳离子竞争根系结合位点的能力很弱，且钾离子不参与代谢变化，只能形成弱复合物，易被其他阳离子交换(Marschner, 1993)。一般认为钾离子对二价离子如 Cd^{2+} 的竞争作用应很弱。但在母质为高岭石的土壤上，土壤对钾有很强的选择性吸附(Appel, 2002)。且土壤溶液中钾浓度的增加，会提高溶液的离子强度，从而会降低土壤对镉的吸附，增加 Cd 的有效性(Naidu et al., 1994, 1997; Boekhold, 1993)。

2. 伴随阴离子的作用

Grant 等(1999)指出钾肥的效果主要是伴随阴离子(盐分)的作用，阴离子通过影响土壤的表面性质而改变重金属的有效性。

土壤溶液中的阴离子与层状黏土矿物相互作用过程中，黏土矿物硅氧烷表面上的强负电荷可以对阴离子产生相斥作用，而其边缘的弱正电荷又可以吸引阴离子，同时某些阴离子还可以与黏粒中氧化物表面的金属离子产生专性键合。此外，溶液中的阴离子也可被溶液中的铝铁氧化物溶胶所吸附并与之沉淀，这些界面化学都会影响土壤的某些物理性质和化学性质(熊毅和陈家坊，1990)。阴离子在土壤中主要的化学反应为吸附-解吸过程，按吸附机理或吸附强度可分为三类：第一类以专性吸附为主，如 $H_2PO_4^-$；第二类是以 Cl^- 和 NO_3^- 为代表的典型非专性吸附；第三类是介于二者之间的，如 SO_4^{2-}。

从现有资料来看，Cl⁻和SO_4^{2-}对镉影响的研究较多。Bolan 等(1999)认为SO_4^{2-}和 NO_3^-对镉吸附的影响不明显，而磷酸根增加了土壤对镉的吸附。Zhang (1998)研究表明SO_4^{2-}的加入增加了可变电荷土壤对锌、镉的吸附，主要因为其增加了土壤负电荷密度和负电势。大部分结果都认为由于Cl⁻具有极强的配位作用，增加了镉的有效性，促进植物对镉的吸收；而SO_4^{2-}虽然也能促进镉的植物有效性，但由于其配位能力没有Cl⁻强，所以效果远不及Cl⁻明显(Li et al., 1994；刘平等，2008)。通常认为SO_4^{2-}与$H_2PO_4^-$作为专性吸附离子一方面通过增加土壤表面负电荷来增加土壤胶体对铅的吸附，或者其被土壤表面吸附后使铅在土壤颗粒矿物表面形成络合物，甚至在土壤溶液中直接与铅作用形成沉淀都可能是降低铅植物有效性的机制。

与Cl⁻一样，NO_3^-也为典型的非专性吸附阴离子，一般不易被土壤吸附。一般认为Cl⁻吸附是土壤表面质子化的结果，遵循层间扩散理论。而NO_3^-的吸附为非专性吸附离子之间的交换作用，遵循质量作用定律。有人认为土壤对这两种离子的亲和力相等，也有学者认为对Cl⁻的亲和力稍大，并且对Cl⁻吸附似乎也存在着专性吸附。胡国松等(1990)通过对 pH、浓度、溶剂介电常数等的系统研究，进一步证明 Cl⁻在可变电荷土壤中虽以电性吸附为主但还存在着专性吸附机理，而 NO_3^-似乎不存在专性吸附。Cl⁻主要通过电性效应，而非在土壤的吸附表面与镉离子之间起桥链合作用来影响土壤对镉的吸附过程。Cl⁻具有很强的配位能力，依据溶液中 Cl⁻的不同浓度可与Cd^{2+}形成$CdCl^+$，$CdCl_2$，$CdCl_3^-$和$CdCl_4^{2-}$等一系列配合物。由于$CdCl^+$比Cd^{2+}更不易被土壤吸附，因此Cl⁻的存在可以使土壤中离子态镉浓度增加，提高镉的生物有效性。外源的NO_3^-进入土壤后，从根际环境看，当植物吸收 NO_3^-，植物分泌 OH^-，造成根际 pH 升高，Cd 的活性通常受土壤酸碱性的影响很大，pH升高，可增加土壤表面负电荷对Cd^{2+}吸附，致使 Cd 的生物有效性降低。

土壤中的磷影响重金属生物效应的主要机制包括环境化学机制和生理生化机制两种，这些机制在第四章已经详细进行了描述。

3. 不同钾肥改变土壤重金属的赋存形态

不同钾肥的加入，影响了土壤中重金属赋存的形态。钾肥在重金属形态上的作用较为一致，现有的研究主要在 KCl 肥上达成共识，认为其增加了铅、镉有效形态的量。Mandal 等(1996)认为 KCl(25~50mg K/kg)可增加水溶性、可交换态、有机结合态和碳酸盐结合态锌。熊礼明(1993)认为红壤添加氯化物后，土壤固相的镉大量进入土壤溶液，溶液中 $CdCl^+$比例大幅度增加，占溶液中全镉的 50%。其他研究也认为氯离子易与镉离子形成可溶性配合物而降低土壤对镉的吸附(O'Connor, 1984; Sparrow, 1994; Chien, 2003)。施用 KCl 增加铅，镉的水溶和可交换态含量却降低碳酸盐结合态的，可能是与钾和金属离子在土壤表面的交换性竞争有关(Tu et al., 2000；张晓岭，2003)。

5.1.4　钾肥修复重金属污染土壤中存在的问题

从以上研究进展来看，钾肥对土壤重金属修复的系统研究还甚少，还存在以下几方面的不足。

(1) 不论对机理还是植物效应的研究，国内外的探索主要集中于 KCl 肥对土壤中镉的影响，可能是因为镉在低量时就对生物有较大的毒性，而且是受共存离子影响最大的元素。钾肥对铅或镉铅复合污染时有效性的影响缺乏系统深入的比较。

(2) 已有的机理性研究单纯注重土壤化学反应过程，没有与施肥的生产实际较好地结合起来。

在重金属污染土壤上施用不同种类、不同用量的钾肥，系统研究其在不同作物和不同土壤条件下对污染土壤的修复程度，是利用钾肥修复重金属污染土壤的迫切需要。K_2SO_4和KCl是农业生产中常用的两种钾肥，也是前人研究中，对重金属作用最为明显的两种钾肥。本章以农业上常用的四种钾肥(KCl、KNO_3、K_2SO_4、KH_2PO_4)为主，系统观察和比较钾肥在修复土壤重金属污染中的作用与机制。

5.2　钾肥对土壤重金属修复的效果

钾是植物必需的大量营养元素之一，对植物的正常生长起着至关重要的作用。由于南方土壤供钾能力弱，因此在重金属污染的南方土壤上施用钾肥能够显著促进植物的生长，增加其生物量。不同的土壤类型、不同的种植方式、不同的重金属污染程度及不同的肥料施用状况都会对重金属有效性产生显著的影响。

以广东赤红壤和浙江嘉兴黄泥土为例，这两种土壤是我国南方具有代表性的两种土壤，性质相差较大(表 5.1)。在此基础上按照国家二级标准、三级标准制成铅、镉单一及复合污染土壤，种植不同的作物，施以不同水平的四种钾肥 KCl、KNO_3、K_2SO_4、KH_2PO_4，用来揭示不同钾肥对两种土壤上铅和镉污染修复的效果(刘平，2006)。

表5.1　供试土壤的基本理化性质(刘平，2006)

土壤类型	pH	有机质/(g/kg)	CEC/(cmol/kg)	粉粒/(g/kg)	黏粒/(g/kg)	速效钾/(mg/kg)	有效镉/(mg/kg)	有效铅/(mg/kg)
赤红壤	6.61	19.3	10.09	30.93	41.65	92.45	0.02	4.71
黄泥土	5.07	45.6	16.09	34.74	36.58	71.20	0.06	4.54

注：粉粒0.002~0.02mm；黏粒<0.002mm

5.2.1 不同钾肥对铅污染土壤修复的生物效应

以在赤红壤上的实验为例(表 5.2)，施用 K_2SO_4 的处理，辣椒根、茎叶及果实干物质量均随施钾量的增加而增加，且在最大施用量(400mg/kg)时达到最大值，分别比对照增加 22.10%、25.51% 和 23.60%。对于施用 KCl 的处理，根、茎叶及果实干物质量均随施钾量的增加呈先增后降趋势，其中根系与茎叶干质量在 T3(300mg/kg)水平下达到最大值，分别比对照增加 30.94% 和 28.82%，而果实干质量则在 T1(100mg/kg)水平下达到最大值，较对照增幅达 14.22%。可见，在铅污染土壤中，施加 K_2SO_4 能促进植物生长，增强植物抗逆性，增加产量；而施加适量 KCl 亦可达到类似效果，但随 KCl 施用量的增加，增产效果则减小甚至产生负效应。

表5.2 不同钾肥种类和用量下辣椒各部位的干物质量(王艳红等，2009)

施肥种类	施肥水平/(mg/kg 风干土)	根系干重/(g/盆)	茎叶干重/(g/盆)	果实干重/(g/盆)
K_2SO_4	T0	1.81±0.23b	10.27±0.42c	19.62±1.34b
	T1	1.94±0.20ab	11.01±0.47bc	22.68±1.23a
	T2	1.92±0.15b	11.16±0.20b	23.27±1.35a
	T3	1.86±0.08b	12.88±0.73a	23.24±1.55a
	T4	2.21±0.22a	12.89±0.54a	24.25±0.98a
KCl	T0	1.81±0.23b	10.27±0.42c	19.62±1.34b
	T1	2.05±0.18b	12.18±1.26b	22.41±2.42a
	T2	2.01±0.17b	11.85±0.35b	19.46±1.58b
	T3	2.37±0.24a	13.23±0.30a	19.57±1.54b
	T4	1.97±0.12b	12.23±0.42b	15.78±1.35c

注：选取广东赤红壤铅污染地区的水稻土，种植辣椒，施用K_2SO_4和KCl；T1、T2、T3和T4分别表示4个施钾(K_2O)水平100mg/kg、200mg/kg、300mg/kg和400mg/kg的风干土。表中数据为4次重复的平均值±标准差。多重比较为同种钾肥不同用量之间进行比较，具有不同字母的数据间差异显著($P<0.05$)

植物吸收铅后，一部分滞留在根部，一部分转运到地上部。由于土壤中的 Pb 大部分为难溶性的化合物，且土壤吸附铅以专性吸附为主，能和配位基结合形成稳定的金属配合物和螯合物，较难往地上部转运，故地上部各部位铅含量远远小于根系铅的含量(表 5.3)。

不同的钾肥品种和用量对辣椒各部位铅含量均有显著影响(表 5.3)。对于施用 K_2SO_4 的处理，随着施钾量的增加，辣椒根、茎叶及果实铅含量相比对照均显著减少(根系 T3 施钾水平除外)，最高降幅分别达 24.75%、57.59% 和 32.43%，说明 K_2SO_4 的施用量越多，对辣椒吸收和转运铅的抑制作用越大。对于施用 KCl

的处理，根系铅含量在不同施用水平之间无显著差异($P > 0.05$)，茎叶铅含量在T1、T2 水平下较对照显著降低，但在 T3、T4 水平下与对照无显著差异。果实铅含量则随着 KCl 施用量的增加而增加，最大增幅达 147%。由此可见，KCl 抑制土壤铅由根系向地上部各部位迁移的能力不如 K_2SO_4，这可能与施用 KCl 导致土壤中氯离子的积累有关，因为大量氯离子的存在可增加铅的有效性，促进植物对铅的吸收。

表5.3　钾肥不同施用水平下辣椒不同部位的铅含量(王艳红等，2009)

施肥种类	施肥水平 /(mg/kg 风干土)	铅含量/(mg/kg)		
		根	茎叶	果实
K_2SO_4	T0	21.94±1.80ab	5.40±0.33a	0.777±0.034b
	T1	20.40±1.89ab	5.65±0.39a	0.844±0.090a
	T2	19.91±1.29b	4.79±0.27b	0.643±0.061c
	T3	22.60±1.40a	4.66±0.28b	0.529±0.024d
	T4	16.51±0.95c	2.29±0.10c	0.525±0.042d
KCl	T0	21.94±1.80a	5.40±0.33a	0.777±0.034d
	T1	21.26±1.84a	2.62±0.25b	0.773±0.042d
	T2	21.72±1.63a	2.85±0.09b	0.890±0.072c
	T3	23.33±2.04a	5.02±0.33a	1.298±0.065b
	T4	23.41±2.33a	5.05±0.34a	1.920±0.163a

注：在广东赤红壤铅污染地区的水稻土上种植辣椒，施用K_2SO_4和KCl；设有4个施钾(K_2O)水平：100mg/kg风干土、200mg/kg风干土、300mg/kg风干土、400mg/kg风干土(T1、T2、T3和T4)。表中数据为4次重复的平均值±标准差。多重比较为同种钾肥不同用量之间进行比较，具有相同字母的数据间无显著差异($P = 0.05$)

重金属从土壤进入植物根系，再被运输到地上部，其在土壤-植物系统中的迁移能力，可以用吸收系数来表征。吸收系数越大，说明吸收以后向地上部分的迁移效率越高。在前文研究中，以辣椒体内铅含量与土壤 DTPA-Pb 含量之比作为吸收系数；由表 5.4 可知，对于施用 K_2SO_4 的处理，钾肥用量的增加在一定程度上降低了辣椒各部位(根、茎叶、果实)的吸收系数，进一步表明增施 K_2SO_4 可降低铅在植株体内不同部位的迁移程度；对于施用 KCl 的处理，钾肥用量的增加仅仅在 T1、T2 施用水平下显著降低了辣椒茎叶的吸收系数，辣椒根系及果实的吸收系数则均有不同程度的增加，说明 KCl 能促进铅在土壤—植株系统中的迁移转化。

K_2SO_4 和 KCl 的不同用量对辣椒不同部位的干质量和 Pb 含量产生不同影响。两者对辣椒根系和茎叶干质量的影响总体上差异不显著，但当施钾(K_2O)量≥200mg/kg 时，两者对辣椒果实干质量的影响差异显著($P < 0.05$)。同时，两种钾肥对辣椒不同部位吸收和累积铅的影响效果也不同，两者对辣椒根系吸收铅只在

T4 施钾水平下有显著差异,对茎叶吸收铅也有显著差异(T3 除外),而当施钾(K_2O) 量≥200mg/kg 时,两者对辣椒果实铅含量的影响均达显著差异($P<0.05$)。可见, K_2SO_4 在抑制铅植物有效性方面表现较好,KCl 作用不明显,相反在一定程度上 促进铅在植株体内的迁移,说明 KCl 不但在增产效果方面体现不佳,而且在控制 铅向植株迁移方面也可能起到负作用。

表5.4　不同钾肥施用水平下辣椒不同部位铅的吸收系数(王艳红等,2009)

施肥种类	施肥水平/(mg/kg 风干土)	根	茎叶	果实
	T0	0.4286	0.105	0.0151
	T1	0.4013	0.111	0.0167
K_2SO_4	T2	0.4016	0.097	0.0133
	T3	0.4429	0.091	0.0104
	T4	0.3311	0.046	0.0107
	T0	0.4286	0.105	0.0151
	T1	0.4245	0.052	0.0153
KCl	T2	0.4008	0.053	0.0162
	T3	0.4525	0.097	0.0248
	T4	0.4647	0.100	0.0369

不同形态和不同用量的钾肥,对植物干物质量、铅含量及铅在土壤-植物系统 间的分配都有显著影响,那么他们之间存在什么样的数量关系呢?

通过对辣椒各部位干质量、铅含量及土壤 DTPA-Pb 含量与钾肥用量的相关分 析(表 5.5)可以看出,随 K_2SO_4 施用量的增加,辣椒根、茎叶及果实铅含量均显著 或极显著降低,而对应各部位干生物量则呈显著或极显著增加。随 KCl 施用量的 增加,辣椒根、茎叶及果实的铅含量均有上升趋势,但只有果实铅含量与 KCl 施 用量呈显著正相关。表明适当施用 K_2SO_4 能降低铅污染土壤中辣椒的重金属含量, 从而改善辣椒品质。在干重方面,辣椒根、茎叶及果实干重与 K_2SO_4 施用量呈显 著正相关;KCl 的施用亦可对辣椒根系、茎叶干重有一定的促进作用,其中茎叶 干重与 KCl 的施用量呈显著正相关,根系干重与 KCl 的施用量相关性不显著,而 果实干重与 KCl 施用量呈显著负相关。

土壤 DTPA-Pb 含量与 K_2SO_4 施用量间呈负效应关系,与 KCl 施用量间呈正 效应关系,但相关性不显著,表明在一定范围内 DTPA-Pb 含量在施用 K_2SO_4 后降 低,而在增施 KCl 后增加。有研究认为,施用 KCl 可增加铅、镉水溶态和可交换 态含量却降低其碳酸盐结合态含量,可能与钾和金属离子在土壤表面的交换性竞 争有关,这也可能是造成 KCl 施用水平与土壤有效态铅含量关系不明显的原因。

钾肥对铅植物有效性的影响,有多方面的原因。首先,较高浓度的重金属会降低植物对大量元素及矿质营养元素的吸收和转运能力，导致植物体细胞营养元素的缺乏、代谢过程紊乱，从而影响植物的正常生长；选择适宜的钾肥形态和用量可促进作物生长，提高产量，提高抗逆性，从而降低植株体内铅的浓度。其次，施用钾肥改变了重金属的赋存形态，如 K_2SO_4 可降低交换态镉含量，KH_2PO_4 和 K_2SO_4 可降低交换态和碳酸盐结合态铅含量，从而降低了重金属的生物有效性，减少了植物对重金属的吸收。

表5.5　　钾肥不同用量与辣椒各部分铅含量及干质量的相关性(王艳红等，2009)

指标	K_2SO_4 相关方程(相关系数)		KCl 相关方程(相关系数)	
pH	$Y=0.0004x + 6.601$	$(R=0.4943^{**})$	—	
DTPA-Pb				
根 Pb	$Y=-0.0087x + 22.008$	$(R=-0.4920^{*})$	—	
茎叶 Pb	$Y=-0.0072x + 6.0035$	$(R=-0.8369^{**})$	—	
果实 Pb	$Y=-0.0008x + 0.8160$	$(R=-0.8308^{**})$	$y = 0.0026x + 0.6176$	$(R=0.8082^{**})$
根系干重	$Y=0.0007x + 1.8005$	$(R=0.4804^{*})$	—	
茎叶干重	$Y=0.0071x + 10.217$	$(R=0.8794^{**})$	$y = 0.005x + 10.953$	$(R=0.6530^{**})$
果实干重	$Y=0.0098x + 20.647$	$(R=0.7156^{**})$	$y = -0.0105x + 21.474$	$(R=-0.5795^{**})$

注：x：钾肥施用量(mg K_2O /kg)；*：$P<0.05$，**：$P<0.01$

在黄泥土上进行的多季小油菜实验，则与以上结果有所不同。第一季盆栽在铅国家三级污染水平下施 K_2SO_4 和 KH_2PO_4 使小油菜生物量比对照分别增产6.29%和14.86%；当污染水平一致时，第二季盆栽中仍为施 K_2SO_4 和 KH_2PO_4 对小油菜有显著增产作用；第三季盆栽中施用钾肥的处理均使生物量有显著增加，可能经过两季的耗竭钾素产生缺乏所致。总趋势是在污染水平一致时，四种钾肥中以施用 KH_2PO_4 小油菜产量最高，其次是施用 K_2SO_4，而不施钾肥的产量最低。

在第一季，所有钾肥均使植株体内铅浓度有不同程度的下降，与对照相比二级标准的铅含量水平下以 K_2SO_4 处理下降最多，而三级铅含量水平下，下降最多的是 KH_2PO_4 处理。二季中二级标准的铅含量水平下施用钾肥后植株吸铅量均降低，以 KH_2PO_4 处理最低，K_2SO_4 处理次低。而三级标准的铅含量水平下，施 KCl处理显著增加铅浓度，KH_2PO_4 处理正好相反。到第三季 KH_2PO_4 处理表现仍然最好(图 5.1)，使两种铅水平下，植株体内的铅分别下降35.56%、45.38%。另外，在三级标准的铅含量水平下，K_2SO_4 和 KNO_3 也均使植株含铅量显著下降；而 KCl在二级标准的铅含量水平下显著增加了铅浓度，三级标准的铅含量水平下有增加吸收的趋势但未达显著水平。由此可知，KH_2PO_4 能够抑制植株吸收铅，K_2SO_4 和 KNO_3 也有一定的抑制作用，相反 KCl 却促进了植株对铅的吸收。但 KCl 促进铅吸收的效应在其低用量下并未显示，而到第二季在连续施用时，也即土壤中氯离子累积到一定量，才对铅的吸收有明显促进作用。

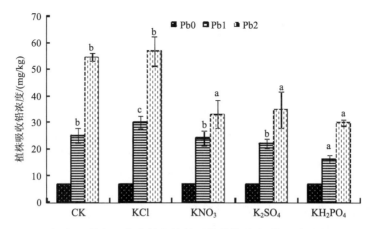

图5.1　不同钾肥单铅污染土壤上植株吸收铅的浓度(第三季)(刘平，2008)

Pb0、Pb1 和 Pb2 分别为土壤镉污染水平 0mg/kg、300mg/kg 和 500mg/kg

5.2.2　不同钾肥对镉污染土壤修复的生物效应

镉是一种毒性很强的重金属元素。在广东的酸性水稻土上施用不同水平的 K_2SO_4 和 KCl 来修复镉污染的实验表明，K_2SO_4 和 KCl 对植物地上部鲜重的影响有显著差异(表 5.6)。施用 K_2SO_4 的处理，油麦菜地上部鲜重均高于对照，且随施钾量的增加而显著增加；施用 KCl 的处理与对照无显著差异。可见，在相同施钾水平下，K_2SO_4 的增产效果显著优于 KCl。

表5.6　不同钾肥类型及用量下油麦菜地上部的鲜重　　　　　(单位：g/盆)

肥料	钾肥用量				
	0mg K/kg	100mg K/kg	200mg K/kg	300mg K/kg	400mg K/kg
K_2SO_4	238.6±11.0b	240.7±20.5b	257.7±17.0ab	264.1±26.2ab	280.3±26.6a
KCl	238.6±11.0ab	221.6±12.5b	246.3±19.3a	231.5±10.6ab	251.8±14.3a

注：实验土壤为广州市郊镉污染水稻土，该土壤全镉含量为1.95mg/kg，DTPA提取态镉含量为1.16mg/kg，pH为6.72；供试植物为油麦菜；实验设计2个钾肥品种：K_2SO_4和KCl；4个施钾(K_2O)水平：100mg/kg风干土、200mg/kg风干土、300mg/kg风干土和400mg/kg风干土，并以只施氮磷肥作为对照。表中每一行中的不同字母表示同一种肥料在不同钾肥用量下，油麦菜地上部的鲜重差异显著($P<0.05$)；数据表示平均值±标准差

钾肥对植物地上部镉含量的影响也与铅污染相似。K_2SO_4 施用量 (K_2O)≤300mg/kg 时可显著降低油麦菜地上部镉含量，施用量(K_2O)>300mg/kg 时则显著增加镉含量；KCl 施用量在 100mg/kg 时就显著增加了油麦菜地上部镉含量 (表 5.7)。因此，K_2SO_4 在控制油麦菜吸收重金属镉方面较 KCl 有较好的效果，但施用时要控制好 K_2SO_4 的用量范围。

表5.7　不同钾肥用量下油麦菜地上部的镉含量　　　(单位：mg/kg干重)

肥料	钾肥用量				
	0mg K/kg	100mg K/kg	200mg K/kg	300mg K/kg	400mg K/kg
K_2SO_4	0.750±0.037b	0.717±0.049bc	0.657±0.043cd	0.589±0.055d	0.883±0.073a
KCl	0.750±0.037b	0.940±0.059a	0.952±0.071a	0.889±0.087a	0.956±0.050a

注：实验土壤为广州市郊镉污染水稻土，该土壤全镉含量为1.95mg/kg，DTPA提取态镉含量为1.16mg/kg，pH为6.72；供试植物为油麦菜；实验设计2个钾肥品种：K_2SO_4和KCl；4个施钾(K_2O)水平：100mg/kg风干土、200mg/kg风干土、300mg/kg风干土和400mg/kg风干土，并以只施氮磷肥作为对照。表中每一行中的不同字母表示同一种肥料在不同钾肥用量下，油麦菜地上部的Cd含量差异显著($P<0.05$)；数据表示平均值±标准差

1. 不同钾肥和不同镉污染水平下小油菜的生物量

两种镉污染水平对植株生物量并无太大影响，且不同污染水平间也无差异，表现为在施用相同钾肥时，随镉污染浓度的增加油菜生物量并无明显下降(表5.8)。而钾肥对油菜的生长有一定影响，第一季盆栽在高镉水平下 KH_2PO_4 使生物量比对照增产 8.2%；镉污染水平一致时，第二季盆栽中仍是施 KH_2PO_4 有显著的增产作用，另外 K_2SO_4 在高镉水平时也有一定效果；第三季盆栽中施钾肥的处理均使生物量有显著增加，这可能是经过两季耗竭钾素产生缺乏所致。

表5.8　不同钾肥种类和不同镉污染水平下小油菜的生物量(刘平，2006)　(单位：g/盆)

Cd 污染水平	钾肥种类	第一季生物量	第二季生物量	第三季生物量
	CK	4.25±0.38a	0.67±0.07a	0.70±0.06a
	KCl	4.68±0.20a	0.82±0.08bc	0.95±0.07b
Cd0	KNO_3	4.44±0.69a	0.78±0.05ab	1.01±0.04b
	K_2SO_4	4.27±0.63a	0.89±0.11bc	0.98±0.07b
	KH_2PO_4	4.78±0.05a	0.93±0.06c	1.21±0.06c
	CK	4.21±0.04a	0.70±0.08a	0.72±0.07a
	KCl	4.27±0.33a	0.68±0.05a	0.81±0.07b
Cd1	KNO_3	4.15±0.32a	0.73±0.09a	0.95±0.02b
	K_2SO_4	4.53±0.13a	0.63±0.07a	0.86±0.06ab
	KH_2PO_4	4.48±0.17a	0.72±0.03a	1.06±0.06c
	CK	4.25±0.14a	0.69±0.08a	0.74±0.06a
	KCl	4.25±0.44a	0.85±0.08b	0.72±0.08a
Cd2	KNO_3	4.16±0.83a	0.66±0.12a	0.85±0.05a
	K_2SO_4	4.57±0.27a	0.86±0.05b	0.96±0.05a
	KH_2PO_4	4.63±0.54b	0.87±0.12b	1.15±0.03b

注：Cd0、Cd1和Cd2分别为土壤Cd污染水平0mg/kg、0.6mg/kg和1.0mg/kg；钾肥用量为110mg K/kg；数据表示为平均值±标准差($n=4$)；相同列的不同字母表示不同钾肥种类和不同镉污染水平下同一季小油菜的生物量差异显著($P<0.05$)；数据表示平均值±标准差

2. 不同钾肥下不同生长季植株吸镉量的变化

镉污染的黄泥土上种植的小油菜在第一季除镉二级污染水平下 KCl 处理外，所有钾肥均使植株体内镉浓度有所下降，与不施肥的相比镉二级污染水平以 KH$_2$PO$_4$ 处理下降最多。第二季中情况类似第一季，污染水平一致时以 KH$_2$PO$_4$ 处理最低，而镉三级污染水平下施 KCl 处理增加了植株体内镉的浓度。到第三季 KH$_2$PO$_4$ 处理表现仍最好，使不同 Cd 污染水平下植株体内镉分别下降了 43.7%、50.21%；KCl 在镉三级污染水平下有增加镉浓度的趋势但未达显著水平(图 5.2)。由此可知，KCl 在低量施用时不会对植物形成危害，只有在高剂量时才促进植株对镉的吸收，因在镉三级污染处理的第二、三季中 KCl 才表现了对镉吸收有促进作用，这与其对铅吸收的影响基本一致，而且镉二级污染水平下 KCl 也并未显著促进镉吸收。KH$_2$PO$_4$ 始终表现为显著降低植株对镉的吸收，提升了污染土壤上植物的品质，而 KNO$_3$、K$_2$SO$_4$ 在常规施用下亦无明显促进镉的吸收。

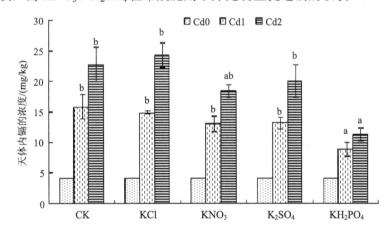

图 5.2　不同钾肥单镉污染土壤的植株吸收镉的浓度(第三季)(刘平等，2008)

Cd0、Cd1 和 Cd2 分别为土壤镉污染水平 0mg/kg、0.6mg/kg 和 1.0mg/kg。图中 Cd1 污染水平下处理中的不同小写字母表示不同钾肥下土壤植株吸收镉的浓度差异显著($P<0.05$)；Cd2 污染水平下处理中的不同小写字母表示不同钾肥下土壤植株吸收镉的浓度差异显著($P<0.05$)

复合污染与单一污染相比，总趋势是镉的吸收略为增高，而铅的吸收并无差别，也即铅的存在提升了镉的危害，镉却无同样的效果。陈怀满等(1994)的研究也表明铅、镉同时存在时，铅使镉的活性增强，使其容易被植物吸收。不论是单一或复合污染，KCl 的施用有增强镉、铅危害的风险，KH$_2$PO$_4$ 却是一种很好的修复剂，KNO$_3$、K$_2$SO$_4$ 在常规施用下不会有太大的风险。

5.2.3 不同钾肥下土壤溶液中铅的变化

　　土壤溶液中的铅是活性最强的铅形态。由于外源钾肥的加入,尤其是伴随阴离子的增加,土壤中重金属的吸附-解吸平衡被打破,土壤溶液中的 Pb^{2+} 因不同钾肥而变化(图 5.3)。

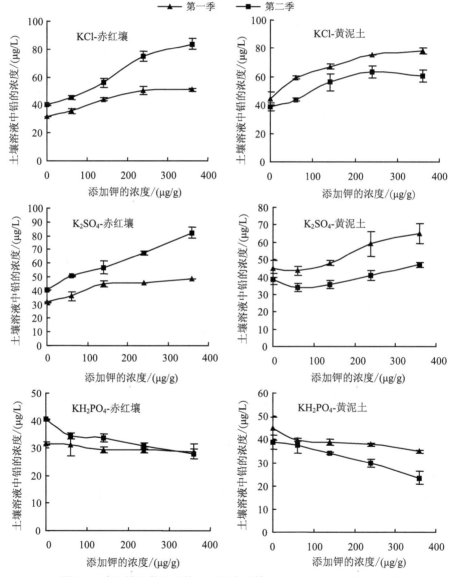

图 5.3　赤红壤和黄泥土施入不同水平的 KCl、K_2SO_4、KH_2PO_4 后
土壤溶液中铅的浓度(刘平,2006)

在赤红壤上，随 KCl、K_2SO_4 施入量的增加，土壤溶液的铅都在显著增多，且都表现为第二季增加的幅度较大(图 5.3)。KCl 和 K_2SO_4 的最高施用水平分别使土壤溶液铅增加了 106.9% 和 97.8%。黄泥土上情况也类似，只是曲线较为平缓。也就是说 KCl、K_2SO_4 都有促使 Pb 有效性增强的趋势，但在黄泥土上 K_2SO_4 使植株含铅量却有下降的趋势。

与前两种肥料相反，赤红壤和黄泥土上随 KH_2PO_4 施入量的增加，土壤溶液的铅在显著减少，只是第一季曲线较为平缓，第二季降低幅度较大，最高施用水平比对照减少了 44.98% 和 63.83%(如图 5.3)。也就是说 $H_2PO_4^-$ 使土壤溶液的铅含量降低，而且不论赤红壤还是黄泥土上植株体内的铅含量都有不同程度的下降。也就是说 $H_2PO_4^-$ 通过增加土壤对铅的吸附或者与铅形成沉淀等作用，降低了土壤溶液中铅离子的浓度，最终表现为抑制了植物对 Pb 的吸收。

5.2.4　植株体内含铅浓度与土壤溶液铅浓度的关系

植株体内的含铅量与土壤交换态、碳酸盐结合态铅之间有较好的相关性(刘平，2006)。Brown(2005)的研究也表明，镉、铅、锌复合污染土壤上施加磷酸盐后，

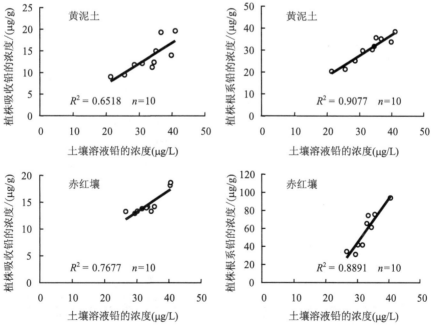

图 5.4　黄泥土和赤红壤中第二季植株、茎叶中铅浓度与 KH_2PO_4 处理土壤溶液铅的相关关系(刘平等，2009)

植株吸收这三种重金属的含量均极显著下降，土壤溶液的镉、锌与植株体内的镉、锌分别呈显著的正相关，而铅却未表现有这样的关系。在作者的研究中(图5.4)，KH₂PO₄处理第二季两种土壤中，植物吸收铅的浓度与土壤溶液铅的浓度之间均表现了显著的正相关关系。

5.2.5　不同钾肥下土壤重金属的有效性

土壤重金属的有效性直接影响重金属对作物的毒性。因此，要评价钾肥对土壤重金属污染修复的效果，土壤有效态重金属的变化是最重要的指标之一。不同的钾肥类型、不同的钾肥用量及不同的土壤类型，都会导致对土壤有效重金属含量的显著差异。

黄泥土镉污染下，KNO_3、K_2SO_4、KH_2PO_4处理的有效态镉均比对照明显降低了，但其用量间无差别；KCl处理则有增加趋势，最为显著的是KH_2PO_4；中、高钾用量水平下，分别比对照的有效态镉下降29.17%和31.25%(表5.9)。对于单一的铅污染，KH_2PO_4表现出最佳的抑制效果，其中，中、高用量的有效态铅分别下降了15.26%、33.06%，且两用量间差异显著，说明随着KH_2PO_4用量的增加，土壤中Pb的有效性显著降低了。其次是K_2SO_4，中等水平的使用量即可显著降低

表5.9　施入不同钾肥60天后不同铅和镉污染水平下的黄泥土有效态铅和镉的含量(刘平，2006)

(单位：mg/kg)

钾肥种类及用量	单铅	单镉	铅镉复合	
			铅	镉
CK	59.71±0.36c	0.48±0.01de	61.09±1.99g	0.59±0.04bcd
KCl-1	57.60±2.83bc	0.47±0.01de	59.57±2.80efg	0.58±0.03bcd
KCl-2	58.61±3.15c	0.47±0.03de	60.08±2.57fg	0.57±0.02bcd
KCl-3	59.57±0.17c	0.49±0.03e	60.83±4.08g	0.59±0.04d
KNO₃-1	57.33±1.10cd	0.43±0.05cd	59.25±2.61defg	0.57±0.04abcd
KNO₃-2	56.59±3.08c	0.42±0.01c	57.23±1.89defg	0.57±0.03abcd
KNO₃-3	57.07±2.65c	0.42±0.03c	56.48±1.07cdefg	0.55±0.02abcd
K₂SO₄-1	55.44±3.42bc	0.42±0.03bc	55.63±0.40cdef	0.55±0.03abcd
K₂SO₄-2	56.27±3.65bc	0.42±0.02bc	54.85±1.52bcde	0.54±0.03abcd
K₂SO₄-3	55.25±4.76bc	0.42±0.01bc	54.45±4.16bcd	0.54±0.02abcd
KH₂PO₄-1	54.48±8.55ab	0.37±0.03ab	52.03±2.84bc	0.53±0.03abc
KH₂PO₄-2	50.61±2.17a	0.34±0.04a	50.37±2.61ab	0.52±0.02ab
KH₂PO₄-3	39.97±2.88a	0.33±0.02a	46.16±2.44a	0.51±0.02a

注：钾肥种类后的代码1、2、3分别表示各自的三个浓度水平，分别为100mg/kg、200mg/kg、400mg/kg；CK为不施钾肥的对照。铅、镉污染的含量分别300mg/kg、1.0mg/kg。同列数据后带有不同字母的，表示不同钾肥种类及用量下同一重金属污染水平下的有效态铅或镉的含量差异显著($P<0.05$)；数据表示平均值±标准差

有效Pb的含量。镉铅复合污染对各种钾肥处理没有显著响应，即使最强烈反应(400mg KH_2PO_4/kg)强度也小于单一污染。赤红壤上不同处理有效Cd、Pb的变化趋势与黄泥土相似(表5.10)，但是幅度要小于黄泥土。在相同的肥料处理下黄泥土上复合污染时Cd、Pb有效态均高于单一污染时的量，尤其是Cd的含量，增加了将近1倍，而赤红壤上亦如此，可以推断Cd、Pb共存时会增加各自的毒害作用，而对Cd的影响更大些。

本研究表明，不同钾肥在不同土壤上对铅、镉有效性的影响程度各异。但就KH_2PO_4的化学作用来讲，在黄泥土上的效果好于赤红壤。可能是赤红壤的pH比黄泥土的高，重金属的移动性较小，不易受肥料的影响。

表5.10　施入不同钾肥60天的赤红壤中有效态铅和镉的含量(刘平，2006)　　(单位：mg/kg)

钾肥种类及用量	单铅	单镉	镉铅复合	
			铅	镉
CK	27.44±0.79de	0.13±0.01b	26.52±0.36de	0.23±0.03bc
KCl-1	26.83±1.05de	0.12±0.01ab	26.06±0.77cde	0.23±0.02bc
KCl-2	26.85±0.41de	0.12±0.01ab	25.92±0.59bcde	0.20±0.01abc
KCl-3	27.10±0.65de	0.13±0.01c	27.49±2.13e	0.25±0.04c
KNO₃-1	26.50±0.51de	0.12±0.00ab	25.91±0.78bcde	0.19±0.06abc
KNO₃-2	25.93±2.41cde	0.12±0.01ab	25.77±0.79bcde	0.18±0.07abc
KNO₃-3	25.63±0.41bcd	0.12±0.01ab	25.75±1.51bcde	0.19±0.05abc
K₂SO₄-1	24.33±0.38abcd	0.12±0.01ab	25.27±1.22bcde	0.17±0.03ab
K₂SO₄-2	25.54±0.77abcde	0.12±0.01ab	25.70±0.57abcd	0.16±0.03ab
K₂SO₄-3	24.11±0.62bc	0.12±0.01ab	25.26±0.30abc	0.16±0.03ab
KH₂PO₄-1	23.91±0.25bc	0.12±0.01ab	24.02±1.03abc	0.15±0.01ab
KH₂PO₄-2	23.84±1.12b	0.12±0.01ab	22.99±0.59ab	0.15±0.04ab
KH₂PO₄-3	23.79±0.11a	0.11±0.01a	21.73±1.66a	0.14±0.05a

注：数据表示平均值±标准差

5.3　钾肥修复土壤重金属污染的机理

如前所述，钾离子是土壤基本盐基离子之一，且其伴随阴离子对土壤吸附-解吸作用有很强的作用，因此钾肥的施用会影响土壤物理、化学性质，从而影响重金属在土壤中的有效性。

5.3.1　钾肥影响土壤 pH

重金属在土壤中的有效性对土壤 pH 变化非常敏感，许多研究表明土壤 pH 是影响土壤重金属移动性的主要因素。一般认为重金属的植物有效性随 pH 的升高而下降，因此施用改良剂提高土壤 pH 是降低重金属毒害常用的方法。

　　污染赤红壤上施用不同种类及用量的钾肥培养 30 天后，土壤的 pH 没有显著的变化，但每个处理都轻微的增加了土壤 pH，以 KH_2PO_4 高水平处理的 pH 最高(图5.5)。本实验中，随钾肥种类 KCl、KNO_3、K_2SO_4、KH_2PO_4 的变化，土壤的 pH 也随之上升，pH 的升高导致镉污染中 KH_2PO_4 处理铅、镉有效性的下降可能也是 KH_2PO_4 降低土壤铅、镉生物有效性的原因之一。Cheung(2001)及 Hodson 等(2000) 也有类似的结果。

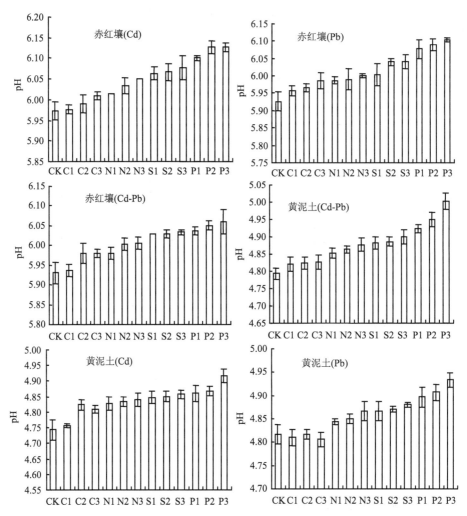

图 5.5　赤红壤和黄泥土镉、铅单一及镉铅复合污染下不同钾肥种类及用量下的土壤 pH(刘平，2006)

　　CK：不施钾肥的对照；C, N, S, P 分别表示为 KCl、KNO_3、K_2SO_4、KH_2PO_4，其后数字 1, 2, 3 分别代表其钾的施用量为 100mg/kg, 200mg/kg 和 400mg/kg

不同铅污染水平下，土壤 pH 随铅污染水平增加而下降(图 5.6)，这可能是较多铅离子置换更多土壤表面 H⁺ 所致；两种污染水平下，均是 KH₂PO₄ 处理 pH 最高，其余处理均使 pH 有所下降，尤其以 KCl 处理降低最多。可能是因 KCl 和 K₂SO₄ 都是生理酸性肥料，而 KNO₃ 使 pH 降低的机理还需进一步探明。一般情况下，土壤中重金属离子的生物有效性随 pH 升高而下降。施入 KH₂PO₄ 的土壤 pH 升高，从而导致铅生物有效性下降，是 KH₂PO₄ 降低土壤中铅生物有效性的原因之一。相反，KCl 却使铅植物有效性呈增加趋势。

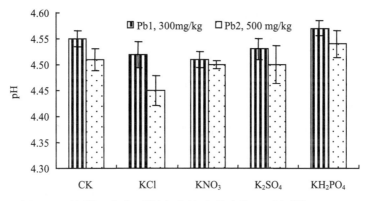

图 5.6　不同铅污染水平施用不同钾肥的土壤 pH(刘平等，2008)

5.3.2　不同钾肥改变土壤中重金属的赋存形态

许多研究表明，植物对重金属的吸收及重金属对植物的毒性，不仅取决于土壤中重金属的总量，很大程度上也决定于该元素的赋存形态。它们存在形态的不同就导致了其在土壤中的迁移性不同，最终表现为不同的生物有效性。不同钾肥对土壤重金属的赋存形态影响不同。

在低铅污染时，施用 KH₂PO₄ 和 K₂SO₄ 降低了水溶性交换态和碳酸盐结合态铅含量，其中 KH₂PO₄ 比对照的水溶性交换态和碳酸盐结合态铅含量分别下降 19.94%、25.20%，差异均达显著水平(图 5.7)。而铁锰氧化态、有机结合态和残渣态却显著增高，也就是使铅从易移动态向稳定态转化，降低了其植物有效性。对于高铅污染只有 KH₂PO₄ 处理表现出和在低铅水平下相似的效果，比对照的水溶性交换态和碳酸盐结合态铅含量分别下降 13.6%、11.17%，差异也达显著水平。

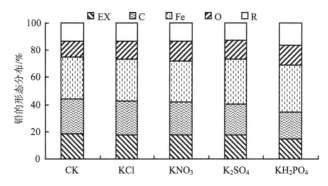

图 5.7　不同钾肥下土壤中铅的各形态分布比例(Pb, 300mg/kg)(刘平等，2008)

EX、C、Fe、O、R 代表交换态、碳酸盐结合态、铁锰氧化物结合态、有机结合态及残渣态

5.3.3　不同钾肥下土壤重金属吸附-解吸特征

不同钾肥对不同土壤中固定和释放重金属离子的过程也有不同程度的影响。

1. 不同钾肥下土壤对铅、镉的吸附差异

从不同钾肥下铅的吸附等温线(图 5.8)可以看出，硝酸根存在下赤红壤对铅吸附最少，氯离子的影响与之接近，硫酸根伴随下土壤对铅的吸附增多，而铅吸附量最大的是磷酸根存在时；在最大的铅添加浓度 400mg/kg 时，磷酸根存在时与氯离子陪伴下相比，平衡液中铅的浓度下降91.40%，硫酸根陪伴下降低了71.56%。在黄泥土上，仍然是氯离子、硝酸根对铅吸附量的影响较为接近，硫酸根存在时铅的吸附略微增大，使铅吸附量显著增大的仍是磷酸根。

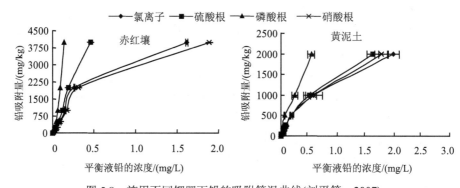

图 5.8　施用不同钾肥下铅的吸附等温曲线(刘平等，2007)

氯离子存在下赤红壤对镉吸附最少，硝酸根的影响稍大于之，硫酸根伴随下土壤对镉的吸附显著增多，镉吸附量最大的是磷酸根存在时。在最大的镉添加浓

度 16mg/kg 时，磷酸根存在时与氯离子陪伴下相比，平衡液中镉的浓度下降72.58%，硫酸根陪伴下降低了 47.58%。在黄泥土中，情形类似于赤红壤，在最大的镉添加浓度 16mg/kg 时，磷酸根、硫酸根各自与氯离子陪伴下相比，平衡液中镉的浓度分别下降 54.55%、22.72%(图 5.9)。两种土壤上在低的镉添加量时，阴离子影响镉的浓度差异不大，从添加量增加至 8mg/kg 后，钾肥各陪伴阴离子的影响次序为 $H_2PO_4^- > SO_4^{2-} > NO_3^- > Cl^-$。

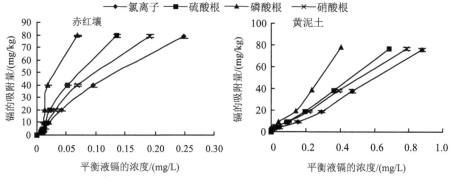

图 5.9　施用不同钾肥下镉的吸附等温曲线(刘平等，2007)

　　一般认为南方的红壤性土壤和水稻土中有三类物质对重金属的吸附起作用，一是黏土矿物，它们带永久负电荷，可以通过静电力吸附重金属阳离子；另两类物质分别为土壤有机质和土壤中的铁、铝氧化物，它们带可变电荷，并且随 pH增加可变负电荷增加，对重金属阳离子的静电吸附量增加。另外，重金属还可以在有机质和铁、铝氧化物表面发生专性吸附。本研究所采用的两种土均属于红壤性水稻土，赤红壤含有较多的铁、铝氧化物，而黄泥土含的有机质多一些，因此，两者受电解质的影响程度不同，而且吸附铅的机理也有所不同。

　　显然，这两种土壤上伴随阴离子对铅吸附影响的程度不同。赤红壤可能具有较多的可变电荷，更易受电解质的影响。氯离子、硝酸根以非专性吸附为主，因此对铅吸附的影响较小；硫酸根既可通过专性吸附也可是非专性吸附，而磷酸根是典型的专性吸附离子，它们均能被许多土壤所吸持，特别是含大量铁铝氧化物的土壤(于天仁等，1996)。当它们被赤红壤所含丰富的铁铝氧化物所吸持后，通过增加土壤的表面负电荷而增加对铅的吸附。另外，磷酸铅盐是土壤中铅的最稳定的结合形态，因此 $H_2PO_4^-$ 和铅形成沉淀也是减少平衡液中铅离子浓度，从而间接使铅的吸附量增大的原因之一。黄泥土含有丰富的有机质，所以土壤本身对铅吸附也很强，除磷酸根外，其他离子存在下铅的吸附量较接近。而杨亚提等在提取的纯土壤胶体上得出的实验结果：Cl^- 对土壤吸附 Pb^{2+} 的影响大于 SO_4^{2-} 和 NO_3^-，研究者认为 Cl^- 可与 Pb^{2+} 形成沉淀或稳定络合物，所以减少了土壤胶体对铅的吸附量。另外，有研究表明磷酸根在不同性质的土壤对 Cd^{2+} 的吸附影响不同(Pardo, 2004; Lee and Doolittle, 2002)，主要是因为两方面，一方面是影响溶液的 pH，pH 影响金属离子的解离和作用表面的静电位和表面电荷；另一方面与加入磷酸根的量有直接的关系，通过影响土壤表面电荷而影响镉的吸附(Barrow, 1987)。因本研究以原土为供试材料，其影响因素更为复杂，所以与前人的结果不尽相同。

2. 不同钾肥对土壤铅、镉解吸的影响

解吸量或解吸度可作为吸附强度的指标，往往用来说明土壤胶体表面活性吸附位与重金属离子结合的牢固程度。

通过解吸曲线(图 5.10)可以判断，随着铅吸附量的增加，解吸量也在增加，低浓度时增加缓慢，高浓度时骤然增大。但可解吸铅占吸附量的比例除 $H_2PO_4^-$ 外都是先降低，到最高添加浓度 400mg/kg 时又增加。两种土壤上铅的解吸率均<1%，也即被吸附铅中以专性吸附为主。两种土壤中，在 $H_2PO_4^-$ 存在尤其是高浓度时 (400mg/kg)解吸率仅为 0.06%~0.09%。由此可知，伴随阴离子 $H_2PO_4^-$ 的存在不仅极大增加了土壤对铅的吸附，而且吸附的铅也不易被解吸下来，也即与吸附位结合的牢固程度最强。原因可能：①$H_2PO_4^-$ 的增加使土壤颗粒表面的负电性增加，从而对铅离子的吸附加大；②铅离子和 $H_2PO_4^-$ 进行共沉淀反应，由此减低土壤中铅的解吸量(Hettiarachchi and Gary, 2002; Zhang, 1999; Ruby et al., 1994; Zhu et al., 2004)。

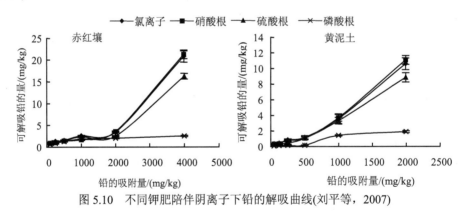

图 5.10　不同钾肥陪伴阴离子下铅的解吸曲线(刘平等，2007)

两种土壤中镉的解吸与铅相似，均是随镉吸附量的增加而增加。但可解吸镉占吸附量的比例在赤红壤是缓慢的增加，黄泥土中缓慢下降(图 5.11)。赤红壤中镉的解吸率均<3%，也即被吸附镉中也以专性吸附为主；而黄泥土上解吸率为 1.4%~19.2%，说明黄泥土对镉的专性吸附能力不如赤红壤强。在 $H_2PO_4^-$ 存在尤其是高浓度时(16mg/kg)解吸率仅为 1.4%左右，两种土壤上均如此。由此可知，陪伴

阴离子 $H_2PO_4^-$ 的存在不仅极大增加了土壤对镉的吸附，而且吸附镉也不易被解吸下来。可能的原因与对铅的解释大致相同，只是 Cd^{2+} 与 $H_2PO_4^-$ 形成的沉淀不如磷酸铅盐稳定。因此，可以推断磷酸盐不仅可作为铅污染土壤的修复剂，而且对镉污染土壤同样有效，只是不同性质的土壤上修复效果会有所不同。

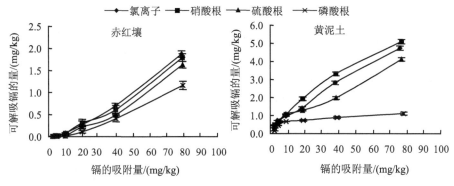

图 5.11 不同钾肥陪伴阴离子下镉的解吸曲线(刘平等，2007)

5.4 结 论

不同钾肥对污染土壤重金属的修复效果及重金属有效性的影响不同。在浙江水稻土和广州赤红壤上进行盆栽实验，研究了不同钾肥即伴随阴离子影响土壤铅、镉有效性机理及其应用技术。施用四种钾肥(KH_2PO_4、K_2SO_4、KCl 和 KNO_3)均促进小油菜生长；相比不施钾肥的对照，土壤有效态镉、铅均有所下降，4 种钾肥阴离子下重金属有效态降低的顺序为 $H_2PO_4^- > SO_4^{2-} > Cl^- \approx NO_3^-$，以施用 KH_2PO_4 和 K_2SO_4 效果较为显著。KH_2PO_4 在复合污染土壤上加大用量才能达到其与单一污染土壤上相似的效果。KCl 促进了植株对镉、铅的吸收，而 KNO_3 在常规施用量下作用不明显。机理在于 $H_2PO_4^-$ 使土壤 pH 有所增加，可明显促进土壤铅镉的吸附，使土壤铅、镉向稳定态的铁锰氧化态、有机结合态和残渣态转化，降低土壤中铅、镉的有效态；$H_2PO_4^-$ 降低铅镉有效性的作用稳定而持久。因此，从钾肥合理施用的角度看，KH_2PO_4 是污染土壤重金属钝化最好的调控剂。SO_4^{2-} 因其专性吸附比 $H_2PO_4^-$ 弱而促进土壤铅镉吸附、改变土壤铅镉有效态的作用相对较小，且受其他环境因素影响较大，其效应具有不稳定性。故在一定条件下 K_2SO_4 也可用作铅镉有效性的调控剂。Cl^- 与 NO_3^- 二者的电性效应均较弱，对镉铅吸附的影响较小，对镉铅有效态的影响也无太大差异。Cl^- 对植物吸收镉铅有一定的促进作用，故可将 KCl 肥与超积累植物联合应用于镉、铅污染土壤以增进对重金属的提取效率。

根据以上原理，进行了田间试验。观测了 K_2SO_4 和 KCl 两种钾肥对广东铅、镉污染水稻土的修复效果。在铅、镉污染土壤上，施用 K_2SO_4 对辣椒和油麦菜等作物的增产效果显著优于施用 KCl；K₂SO₄ 在一定用量范围内可降低土壤和作物地上部 DTPA-Pb、DTPA-Cd 含量，而 KCl 显著增加土壤和地上部 DTPA-Pb、DTPA-Cd 含量。证明了在铅、镉污染土壤上施用钾肥可优先选择 KH₂PO₄、K₂SO₄ 来保证农作物品质。

主要参考文献

陈苗苗, 张桂银, 李瑛, 等. 2009. 硫酸钾和磷酸二氢钾对石灰性土壤和酸性土壤吸附铜离子的影响. 安徽农业科学, 37(4): 1770–1772, 1775

陈苏, 孙丽娜, 孙铁珩, 等. 2007. 钾肥对镉的植物有效性的影响. 环境科学, 28(1): 182–188

樊驰, 陈怡, 王小晶, 等. 2011. 钾肥对铅污染土壤白菜产量和品质的效应. 中国农学通报, 27(25): 240–244

胡国松. 1990. 陪补阳离子和体系 pH 对氯离子和硝酸根离子吸附的影响[J]. 环境化学, 9(5): 41–45

刘平, 徐明岗, 李菊梅, 等. 2008. 不同钾肥对土壤铅植物有效性的影响及其机制. 环境科学, 29(1): 202–206

刘平, 徐明岗, 申华平, 等. 2009. 不同钾肥对赤红壤和水稻土中铅有效性的影响. 植物营养与肥料学报, 15(1): 139–144

刘平, 徐明岗, 宋正国. 2007. 伴随阴离子对土壤中铅和镉吸附–解吸的影响. 农业环境科学学报, 16(1): 252–256

刘平. 2006. 不同钾肥对土壤铅和镉有效性的影响及其机制. 中国农业科学院博士学位论文

陆景陵. 1994. 植物营养学: 上册. 北京. 中国农业大学出版社: 49–54

聂俊华, 刘秀梅, 王庆仁. 2004. Pb 超富集植物对营养元素 N、P、K 的响应. 生态环境, 13(3): 306–309

祁由菊, 崔德杰. 2007. 氮钾肥对污染土壤中蕹菜生长及吸收铅的影响. 中国农学通报, 23(4): 374–377

宋正国, 徐明岗, 丁永祯, 等. 2010. 钾对土壤镉有效性的影响及其机理. 中国矿业大学学报, 39(3): 453–458

王艳红, 李盟军, 艾绍英, 等. 2009. 钾肥对土壤–辣椒体系中铅生物有效性的影响. 环境科学与管理, 34(3): 151–155

吴启堂, 王广寿, 谭秀芳, 等. 1994. 不同水稻、菜心品种和化肥形态对作物吸收累积镉的影响. 华南农业大学学报, 15(4): 1–6

熊礼明, 1993. 土壤溶液中镉的化学形态及化学平衡研究. 环境科学学报, 13(2): 150–156

熊毅, 陈家坊. 1990. 土壤胶体, 第三册–土壤胶体的性质. 北京：科学出版社：376–395

徐明岗, 刘平, 宋正国, 张青. 2006. 施肥对污染土壤中重金属行为影响的研究进展. 农业环境科学学报, 25(增刊): 328– 333

薛培英, 张桂银, 褚卓栋, 等. 2007. 钾肥对小麦根际土壤镉的吸收及其植物毒性的影响. 生态环境, 16(5): 1424–1428

杨亚提, 张一平. 2003. 陪伴离子对土壤胶体吸附 Cu²⁺ 和 Pb²⁺ 的影响. 土壤学报, 40(2): 218–223

依纯真, 傅桂平, 张福锁. 1996a. 不同钾肥对水稻镉吸收和运移的影响. 中国农业大学学报,

1(5): 79–84

依纯真, 付桂平, 张福锁. 1996b. 施用钾肥(KCl)的土壤对作物吸收累积镉的影响. 中国农业大学学报, 1(3): 65–70

于天仁, 季国亮, 丁昌璞. 1996. 可变电荷土壤的电化学. 北京: 科学出版社：39–134

张桃红. 2006. 化肥对土壤镉锌活性及其生物有效性的影响. 河北农业大学硕士学位论文

张晓岭. 2003. NPK 肥料对土壤中 Cd、Pb 形态变化及吸附解析的影响. 华中农业大学硕士学位论文

赵晶, 冯文强, 秦鱼生, 等. 2010. 不同氮磷钾肥对土壤pH和镉有效性的影响. 土壤学报, 47(5)：953–961

Appel C, Ma L. 2002. Concentration, pH, and surface charge effects on cadmium and lead sorption in three tropical soils. Journal of Environmental Quality, 31(2): 581–589

Bingham F T, Garrison S, Strong J E. 1984. The effect of chloride on the availability of cadmium. Journal of Environmental Quality, 13:71–74

Bingham F T, Garrison S, Strong J E. 1986.The effect of sulfate on the availability of cadmium. Soil Science, 141:172–177

Bingham F T, Strong J E, Sposito G. 1983. Influenceof chloride salinity on cadmium uptake by swiss chard. Soil Sci, 135: 160–165

Boekhold A E, Temminghoff E J M. 1993. Infelunce of electrolyte composition and pH on cadmium sorption by an acid sandy soil. Journal of Soil Science, 44: 85–96

Bolan N S, Naidu R, Khan M A R, et al. 1999. The effects of anion sorption on sorption and leaching of cadmium. Australian Journal of Soil Research, 37(3): 445–460

Brown S L, et al, 2004. In situ soil treatments to reduce the phyto- and bioavilability of lead, zinc, and cadmium. Journal of Environmental Quality, 33: 522–531

Cheung C W, Chan C K, Porter J F. 2001. Combined diffusion model for the sorption of cadmium, copper, and zinc ions onto bone char. Environ. Sci. Technol, 35: 1511–1522

Chien S H, Carmona G, Prochnow L I. 2003. Cadmium availability from granulated and bulk-blended phosphate-potassium fertilizers. Journal of Environmental Quality, 32(5): 1911–1914

Ford R G, Sparks D L. 2000. The nature of Zn precipitates formed in the presence of pyrophyllite. Environ Sci Technol, 34: 2479–2483

Grant C A, Baily L D, Mclaughlin M J, et al. 1999. Management factors which influence cadmium concentrations in crops. In: McLaughlin M.J., Singh B.R., editors. Cadmium in soils and plants. Dordrecht, The Netherlands: Kluwer Academic Publishing: 98–151

Grant C A, Baily L D, Therrien M C. 1996. Effect of N, P and KCl fertilizers on grain yield and cadmium concentration of malting barley. Fertilizer Research, 45: 153–161

Hettiarachchi G M, Gary M. 2002. In stiu Stabilization of Soil Lead Using Phosphorus and Manganese Oxide: Influence of plant Growth. J Environ. Qual, 31(4): 564–572

Hodson M E, Valsami J E, Cotter–Howells J D. 2000. Bone meal additions as a remediation treatment for metal contaminated soil. Environ. Sci. Technol, 34: 3501–3507

Khattak R, Page A L, Parker D R, et al. 1991. Accumulation and interactions of arsenic, selenium, molybaenum and phosphours in alfalfa. Journal of Environmental Qual, 20: 165–168

Laperche V. 1997. Effect of Apatite Amendments on Plant Uptake of Lead from Contaminated Soil. Environ Sci Technol, 31(8): 2745–2753

Lee H J, Doolittle J J. 2002. Phosphate application impacts on cadmium sorption in acidic and calcareous soils. Soil Sci, 167: 390–400

Li Y M, Chaivey R L, Schneiter A A. 1994. Effect of soil chloride level on cadmium concentration in sunflower kernels. Plant and Soil, 167: 275–280

Mandal B, Das Pattanayak P S, Samamta A. 1996. Effect of potassium application on the transformation of zinc fractions in soil and on the zinc nutrition of wetland rice. Z. Pflanzenernahr. Bodenk, 159: 413–417

Marchner H. 1995. Minernal Nutrition of Higher Plants. 2nd Ed., Academic press, London.

Marschner H. 1995. Mineral nutrition of higher plants(2nd edn). New York: Academic press

McGowen S L, Basta N T, Brown G O. 2001. Use of diammonium phosphate to reduce heavy metal solubility and transport in smelters–contaminated soil. J Envirom Qual, 30(4): 493–500

McLaughlin M J, Lamlbregts R M, Smolders E, et al. 1998. Effects of sulfate on cadmium uptake by Swiss chard: II. Effects due to sulfate addition to soil. Plant and Soil, 202: 217–222

Mclaughlin M J, Mair N A, Freeman K. 1995. Effect of potassic and phosphatic fertilizer type, fertilizer Cd concentration and zinc rate on cadmium uptake by potatoes. Fertil Res , 40: 63–70

Naidu R, Bolan N S, Kookana R S. 1994. Ionic strength and pH effects on the surface charge and sorption of cadmium by soil. European Journal of Soil Science, 45: 419–429

Naidu R, Kookana RS, Sumner M E. 1997. Cadmium sorption and transport in variable charge soil: A review. Journal of Environmental Quality, 26(3): 602–617

Norvell W A, Wu J, Hopkins D G, et al. 2000. Association of cadmium in durum wheat grain with soil chloride and cheate-extractable soil cadmium. Soil Science Society of America, 64: 2162–2168

O'Connor G.A, O'Connor C., Cline G.R., 1984. Sorption of cadmium by calcareous soils. Influence of solution composition. Soil Science Society of America, 48: 1244–1247

Pardo M T. 2004. Cadmium sorption–desorption by soils in the absence and presence of phosphate. Commun. Soil Sci. Plant Anal, 35: 1553–1568

Peryea F J. 1991. Phosphate–induced release of arsenic from soils contaminated with lead arsenate. Soil Sci Soc Am J, 55: 1301–1306

Ruby M V, Davis A, Nicholson A. 1994. In situ formation of lead phosphates in soils as a method to immobilize lead. Environ. Sci. Technol, 28: 646–654

Sparrow L A, Saladini A A, Jonstone J. 1994. Field studies of Cd in potatoes (Solanum tuberosum L.): III.Response of cv. Russet Burbank to sources of banded potassium. Aust J Agric Res, 45: 243–249

Sparrow L A, Salardini A A, Bishop A C, et al, 1993. Field studies of cadmium in potatoes (Solanum tuberosum L.). II Response of cvv.Russet Burbank and Kennebec to two double superphosphates of different cadmium concentration. Aust J Agric Res, 44: 855–861

Tu C, Zheng C R, Chen H M, 2000. Effect of applying chemical fertilizers on forms of lead and cadmium in red soil. Chemosphere, 41: 133–138

Zhang G Y, Brummer G W, Zhang X N. 1998. Effect of sulfate on adsorption of zinc and cadmium by variable charge soils. Pedosphere, 8(3): 245–250

Zhang P, Ryan J A. 1999. Formation of chloropyromorphite from galena(PbS) in the presence of hydroxyapatite. Environmental. Science. and Technology, 33: 618–624

Zhao Z Q , Zhu Y G, Li HY, et al. 2003. Effects of forms and rates of potassium fertilizers on cadmium uptake by two cultivars of spring wheat (*Triticum aestivum* L.) . Environment International , 29 : 973–978

Zhu Y G , Chen S B, Yang J C. 2004. Effect of soil amendments on lead uptake by two vegetable crops from a lead–contaminated soil from Anhui, China. Environment International, 30: 351–356

第六章　有机肥和改良剂与土壤重金属污染修复

有机肥含有作物所必需的营养元素，还含有对作物根际营养起特殊作用的微生物群落和大量有机物质及其降解产物，能增强作物的抗逆能力，提高土壤有机碳含量，利于土壤团聚体的形成，改善土壤耕性。同时，有机肥含有的腐殖酸中的胡敏酸和胡敏素等能络合污染土壤中的重金属离子并生成难溶的络合物，对修复重金属污染土壤有一定的作用。

利用改良剂来修复重金属污染土壤，具有材料廉价易得、效果好、能和常规农事操作结合起来进行等优点。目前常见的改良剂：石灰、石膏、磷酸盐、硅酸盐、有机物料、粉煤灰、黏土矿物、泥炭等。本章将对常用的改良剂-石灰和有机肥在修复土壤重金属污染方面的效果及原理做详细介绍。

6.1　有机肥与改良剂修复土壤重金属污染的研究进展

6.1.1　有机肥改良重金属污染土壤的研究进展

农业生产中应用的有机肥有粪肥、厩肥、绿肥、秸秆等。有机肥不但可以改善土壤质量，为植物提供养分，还可以在一定程度上降低重金属离子的危害。研究表明(Walker et la., 2003)，施入有机肥可以降低重金属的有效性，不但能提高植物的产量，还能降低植株中锰(Mn)、铜(Cu)、锌(Zn)的含量，提高土壤的pH。施用有机肥后，土壤中水溶态、交换态镉(Cd)含量下降，有机结合态镉的含量增加(华珞等，2002)。而由于各种有机物料本身化学组成和腐解产物的不同，其对重金属行为的影响也存在差异(李波等，2002；张亚丽等，2001)。

有机肥对土壤重金属的修复作用表现在两方面：一是直接与重金属离子发生物理或化学作用，影响它们在环境中的形态、迁移、转化和生物有效性，从而固定重金属，降低其活性；另一方面，这些有机物料施入土壤后能够有效改善土壤结构和性质，如土壤有机质含量、pH和Eh，提高土壤自身对重金属的缓冲和固定能力。

有机物料增加了土壤有机质，而土壤中有机质的主要官能团羟基和羧基与OH反应促使其带负电荷，同时黏土矿物表面羟基与OH发生反应，使表面羟基带负电荷，因此土壤表面的可变负电荷增加，从而促进了土壤胶体对重金属离子的吸附，并降低吸附态重金属的解吸量。另一方面，有机物料本身的—SH和—NH$_2$等基团及腐殖酸中的胡敏酸、胡敏素等都能络合污染土壤中的重金属离子并生成难溶的络合物或螯合物(Cabrera et al., 1988);溶解态有机质不仅容易生成金属有机络合物,而且容易与黏土、氧化物形成颗粒有机物或有机膜而显示出大的表面和高度的表面活性,能有效地络合金属离子;并且有机物料可以通过影响土壤的其他基本性状对固定重金属产生间接作用。

对已受污染的土壤增施有机肥,可使土壤缓冲力加强。Hargitai(1993)提出以土壤腐殖质性质为基础的土壤环保容量(EPC),其表达方式为 $EPCg = D_x \times H^2 \times K$,式中,$D_x$ 为腐殖质的厚度,H 为腐殖质的含量,K 为 1%NaF 提取的腐殖质消光值与 0.5%NaOH 提取的腐殖质的消光值之比,表征腐殖质质量常数。EPC 随有机肥用量增加而加大,反映了抑制土壤重金属有效性的能力加强(陈世宝等,1997)。

也有研究指出,利用有机物料作为重金属污染土壤的改良剂存在一定的风险。有机物料在刚施入土壤时可以增加土壤中镉的吸附和固定,降低土壤中镉的有效性,减少植物的吸收,但不容忽视的是,有机物料在土壤中易分解成有机酸类物质,降低了土壤 pH,从而增加了重金属的有效性,促进植物对重金属的吸收。已有实验表明,施用有机物料作为改良剂,在后茬作物中反而促进了对镉的吸收(王新等,1994)。张敬锁等(1999)研究了在土壤中施入有机肥可减缓镉污染对作物的危害,指出有机质有很大的比表面积,对 Cd^{2+} 有强烈的吸附作用,更主要是有机质分解产生的腐殖酸可与土壤中的 Cd^{2+} 形成螯合物沉淀。有机质也可与 Cd^{2+} 形成高稳定性的可溶性物质,能大大提高土壤中 Cd^{2+} 浓度,但不增加植物的吸收,而形成小分子的可溶性络合物时,却能提高植物对镉的吸收。吕建波等(2005)对嘉兴水稻土的研究也表明,有机肥对油菜茎叶吸收铅具有较好的抑制作用,但却提高了土壤中有效态镉、铜含量,使油菜体内镉、铜含量增加。因此,在施用有机肥作为改良剂时应特别注意其应用条件和范围。

6.1.2 其他改良剂修复土壤重金属污染的研究进展

石灰是南方酸性土壤改良时常用的改良剂,不仅能够改善土壤性质,而且对重金属活性有很好的抑制作用,起效快,效果好。

杜志敏等(2010)对江西水稻土的研究发现修复镉污染的效果是石灰>磷灰石>木炭>猪粪。杜彩艳(2005)的研究表明,石灰能够显著增加土壤中有机物结合态铅、镉、锌的含量,且随着石灰施用量的增加,可显著降低白菜可食用部分的铅、镉、锌的含量。Garrido 等(2005)的研究结果,石灰能够降低污染土壤中铜的有效性和移动性。丁园和刘继东(2003)研究表明,污染红壤增施石灰石能改善黑麦草的生长,降低黑麦草的重金属含量。石灰对重金属元素有效性的影响效果受土壤 pH 影响,施用石灰后,土壤的 pH 增高,降低了重金属的溶解度,减低了重金属的有效态,从而降低了其生物有效性。交换态镉在 pH 小于 5.5 时随石灰用量的增加而增加，pH 大于 5.5 时随石灰用量增加而急剧减少；黏土矿物和氧化物结合态和残渣态镉随石灰用量的增加而增加。pH 大于 7.5 时镉主要是以黏土矿物质和氧化物结合态及残渣态形式存在。在强酸性赤红壤中适当加入石灰将 pH 提高到 6.5 和 7.5，土壤有效态(0.1mol/L HCl 提取)含量大幅度降低(温琰茂等，1999)。

姜萍(2010)在重金属污染的红壤菜地上施用凹凸棒土、石灰和钙镁磷肥，发现三种改良剂均能抑制土壤中铜、锌的有效性，且以石灰的作用最强。任何水平的石灰均能明显抑制锌向植物的迁移，随着石灰用量的增加，植物中锌含量逐渐降低，且植株中锌含量均低于对照。这说明，石灰能够很好地抑制土壤中锌的有效性，大大降低了锌污染通过土壤进入植物的风险。

石灰是碱性物质，在调节土壤 pH 的同时，也会和土壤中的重金属发生各种反应。研究表明，在低石灰水平降低了土壤中镉的专性吸附的比例，导致在 pH 小于 5.5 时，土壤有机结合态镉逐渐增加，交换态镉的比例较大。这是因为，土壤中有机质上的主要官能团羟基和羧基与 OH 反应促使其带负电荷，同时黏土矿物表面羟基与 OH 发生反应，使表面羟基带负电荷，因此，土壤表面可变电荷增加。在这一过程中，OH^- 与 CO_2 反应生成 CO_3^{2-}，而碳酸根可与 Cd^{2+} 生成难溶的碳酸镉，且随 pH 升高难溶性碳酸镉量增加(Rogoz, 1996; Oliver et al., 1998)，加入石灰可以促使 Cd^{2+} 水解为 $Cd(OH)^+$，而 $Cd(OH)^+$ 在土壤中吸附点位上的亲和力明显高于 Cd^{2+}。pH 大于 5.5 时，黏土矿物和氧化物与镉形成的络合物及碳酸镉可能比有机质形成的络合物稳定，在高 pH(pH=7.5)时主要以残渣态和黏土矿物与氧化物结合态镉形式存在，因此施加石灰后镉形态分布变化，证明石灰可用来改良镉污染土壤(Rogoz, 1996; Oliver et al., 1998)。另外，加入石灰后，Ca^{2+} 对减轻重金属毒害尤其是镉的毒害有直接作用，Ca^{2+} 可与 Cd^{2+} 竞争吸附位点，阻止 Cd^{2+} 向作物地上部分运输(张晓熹等，2003)。这是因为，Ca^{2+} 价态高，离子半径与 Cd^{2+} 接近，因而对 Cd^{2+} 在土壤中的化学行为影响很大(熊礼明，1994；陈晓婷等，2001)。石灰对重金属的不同形态比例也有影响，随着加入碳酸钙含量的增加，Cd^{2+} 的交换态比例下降；由于碳酸钙对 Cd^{2+} 的亲和势较其他二价离子高，而且 Cd^{2+} 可交换碳酸钙中的 Ca^{2+}，所以碳酸盐结合态比例显著增加；氧化物结合态比例减少；有机结合态比例受碳酸钙的影响不大；残渣态比例增多(陈晓婷等，2001；熊礼明，1994)。另有研究指出碳酸钙除了其本身对重金属的吸附作用外，还可能影响反应体系的平衡系数(汪洪等，2001)。

海泡石作为镉污染土壤改良剂的优点是具有巨大的内、外表面和较强的吸附作用。用 pH 6 的酸溶液浸泡改性后的海泡石，仅用 4% 的剂量就可使 Cd^{2+}、Zn^{2+} 含量分别为 17.1mg/g 和 8.13mg/g 的土壤去除率达到 95%(Alvarez-Ayuso and Garc.a-Sánchez., 2003)。海泡石对 Pb^{2+}、Cd^{2+} 和 Cu^{2+} 的饱和吸附量分别为 32.06mg/g、11.48mg/g 和 22.10mg/g，酸化海泡石对 Pb^{2+}、Cd^{2+} 和 Cu^{2+} 的饱和吸附量分别为 35.28mg/g、

13.62mg/g 和 24.36mg/g。以物质的量计算，天然海泡石和酸化海泡石对三种重金属离子的吸附能力顺序为 $Cu^{2+}>Pb^{2+}>Cd^{2+}$。Cd^{2+} 和 Cu^{2+} 在海泡石和酸化海泡石表面的吸附等温线符合 Langmuir 方程，Pb^{2+} 的吸附由于随溶液 pH 的升高而产生表面沉淀，导致其吸附等温线偏离 Langmuir 方程(徐应明等，2009)。海泡石黏土矿物加入土壤后，显著降低了土壤中水溶态 Cd^{2+}、Zn^{2+} 和可提取态 Cd^{2+}、Zn^{2+} 含量，而 pH 是控制海泡石的钝化能力强弱的关键因素(林大松等，2010)。

6.1.3　多种改良剂配合施用修复土壤重金属污染的研究进展

实际生产中，根据实际情况，通常会采用多种改良剂配合施用，以达到经济、高效的效果。丁凌云等(2006)在广东铅锌矿污染的水稻土上配合施用石灰、过磷酸钙和有机物，结果表明，石灰＋过磷酸钙(0.40kg/m²)，对于降低水稻体内的重金属含量效果最好。

在红壤(pH=5.6)上施用不同比例的猪粪(2%和4%)、猪粪复合凹凸棒土(2%猪粪+凹凸棒土，4%猪粪+凹凸棒土)、猪粪复合熟石灰(2%猪粪+熟石灰，4%猪粪+熟石灰)及猪粪复合钙镁磷肥(2%猪粪+钙镁磷肥，4%猪粪+钙镁磷肥)，结果显示，相比单一施用有机肥，有机肥+改良剂处理均能显著提高土壤 pH，降低土壤重金属有效态含量，降低植物对重金属的吸收(姜萍，2010)。

6.1.4　应用改良剂修复土壤重金属污染存在的问题

目前，对改良剂修复重金属污染土壤的研究虽较多，但仍存在如下一些问题。

(1) 对重金属单一污染，单一改良剂修复效果研究比较多，而对复合污染研究比较少，两种或两种以上的改良剂配施对重金属改良机理的研究比较少。

(2) 对改良剂当季修复效果研究较多，而其后效研究较少，对多种改良剂配合情况下的后效研究就更少。

(3) 多数的研究都是在施入改良剂后的短期内观察重金属的变化，但是，实际情况中污染及改良的时间一般都较长，因此，缺乏对改良剂修复的长期效果进行动态监测。

因此，本研究重点阐述了重金属复合污染土壤中多种改良剂联合对多茬作物种植条件下的修复效果与机制。

6.2　有机肥和改良剂对土壤重金属污染的修复效果

改良剂对土壤重金属污染修复效果体现在对植物生长和土壤环境两方面，包括对作物生物量的影响、对作物吸收重金属元素的影响、对土壤中重金属元素含量和形态的影响等方面。不同的修复剂,其作用效果、影响程度及后效不同。有机肥、石灰作为农业生产中常用的改良剂,具有非常显著的修复作用。

6.2.1 有机肥、石灰及海泡石对重金属污染土壤的修复效果

选取浙江嘉兴黄泥土和湖南红壤,人工制成镉、锌三级污染土壤,使用有机肥、石灰和海泡石及其配施作为修复剂,利用盆栽实验来研究这三种物质对重度重金属污染条件下,小油菜生物产量、体内重金属含量及吸收系数、重金属在土壤中的形态及有效性等的影响。为充分验证不同改良剂的修复效果,实验设置了不同的改良剂施用处理:不加重金属和改良剂的对照(CK),加重金属达到三级污染水平,不加改良剂处理(M);在未污染土壤中分别加入石灰(L, 3g/kg 土);有机肥(OM, 20g/kg 土)和海泡石(S, 4g/kg 土);在三级污染土壤中分别加入石灰(M-L, 3g/kg 土);有机肥(M-OM, 20g/kg 土);海泡石(M-S, 4g/kg 土);以及三种改良剂配合施用处理:M-LOM-石灰(3g/kg 土)+有机肥(20g/kg 土);M-LS-石灰(3g/kg 土)+海泡石(4g/kg 土);M-OMS-有机肥(20g/kg 土)+海泡石(4g/kg 土);M-LOMS-石灰(3g/kg 土)+有机肥(20g/kg 土)+海泡石(4g/kg 土)。

具体实验过程:人工培育成三级镉锌污染土壤(加入硝酸盐使重金属量达到Cd 1mg/kg, Zn 500mg/kg),放置一个月后装盆。每盆装土 2kg,施入相应的改良剂,按 N∶P₂O₅∶K₂O=0.15∶0.18∶0.12 用量施入底肥,种植小油菜,每盆留苗 5 株。连续种 3 季,每季的管理一致。整个生长过程用去离子水浇灌,生长 50 天后收获,取土壤样品。收获后一个月施入和第一次同量的底肥,不施改良剂,种植第二季小油菜,如此种植第三季,以观测施用改良剂修复重金属污染的后效。

1. 改良剂改善小油菜的生长

第一季小油菜的生长受到重金属影响最大,因此当季使入的不同改良剂之间效果差异也最为明显(图 6.1)。无重金属污染的红壤上(CK),小油菜正常生长,加有机肥处理(OM)生物产量均显著高于 CK、施石灰(L)和海泡石(S)的处理。重金属重度污染后,不加任何改良剂,小油菜均无法成活(M 处理),即使施用了石灰(M-L)、有机肥(M-OM)和海泡石(M-S),生物产量仍降低了 40.2%、44.7%和 60.9%,说明重金属污染对酸性土壤上植物的生长有强烈的抑制作用。但相比于未施用改良剂的污染土壤,这三种改良剂无论单独使用还是配合施用都有显著的增产效果。其中,三种改良剂配合施用的效果最好,其生物产量与未遭受重金属污染土壤上施用有机肥(OM 处理,各处理中产量最高)的产量相当;其次是石灰和有机肥配施,与无重金属污染土壤上(CK 处理)的产量相当;其他改良剂配施及三种改良剂单

施，生物产量都低于 CK，但与不施改良剂相比，均有很大程度的提高。

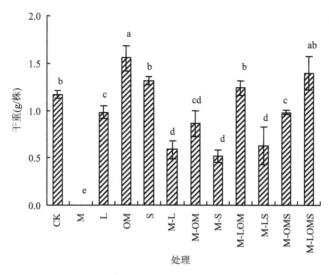

图 6.1 重金属三级污染的红壤上使用不同改良剂后小油菜的生物产量(张青，2006)

CK：不加重金属和改良剂的对照；相同的字母表示在 5%水平上没有显著差异；下同

重度污染的黄泥土上也有类似的结果，石灰和有机肥配施生物产量最大，高于对照(CK)，与无污染土壤上单施有机肥(OM)产量相近，比单施石灰增产 23.1%，比单施有机肥增产 20.9%，比单施海泡石增产 235.2%，比三种改良剂同时施用增产 27.3%。此外，单施石灰和单施有机肥也能达到接近 CK 的产量。两种土壤上，海泡石的修复效果都是最差的。

种植第二季，由于重金属的老化，活性降低，对照土壤上小油菜虽然成活，但生物产量仍很低。改良剂的施用提高了小油菜的生物产量，其中以 3 种改良剂配施的生物产量最大，比石灰、有机肥和海泡石单施分别增产 58.7%、5.2%和 359.5%。第 3 季盆栽实验结果为石灰、有机肥和海泡石单施比对照分别增产 11.7 倍、12.6 倍和 2.9 倍。种植 3 季的结果都表明，提高小油菜生物产量的效果是有机肥>石灰>海泡石。各处理中凡施有机肥的处理生物产量均高于不施有机肥的处理。这与陈晓婷等(2001)，李瑞美(2003)、周华等(2006)的研究结果一致，在南方酸性和偏酸性土壤中施用石灰及石灰+有机肥对作物产量的增加效果最好。

综上所述，在重金属污染的酸性和偏酸性土壤上，施用有机肥的效果最好，无论单独施用还是配合施用，都能显著提高植物的生物产量，这是因为有机肥一方面可以抑制重金属污染对植物的危害，另一方面还可以改善土壤质量，提高养分状况，以供应植物生长。从经济角度考虑，在中轻度污染的偏酸性土壤上，配合施用石灰和有机肥不但能抑制重金属的毒性,还能在一定程度上改善土壤质量,是比较好的改良与修复方法。

2. 改良剂抑制重金属污染土壤上小油菜对镉、锌的吸收

改良剂对重金属污染的修复不仅表现在产量的提高上,还表现为对作物吸收重金属离子的抑制作用上。加入不同的改良剂后,两种土壤上的小油菜对镉、锌的吸收量呈现出相似的变化趋势(图6.2,图6.3)。

未污染黄泥土上,加入改良剂后小油菜体内含镉量与对照没有显著差异,均很低,说明改良剂对小油菜吸收镉没有影响,而未加改良剂的污染土壤上,第一季小油菜则全部死亡,说明重金属含量已超过作物生长所承受的最高限度。

污染的黄泥土中,第一季,加入石灰的 4 个处理(M-L, M-LS, M-LOM, M-LOMS)小油菜对镉的吸收量在各处理中最低,约为 CK 的 2 倍,而单施有机肥(M-OM)、单施海泡石(M-S)及二者配施处理(M-OMS)小油菜体内镉浓度很高,为 CK 的 4-5 倍(图6.2)。因此,重度污染的黄泥土上施用石灰对降低小油菜镉吸收的效果最好。第二季,污染的土壤上小油菜虽然能够成活,但是其对镉的吸收量也很高(M),而施用改良剂则能显著降低吸收量。单施有机肥(M-OM)、单施海泡石(M-S)及二者配施处理(M-OMS)中,小油菜对镉的吸收量都显著小于第一季,说明有机肥和海泡石对第二季的后效作用较强;加入了石灰的处理则与第一季差异不大;各处理较不施改良剂处理均有一定程度下降。第三季,由于土壤重金属的老化,作物对镉的吸收也有显著下降(M),3 种改良剂单施处理比对照分别降低 58%、40%、24%,配施的效果比单施好,加入石灰的比未加入石灰的好;3 种改良剂配施及石灰与有机肥配施的效果没有差异,说明海泡石的作用很小。第三季,施用石灰处理(M-L, M-LOM, M-LS, M-LOMS)小油菜对镉的吸收量均低于不施改良剂处理,其他处理则与不施用改良剂没有差异。

由此可见,在重金属污染的黄泥土上,石灰是当季效果最好的修复剂,且其后效持续时间较其他两种改良剂都长,而海泡石的作用最小。石灰配合有机肥施用是最佳的修复剂组合。

改良剂对降低小油菜锌的吸收效果比对镉的效果明显。单独施用时,石灰对降低小油菜锌的吸收效果最好,可减少一半以上的吸收量,且后效明显;其次是有机肥,海泡石的效果最差。配施效果与单施石灰或有机肥相近。在上述土壤上种植第二季小油菜后,各改良剂处理锌吸收量仍显著低于污染土壤上植株的吸收量,而施用石灰处理(M-L, M-LS, M-LOM 和 M-LOMS)的小油菜锌吸收量都显著低于第一季,其他改良剂处理则无显著差异;第三季各处理小油菜体内锌含量与第二季相近,施用海泡石的处理甚至有回升的趋势。这说明改良剂对锌的修复第

二季的后效较好，而第三季的后效降低，要维持高能力的修复效果，种植作物三季后则需继续施加改良剂。

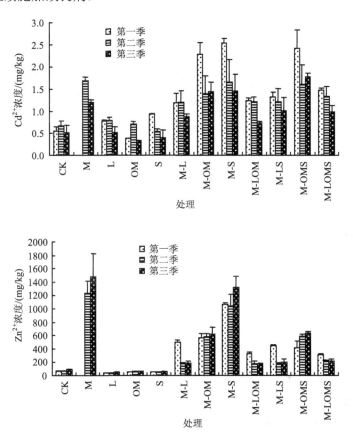

图 6.2　黄泥土上施用不同改良剂的 3 季小油菜体内 Cd^{2+}、Zn^{2+} 含量

　　红壤中改良剂抑制小油菜对 Cd^{2+}、Zn^{2+} 的吸收规律与在黄泥土中的基本一致(图 6.3)。加入 3 种改良剂都能降低小油菜对 Cd^{2+}、Zn^{2+} 的吸收，其中施用石灰的效果最好，其次是有机肥，海泡石的效果最差(图 6.3)。改良剂对抑制小油菜 Cd^{2+} 的吸收效果第二季好于第一季，第三季大部分好于第二季，即改良剂对 Cd^{2+} 的抑制后效能持续三季。小油菜体内 Zn^{2+} 含量第二季低于第一季，第三季高于第二季，说明在红壤上，3 种改良剂在抑制小油菜对 Zn^{2+} 的吸收方面只能持续两季，所以要维持高能力的抑制作物对 Zn^{2+} 的吸收，应选择隔二季施加一次改良剂。

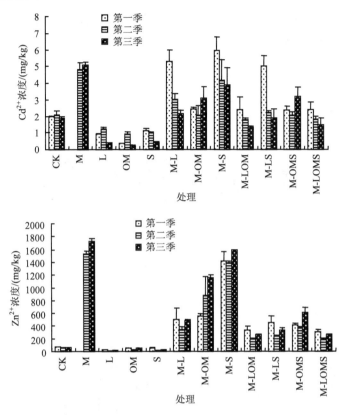

图 6.3　红壤上施用改良剂的 3 季小油菜体内 Cd^{2+}、Zn^{2+}含量

3. 改良剂降低植株体内重金属含量

蔬菜鲜样中重金属元素的含量是食品安全的重要指标之一，土壤中施用改良剂可显著降低作物体内的重金属含量。

黄泥土上第一季小油菜中镉含量除几个未污染土壤处理未超过国家食品卫生标准(0.05mg/kg, GB 15201—1994)外，其他处理均超标；在镉污染条件下，施用石灰的处理(M-L, M-LOM, L-S 和 M-LOMS)的效果最好(表 6.1)；第二季小油菜中镉浓度虽然大部分处理超过了国标，但 M-OM、M-S、M-OMS 及 M-LOMS 相比第一季有明显下降，而配施石灰的处理则变化不大，说明有机肥和海泡石的后效比较长，而石灰对镉的作用只能维持一季。小油菜中锌的浓度在第一季加有石灰的处理中(M-L, M-LOM, L-S 和 M-LOMS)均低于国标(20mg/kg, GB 13106—91)，单加有机肥(M-OM)、海泡石(M-S)及有机肥和海泡石(M-OMS)配施的处理超过国标，这几个处理在第二季中浓度仍然很高，超过国标，但比第一季中明显下降，这是因为重金属老化和改良剂共同作用的结果。可见，在镉、锌污染的黄泥土上施入 3 种改良剂均可降低小油菜体内镉、锌的含量，且石灰的效果最好；施入石灰和有机肥配施效果更好。红壤上也有类似的效果。

表6.1 施用不同改良剂连续种植两季(第一季和第二季)小油菜的植株鲜样中重金属的浓度

(单位：mg/kg)

施用改良剂	黄泥土				红壤			
	第一季		第二季		第一季		第二季	
	Cd^{2+}	Zn^{2+}	Cd^{2+}	Zn^{2+}	Cd^{2+}	Zn^{2+}	Cd^{2+}	Zn^{2+}
CK	0.05	6.2	0.05	3.8	0.18	6.4	0.13	3.4
L	0.04	7.0	0.04	2.0	0.07	2.7	0.07	0.8
OM	0.03	4.9	0.03	3.6	0.03	4.4	0.05	1.7
S	0.08	11.2	0.05	3.1	0.10	5.3	0.06	1.1
M	—	—	0.14	77.1	—	—	0.51	123.1
M-L	0.10	14.6	0.09	9.5	0.62	59.4	0.19	18.8
M-OM	0.19	43.1	0.12	30.7	0.17	38.1	0.12	45.4
M-S	0.21	86.1	0.17	63.6	0.86	151.5	0.32	103.7
M-LOM	0.10	15.9	0.10	9.0	0.18	24.7	0.09	9.4
M-LS	0.11	17.5	0.11	9.0	0.59	52.9	0.14	13.5
M-OMS	0.20	44.3	0.15	33.3	0.17	29.6	0.11	17.6
M-LOMS	0.12	17.8	0.12	11.0	0.17	22.3	0.10	9.1

注：国家食品卫生标准Cd^{2+}(GB 15201—1994)和Zn^{2+}(GB 13106—91)分别是0.05mg/kg和20mg/kg

4. 改良剂对镉、锌吸收系数的影响

吸收系数是指作物某一部位中某一元素的浓度与土壤中元素浓度之比，可代表土壤—作物体系中元素迁移的难易程度。吸收系数越高，这种元素在土壤—作物体系中越易迁移，反之，吸收系数越低，这种元素就越难迁移(周华等，2003)。

污染土壤镉的吸收系数明显高于未污染土壤，说明土壤中重金属的量越多，越容易向作物中积累；镉的吸收系数高于锌的吸收系数，说明镉比锌更容易向植物迁移(图 6.4)。不同改良剂对红壤中小油菜镉、锌吸收系数影响很大。从三季小油菜的结果来看，污染土壤上，加入改良剂的处理均比未加改良剂的处理明显降低，加石灰的处理(M-L, M-LOM, L-S 和 M-LOMS)吸收系数都低于未加石灰的处理，海泡石处理的系数系数最高，说明加入石灰对降低镉、锌的作物有效性最好，海泡石效果最差，有机肥介于二者之间。三季之间相比较，第二季除个别处理外，吸收系数均低于第一季，而第三季的吸收系数与第二季相差不大，说明 3 种改良剂无论单施还是配合施用其后效都可以延续到第二季，需要隔一季施用一次改良剂。

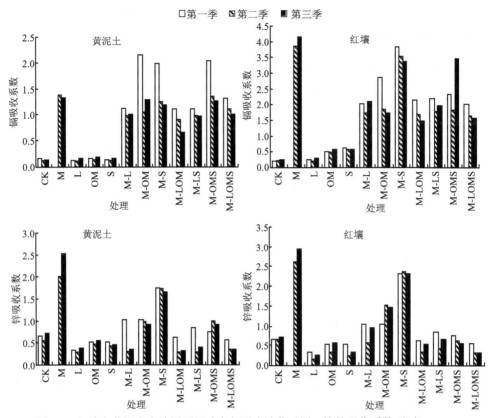

图 6.4　红壤和黄泥土上施用不同改良剂后小油菜对镉、锌的吸收系数(张青，2005)

5. 施用改良剂土壤交换态重金属的变化

交换态重金属离子能够被植物直接吸收,因此能够直接反应重金属的生物有效性。土壤中重金属离子以单一、复合等多种形式存在,其对植物的毒性也不同。

(1) 施用不同改良剂单一污染土壤中交换态镉、锌含量的变化

利用人工制成三级镉、锌污染土壤进行室内培养实验,研究加入的改良剂在短期内如何影响重金属的有效性。镉有效性实验设 9 个处理:①CK;②Cd1＋L;③Cd1＋S;④Cd1＋OM;⑤Cd1＋LOM;⑥Cd2＋L;⑦Cd2＋S;⑧Cd2＋OM;⑨Cd2＋LOM。锌有效性实验也设 9 个处理:①CK;②Zn1＋L;③Zn1＋S;④Zn1＋OM;⑤Zn1＋LOM;⑥Zn2＋L;⑦Zn2＋S;⑧Zn2＋OM;⑨Zn2＋LOM。其中,Cd1、Cd2 分别代表镉的加入量为 0.6mg/kg 和 1.2mg/kg;Zn1、Zn2 分别代表锌的加入量为 250mg/kg 和 500mg/kg;L、S、OM 分别代表石灰(用量 3g/kg)、海泡石(用量 4g/kg)和有机肥(用量 20g/kg)。在室温和田间持水量 70%下培养,均

匀施入改良剂，40 天后第一次取样，180 天后第二次取样。用 1mol/L MgCl₂ 提取加入改良剂前后土壤中交换态镉、锌。

结果显示(表 6.2)，未加改良剂的单一污染土壤中交换态镉、锌的含量很高，且与土壤中镉和锌的总量成正相关(张青等，2006)；加入不同的改良剂后，土壤中交换态镉、锌含量都明显降低。

黄泥土中，单施石灰及与有机肥配施对降低土壤中交换态镉含量的效果很好，当季即可降低交换态镉 38%~52.5%，交换态锌 91% 以上，均与不施改良剂有显著差异。单施有机肥或海泡石对降低土壤交换态镉含量效果较差，多数处理的交换态镉、锌降低量不超过 10%，与不施改良剂没有显著差异。

改良剂对红壤中交换态镉、锌含量的影响与黄泥土中的趋势基本一致，但影响的程度要大于黄泥土，其中海泡石对红壤镉、锌交换态含量降低的程度明显的大于黄泥土中的效果(表 6.2)。单施石灰及石灰与有机肥配施的红壤中，交换态镉含量分别降低了 53%~69%，交换态锌含量降低了接近 90%；单施有机肥对镉、锌的交换态含量影响不大，降低只有 5%~24%，海泡石则稍好于有机肥为 40% 左右(镉及低锌)。这说明，在酸性和微酸性土壤上，石灰对改变土壤交换态镉、锌的效应最大，好于有机肥和海泡石；且镉和锌两种元素比较，石灰对土壤中交换态锌的降低要比对交换态镉大。

表6.2　施用不同改良剂下镉、锌单一污染土壤中交换态镉、锌的含量　　　　(单位：mg/kg)

镉处理	黄泥土		红壤		锌处理	黄泥土		红壤	
	40 天	180 天	40 天	180 天		40 天	180 天	40 天	180 天
CK	0.172a	0.153A	0.042a	0.050A	CK	5.2a	9.1A	2.8a	4.2A
Cd1	0.340c	0.326B	0.370f	0.349E	Zn1	52.2c	50.7B	80.7e	71.6D
Cd2	0.549d	0.534D	0.576h	0.564G	Zn2	133.5e	127.7E	179.8g	162.9E
Cd1+L	0.211ab	0.301B	0.114b	0.145B	Zn1+L	3.1a	7.0A	9.2a	10.8A
Cd1+S	0.329c	0.282B	0.218c	0.195C	Zn1+S	48.6bc	41.6B	49.0c	33.4C
Cd1+OM	0.322c	0.290B	0.281e	0.262D	Zn1+OM	41.5b	39.9B	71.7d	62.7D
Cd1+LOM	0.195a	0.206A	0.121b	0.130B	Zn1+LOM	3.5a	7.8A	4.5a	7.9A
Cd2+L	0.324c	0.448C	0.225c	0.278D	Zn2+L	11.5a	14.3A	25.0b	27.7BC
Cd2+S	0.539d	0.537D	0.356f	0.340E	Zn2+S	127.7e	102.0D	79.9e	70.6D
Cd2+OM	0.524d	0.519D	0.507g	0.479F	Zn2+OM	92.1d	71.0C	170.9f	153.2E
Cd2+LOM	0.261b	0.437C	0.270de	0.303DE	Zn2+LOM	10.7a	17.3A	19.0b	20.6B

注：CK：不加重金属和改良剂的对照，Cd1、Cd2分别代表镉的加入量为0.6mg/kg和1.2mg/kg；Zn1、Zn2分别代表锌的加入量为250mg/kg和500mg/kg；L、S、OM分别代表石灰(用量3g/kg)、海泡石(用量4g/kg)和有机肥(用量20g/kg)。同列数据后带有不同小写字母的，表示差异显著($P<0.05$)，带有不同大写字母的，表示差异显著($P<0.01$)；下同

两种土壤中都表现出加入石灰 180 天土壤交换态镉、锌含量都比 40 天的稍高，而单施有机肥或海泡石的土壤中交换态镉、锌含量比 40 天的略低，说明在两种土

壤中，石灰降低镉有效性的后效不如有机肥或海泡石的长。

综合以上结果可知，在镉或锌污染的酸性和偏酸性土壤上，施用石灰对降低交换态镉、锌含量的效果较好，但其后效短，要多次施用；施入有机肥或海泡石对降低交换态镉、锌含量的效果不如石灰好，但后效长，不用经常施用；而且，这三种改良剂对降低土壤中交换态锌含量的效果要比降低交换态镉含量的效果好，这与前面改良剂的生物效应一致。

(2) 施用不同改良剂的镉锌复合污染土壤中交换态镉、锌的变化

当红壤和黄泥土同时遭受镉和锌的污染时，不同改良剂的作用与单一污染条件下相似(图6.5)：石灰单施及与有机肥配施对降低两种土壤交换态镉、锌含量效果最好，单施有机肥或海泡石则效果不佳；改良剂对锌的影响大于镉；相同处理下交换态镉、锌的降低程度红壤大于黄泥土，海泡石对交换态镉、锌含量降低的效果红壤中好于黄泥土。

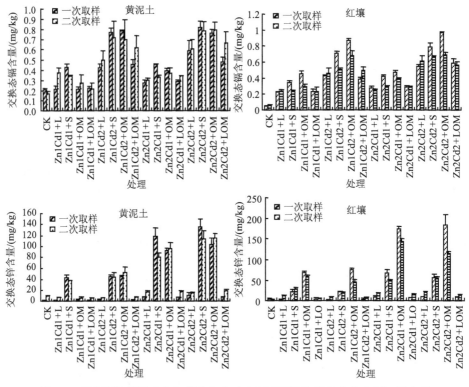

图6.5 复合污染黄泥土和红壤中加入改良剂后两次取样的交换态镉、锌含量

同时，镉和锌之间也有相互影响。当外加等量的镉时，加入高量锌的土壤交换态镉含量比加入低量锌的土壤的要高；外加锌量相同时，加入高量镉的土壤交

换态锌比外加低量镉的土壤高，且加入量越大，交换态镉所占的比例越小，交换态锌所占的比例越大。

第二次取样时，黄泥土上3种改良剂各处理交换态镉、锌含量与第一次取样差异不大，说明在微酸性的黄泥土上3种改良剂的后效均不强。而施用石灰的红壤中，交换态镉、锌含量与于第一次取样无显著差异，但施有机肥或海泡石的土壤则小于第一次取样，说明在镉锌复合污染条件下，酸性的红壤上石灰的后效是最差的，海泡石和有机肥的当季效果不如石灰，但有一定的后效。因此，复合污染土壤上，如果既考虑效果又考虑后效，石灰和有机肥配施最好。

上述结果表明，对于黄泥土和红壤的镉、锌来说，无论是单一还是复合污染石灰是修复效果最好的改良剂。张茜(2007)对铜、锌三级污染的红壤和黄泥土的培养实验也表明石灰对铜、锌的单一、复合污染修复效果非常显著。其结果显示，施用石灰后，土壤中有效态铜、锌的含量显著降低，铜、锌的单一、复合污染间差别不大(图 6.6)。加入石灰后，土壤有效态铜含量较未施入改良剂时降低了91.8%；有效态锌含量降低了近88%；黄泥土经施用石灰固定后，有效态铜含量较未施入改良剂时降低了40%；有效态锌含量也均显著降低了90%。

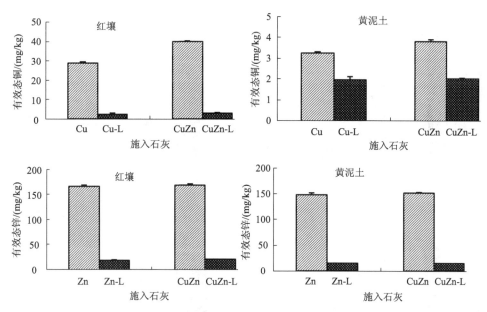

图 6.6 施入石灰的重金属污染土壤中有效态铜和有效锌的含量

Cu-L, Zn-L, CuZn-L 分别表示铜、锌单一与复合污染土壤中施用石灰

(3) 不同石灰用量下土壤有效态铜、锌含量的变化

重金属的固定作用不仅受到改良剂种类的影响，还受到改良剂数量的影响。

在铜、锌单一或复合三级污染的红壤中加入不同用量的石灰：对照(不加石灰)、低量(0.5g/kg)、中量(1.5g/kg)和高量(2.5g/kg)。将上述土样在室内培养一段时间后发现，其有效态铜含量降低幅度随着石灰用量的增加而增大，差异达到显著水平(图6.7)。单一污染下，三种石灰用量时土壤有效态铜含量分别较对照降低了39.8%、75.5%和87.3%；复合污染下，则分别较对照降低了17.4%、75.9%和87.0%。有效态锌含量也都显著降低，施入高量石灰时，单一与复合污染下，红壤中有效态锌含量分别为20.2mg/kg和23.4mg/kg，较对照降低了88.4%和86.8%。可见，在红壤中，一定范围内，石灰施用量越大，对重金属的固定作用越强。

而在相同污染程度的黄泥土中施用石灰时，三种不同用量下有效铜含量差异不显著。这可能是因为黄泥土对铜的专性吸附较多，低量石灰已经可以提供足够多的可变负电荷来促进土壤胶体对铜离子的吸附。有效态锌则随石灰用量的增多而显著减少，但高量石灰有效态锌降低的幅度小于红壤。

对比红壤和黄泥土，可以发现，将石灰作为改良剂施用时，并不是石灰用量愈多愈好；因此，实际中要根据不同土壤类型选择合适的石灰用量。

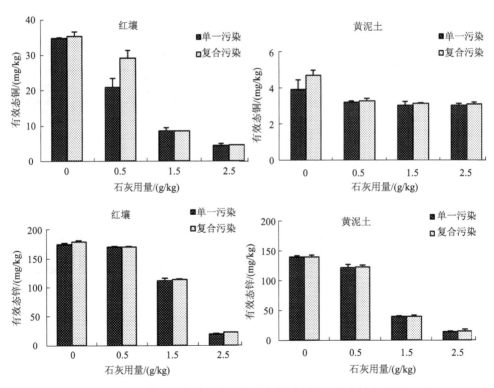

图6.7 不同石灰用量下单一和复合污染土壤中有效态铜和有效态锌的含量(张茜，2007)

6.2.2　重金属污染土壤中化肥与改良剂联合施用的修复效果

除有机肥、石灰外，碱性络合物、硫化物、盐基熔磷等工业副产物也能成为修复重金属污染的改良剂。这些物质具有价格便宜、材料易得、使用安全、能与肥料配伍等优点，是可以开发利用的资源。

在福建多个蔬菜基地进行了一系列这些改良剂的修复实验(表6.3)，结果表明，这些改良剂配合肥料施用，对重金属污染都具有一定的修复效果。

表6.3　福建多个蔬菜试验基地改良剂修复实验的设计及土壤基本情况

实验类型	实验地点	土壤类型	作物	处理	用量	备注
不同改良剂效果实验	闽侯县蔬菜试验基地	灰黄泥土	四九菜心	化肥	每亩施纯 N 12kg、P$_2$O$_5$ 4.8kg、K$_2$O 7.2kg	小区面积24m^2
				化肥+碱性络合物	上述化肥+1g 碱性络合物	
				化肥+盐基熔磷	上述化肥+40g 盐基熔磷	
	闽侯县竹岐试验基地	灰红黄泥土	白萝卜	化肥	每亩施纯 N 9.45kg、P$_2$O$_5$ 7.05kg、K$_2$O 14.4kg	小区面积20m^2
				化肥+固体硫化物	上述化肥+2g 固体硫化物	
				化肥+液体硫化物Ⅰ	上述化肥+2g 液体硫化物Ⅰ	
				化肥+液体硫化物Ⅱ	上述化肥+8g 液体硫化物Ⅱ	
				化肥+碱性络合物	上述化肥+2g 碱性络合物	
	福州市晋安区埔垱村	灰泥土	空心菜	化肥	每亩施纯 N 10.5kg、P$_2$O$_5$ 4.8kg、K$_2$O 6.0kg	小区面积12m^2
				化肥+固体硫化物	上述化肥+2g 固体硫化物	
					上述化肥+1.9g 液体硫化物	
				化肥+液体硫化物Ⅱ	上述化肥+8g 液体硫化物	
	福建省农业科学院土壤肥料研究所	灰黄泥土	小白菜	对照	尿素 156.5mg/kg 土、磷酸一铵 72.7mg/kg 土、硫酸钾 80mg/kg 土	
				化肥+盐基熔磷	上述化肥+盐基熔磷 2g/kg 土	
				化肥+固体硫化物	上述化肥+固体硫化物 167mg/kg 土	
				化肥+液体硫化物Ⅰ	上述化肥+液体硫化物Ⅰ 133mg/kg 土	
				化肥+液体硫化物Ⅱ	上述化肥+液体硫化物Ⅱ 533mg/kg 土	
	福建省农业科学院土壤肥料研究所	冲击性沙壤土	空心菜	对照	不施肥不施改良剂	
				全量化肥	N 160mg/kg 土、P$_2$O$_5$ 64mg/kg 土、K$_2$O 80mg/kg 土	
				有机无机各半	有机无机肥各占一半纯氮量	
				全量化肥+固体硫化物	上述化肥+固体硫化物 167mg/kg 土	
				全量化肥+盐基熔磷	上述化肥+盐基熔磷 2g/kg 土	
				有机无机各半+固体硫化物	上述化肥+固体硫化物 167mg/kg 土	
				有机无机各半+盐基熔磷	上述化肥+盐基熔磷 2g/kg 土	

续表

实验类型	实验地点	土壤类型	作物	处理	用量	备注
改良剂用量实验	龙岩市新罗区新陂蔬菜基地	黄底灰泥田	茎用芥菜	空白	不施化肥和改良剂	小区面积18m²
				化肥	N 105kg/hm²、P₂O₅ 42kg/hm²、K₂O 61.5kg/hm²	
				化肥+盐基熔磷	上述化肥+1500kg/hm²	
				化肥+低量固体硫化物	上述化肥+22.5kg/hm²	
				化肥+中量固体硫化物	上述化肥+37.5kg/hm²	
				化肥+中高量固体硫化物	上述化肥+52.5kg/hm²	
				化肥+高量固体硫化物	上述化肥+67.5kg/hm²	
	福州市晋安区埔垱村	灰泥土	菠菜	化肥	每亩施纯 N 9.45kg、P₂O₅ 7.05kg、K₂O 14.4kg	小区面积12m²
				化肥+低量固体硫化物	上述化肥+1.5kg 固体硫化物	
				化肥+中低量固体硫化物	上述化肥+2kg 固体硫化物	
				化肥+中量固体硫化物	上述化肥+2.5kg 固体硫化物	
				化肥+中高量固体硫化物	上述化肥+3kg 固体硫化物	
				化肥+高量固体硫化物	上述化肥+3.5kg 固体硫化物	

1. 施用不同改良剂改变蔬菜生长和产量

与单施化肥处理相比，除添加碱性络合物能极显著提高白萝卜产量外，添加其他不同重金属改良剂对蔬菜产量的影响虽有增有减，但差异不显著，其中添加固体硫化物和液体硫化物 I 对空心菜和白萝卜产量均有所提高，提高幅度约为5%；而添加液体硫化物 II 则略有减产趋势，减产率仅约为 3%；而添加碱性络合物处理对白萝卜产量有极显著的提高，提高幅度达 23.7%(表 6.4)。从芥菜产量来看(图 6.8)，添加盐基熔磷和不同用量固体硫化物，除添加中高量和高量固体硫化物处理相对于化肥处理分别增产 26.2%和 15.0% ($P<0.01$)外，其余处理产量差异均不显著。在不同固体硫化物用量处理中，当固体硫化物用量为中高量时，产量最高，达每亩 41 000kg，极显著高于其他处理。这说明，在化肥基础上配施中高量的固体硫化物能显著促进污染土壤上芥菜的生长，而盐基熔磷和中低量的固体硫化物则作用不大。

在以盐基熔磷和固体硫化物作为改良剂，与纯化肥及有机-无机肥形成两大类型降污配方肥的实验中(图 6.9)，与不施肥对照相比，所有施肥处理都能不同程度地提高蔬菜产量，提高幅度为 14.6%～135.34%，其中以有机无机各半加重金属改良剂两个处理的增产效果最佳。在全量化肥基础上添加重金属改良剂的两个处理都比单施化肥处理的增产，增幅 7.77%~22.07%。在有机无机各半基础上，添加重金属改良剂的两个处理也均比无重金属改良剂处理增产 24.25%~70.71%。说明重金属改良剂有降低重金属危害的作用，从增产效果来看，添加盐基熔磷比添加固体硫化物最好。

表6.4 福建污染红壤上施用不同改良剂的蔬菜产量

施用改良剂	小区平均产量/(kg/小区)					
	闽侯 (菜心)		埔垱 (空心菜)		闽侯(白萝卜)	
	产量	增产幅度/%	产量	增产幅度/%	产量	增产幅度/%
化 肥(CK)	17.8	—	35.9a	—	105.7Bb	—
化肥＋碱性络合物	17.4	−2.6	—	—	130.8Aa	23.7
化肥＋盐基熔磷	16.7	−4.1	—	—	—	—
化肥＋固体硫化物	—	—	38.8a	8.1	111.0Bb	5.01
化肥＋液体硫化物 I	—	—	36.0a	0.3	115.2ABb	8.99
化肥＋液体硫化物 II	—	—	34.4a	−4.2	104.0Bb	−1.61

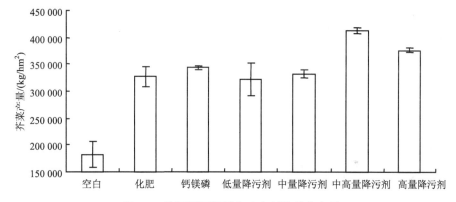

图 6.8 施用不同肥料和改良剂的芥菜产量

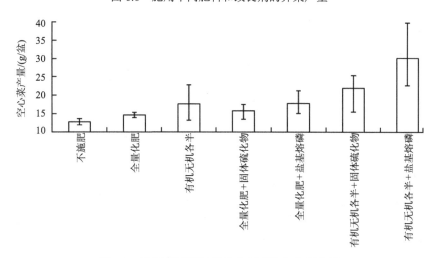

图 6.9 施用不同肥料及改良剂下的空心菜产量

对芥菜和空心菜的实验还表明改良剂对作物的生长形态也有显著影响(图6.10)。在实验中期，添加中量和中高量固体硫化物处理芥菜株高显著高于不添加重金属改良剂处理，增高量分别为 5.5cm 和 6.0cm，也略高于添加盐基熔磷处理的和低量、高量固体硫化物处理，增高量分别为 1.1~3.5cm 和 1.6~4.0cm；在收获期，添加中高量固体硫化物处理的芥菜株高极显著高于不添加重金属改良剂和添加盐基熔磷处理的，增高量分别为 4.7~4.9cm。添加盐基熔磷和其他量固体硫化物处理的芥菜株高虽高于不添加重金属改良剂的处理，但差异不显著。综合来看，添加中高量固体硫化物，有利于芥菜生长。

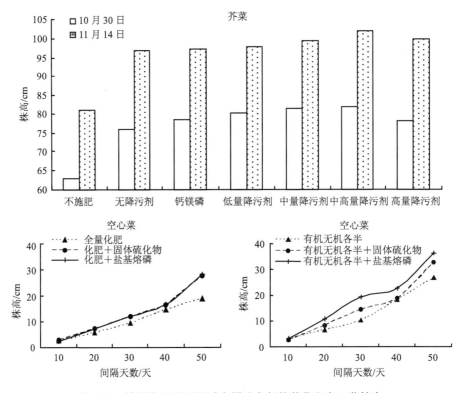

图 6.10　施用化肥和不同重金属改良剂的芥菜和空心菜株高

从图 6.10 直观看出空心菜长势的好坏。在等量化肥基础上，添加重金属改良剂的两个处理其空心菜每 10 天的株高基本一致，且一直高于未加重金属改良剂的全量化肥处理的空心菜，尤其在后期。在同样有机无机各半的基础上，添加重金属改良剂的两个处理其空心菜每 10 天的株高也一直高于未加重金属改良剂处理的空心菜，且盐基熔磷的效果要好于固体硫化物。这说明重金属改良剂的确有降低重金属危害，使空心菜长势良好的作用。

综上，添加固体硫化物、液体硫化物Ⅰ和液体硫化物Ⅱ、碱性络合物、增加盐基熔磷等改良剂对不同种类蔬菜产量影响不同，碱性络合物对白萝卜作用显著，在空心菜上施用盐基熔磷效果更好，而中高量的固体硫化物则更适合芥菜。

2. 施用不同重金属改良剂的蔬菜体内的重金属含量

不添加改良剂的化肥处理，除砷、铅外，菜体汞、镉均未达到国家"无公害蔬菜通用标准"(GB　18406.1—2001)；而在化肥基础上，添加碱性络合物、盐基熔磷、固体硫化物、液体硫化物Ⅰ、液体硫化物Ⅱ，都能使供试的蔬菜菜体镉含量下降到"无公害蔬菜通用标准"(表6.5)。这表明，施用不同重金属改良剂总体上能不同程度地降低蔬菜体内的重金属含量，实现蔬菜安全生产。

表6.5　施用不同改良剂的蔬菜体内重金属含量　　　(单位：mg/kg)

蔬菜种类		化肥(CK)	化肥＋碱性络合物(增减幅度/%)	化肥＋盐基熔磷(增减幅度/%)	化肥＋固体硫化物(增减幅度/%)	化肥＋液体硫化物Ⅰ(增减幅度/%)	化肥＋液体硫化物Ⅱ(增减幅度/%)
四九菜心	Pb	0.55	0.36(-33)	0.86(57.9)	—	—	—
	Cd	0.07	0.04(-51)	0.05(-30)	—	—	—
空心菜	Pb	0.28Aa	—	—	0.19Cc(-32.1)	0.22Bb(-21.4)	0.19Cc(-32.1)
	Cd	0.06a	—	—	0.06a(0)	0.05b(-16.7)	0.06a(0)
	As	0.01a	—	—	0.01a(0)	0.01a(-20)	0.01a(0)
白萝卜	Pb	0.31Aa	0.29Aa(-8.1)	—	0.10BCb(-67.4)	0.30Aa(-5.4)	0.08Cc(-75.5)
	Cd	0.06Aa	0.03Bc(-48)	—	0.05Aab(-14)	0.05ABb(-20.5)	0.05ABb(-20.5)
	As	0.09Aa	0.09Aa(-2.8)	—	0.07ABbc(-29.1)	0.08ABab(-17)	0.05Bc(-44.7)

碱性络合物，能螯合土壤铅、镉、砷、汞等重金属，降低这些重金属的有效性，减少蔬菜对它们的吸收量。施用碱性络合物，菜体内铅和镉含量分别降低8.1%~33%和48%~51%，其中白萝卜镉降低量达到极显著水平，汞含量降低31.6%。盐基熔磷能在土壤中与重金属镉、砷、汞络合，形成重金属络合物，从而降低有效性，减少蔬菜对它们的吸收。盐基熔磷降低四九菜心体内镉、砷、汞含量的幅度分别达到30%、67%和77.6%。施用含硫化合物能在土壤中与重金属形成难溶的重金属硫化物沉淀，从而减少当季蔬菜对重金属的吸收。固体硫化物使菜体内铅含量降低了32.1%~67.4%，达极显著水平；镉含量降低0%~14%，砷含量减低0%~29.1%，其中白萝卜砷降低量达到显著水平。液体硫化物Ⅰ使菜体内铅含量降低5.4%~21.4%，空心菜铅降低量达极显著水平；镉含量降低16.7%~20.5%，达显著水平，砷含量减低17%~20%。液体硫化物Ⅱ使菜体内铅含量降低32.1%~75.5%，达极显著水平；镉含量降低0%~20.5%，砷含量减低0%~44.7%，其中白萝卜镉、砷降低量均达到极显著水平。

对芥菜重金属含量的分析结果(表6.6)，与不加重金属改良剂的化肥处理相比，在其基础上添加盐基熔磷和不同用量固体硫化物大都能使芥菜铅、镉含量有不同程度的降低，降幅分别在 9.8%~44%和 8.6%~21.4%，其中高量固体硫化物的处理降低效果分别达到显著和极显著水平。盐基熔磷对铅的降污效果与低量固体硫化物相当，不到 10%，对镉的降污效果与中高量固体硫化物相当，在 12%左右。空白处理含铅量仅次于单施化肥，而含镉量最低，这可能与芥菜本身对不同重金属富集有关。

表6.6　不同施肥和改良剂下污染土壤中芥菜的重金属含量

施肥处理	重金属含量			
	Pb/(mg/kg)	增减幅度%	Cd/(mg/kg)	增减幅度%
空白	9.93abA	−2.8	0.81cB	−27.7
化肥	10.22aA	—	1.12aA	—
盐基熔磷	9.21abcA	−9.8	0.98abAB	−12.2
低量固体硫化物	9.21abcA	−9.9	1.12aA	0.3
中量固体硫化物	7.24abcA	−29.2	1.02abAB	−8.6
中高量固体硫化物	5.81bcA	−43.2	0.98abAB	−12.5
高量固体硫化物	5.72cA	−44.0	0.88bcB	−21.4

小白菜实验的结果则与以上几种作物各有异同(表 6.7)。相对不添加任何重金属改良剂而言，添加不同改良剂均能降低小白菜铅含量(13.4%~46.7%)和镉含量(18.9%~38.1%)。对铅的降污效果固体硫化物>盐基熔磷>液体硫化物Ⅱ>液体硫化物Ⅰ；对镉的降污效果液体硫化物Ⅱ>固体硫化物>盐基熔磷>液体硫化物Ⅰ。其中，添加盐基熔磷、固体硫化物和液体硫化物Ⅱ这三个处理的小白菜镉含量达到蔬菜卫生通用标准(≤0.05mg/kg)。从综合污染指数(P 综)来看，不添加改良剂和添加液体硫化物Ⅰ处理对小白菜污染较重(P 综>1)，而添加盐基熔磷、固体硫化物和液体硫化物Ⅱ处理对小白菜污染较轻，即改良效果较好。但从能与肥料配伍，研制出蔬菜降污专用肥角度来看，盐基熔磷和固体硫化物更好些。

表6.7　施用不同改良剂的小白菜重金属含量

改良剂处理	重金属含量(mg/kg)						P 综
	Pb	增减幅度/%	P$_{Pb}$	Cd	增减幅度/%	P$_{Cd}$	
不添加改良剂	0.86aA	—	0.86	0.070aA	—	1.4	1.27
盐基熔磷	0.50cBC	−42.2	0.50	0.049bAB	−30.3	0.98	0.87
固体硫化物	0.46cC	−46.7	0.46	0.047bB	−33.0	0.94	0.83
液体硫化物Ⅰ	0.74abAB	−13.4	0.74	0.057abAB	−18.9	1.14	1.04
液体硫化物Ⅱ	0.58bcBC	−32.1	0.58	0.043bB	−38.1	0.86	0.79

上述结果可以看出，不同重金属改良剂的修复效果会因作物种类不同、重金属种类不同、改良剂数量不同等因素而显著不同。因此，这几种重金属改良剂酌情混用，可能更适合在无公害蔬菜生产中应用。

3. 用改良剂的污染土壤上植物体内铅、镉含量的变化

许多研究表明，提高土壤pH，是抑制作物吸收铅、镉等重金属的重要途径，但芥菜实验间土壤pH变化并不大，因此pH与芥菜体内铅、镉含量相关性并不显著。将芥菜菜体镉、铅，土壤全量镉、铅、土壤有效态镉、铅、pH两组数据进行灰色关联分析表明，芥菜菜体铅含量与土壤总铅含量关联度最大(0.725)，pH次(0.610)，土壤有效铅位居第三(0.527)；芥菜菜体镉含量与土壤有效态镉含量的关联度最大(0.736)，土壤全量铅其次(0.730)，pH位居第三(0.679)。对小白菜实验的回归分析也发现，土壤有效态铅、镉与小白菜重金属铅、镉分别呈显著的直线正相关，方程分别如下。

$$Y_{Pb} = 0.092x + 2.475 \quad (R^2 = 0.864*)$$
$$Y_{Cd} = 0.620x + 0.027 \quad (R^2 = 0.842*)$$

菠菜体内重金属(铅、镉、砷)含量，从总体来看(图6.11)，施用不同剂量固体硫化物对菠菜菜体重金属含量有降低趋势，但其降污效果因重金属种类不同而有所差别。对菜体砷、镉含量而言，随固体硫化物用量的增加而大幅降低，线性关系达到显著和极显著水平。低量和中低量固体硫化物对砷、镉的降低效果基本一致，中量和中高量的效果基本一致。

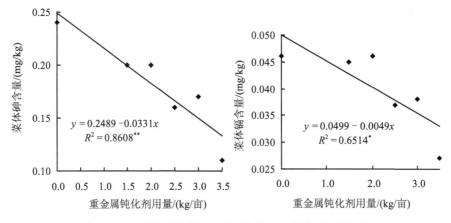

图6.11　不同剂量改良剂与蔬菜体内重金属含量的相关性

从表6.8看出，当添加量达到2.5kg/亩以上时，蔬菜体内砷含量降低29.2%~54.2%，达显著或极显著水平；当添加量在3.5kg/亩时，蔬菜体内镉含量降低 41.3%，达极显著水平；当添加量达 2~2.5kg/亩时，蔬菜体内铅含量降低 38.5%~61.5%，达显著或极显著水平；其余剂量虽下降，但差异未达显著水平。

表6.8　不同改良剂用量下的污染土壤中菠菜体内重金属的含量

改良剂用量 /(kg/亩)	砷/(mg/kg)		铅/(mg/kg)		镉/(mg/kg)	
	平均	增减幅度/%	平均	增减幅度/%	平均	增减幅度/%
化　肥(CK)	0.24Aa	—	0.13Aa	—	0.046Aa	—
化肥＋固体硫化物 1.5kg	0.20ABab	−16.7	0.11Aab	−15.4	0.045Aa	−2.2
化肥＋固体硫化物 2.0kg	0.20ABab	−16.7	0.05Bc	−61.5	0.046Aa	0
化肥＋固体硫化物 2.5kg	0.16ABbc	−33.3	0.08ABbc	−38.5	0.037ABa	−19.6
化肥＋固体硫化物 3.0kg	0.17ABbc	−29.2	0.11Aab	−15.4	0.038ABa	−17.4
化肥＋固体硫化物 3.5kg	0.11Bc	−54.2	0.12Aa	−7.7	0.027Bb	−41.3

表 6.9 表明，与全量化肥相比，在其基础上添加不同重金属改良剂的两个处理都能使空心菜铅、镉含量不同程度降低，其中铅污染指数由 1.80 降至 0.31 和 0.81，镉污染指数由 14.4 降至 1.2 和 0.34；在有机无机各半基础上，添加不同重金属改良剂的两个处理也都能使空心菜的铅、镉含量不同程度降低，其中铅污染指数由 0.89 降至 0.11 和 0.74，镉污染指数由 1.36 均降至 0.02。这说明肥料配合改良剂施用，能够大幅降低空心菜体内的重金属含量，且以有机无机配合加改良剂效果更显著。对降低空心菜铅含量而言，固体硫化物的效果好于盐基熔磷，而对降低空心菜镉含量而言，固体硫化物的效果与盐基熔磷相近，说明某一种重金属改良剂并不可能对所有重金属的降污效果都是最好的，即重金属改良剂可能有专一性。因此，对多种重金属污染的菜地，可能要选用几种重金属改良剂的组合才能达到修复的理想效果。从表 6.9 还可看出，不论是否添加重金属改良剂，有机无机各半处理的空心菜重金属含量都相应地比单施化肥处理来得低，说明有机肥有降低重金属吸收和累积的作用。

表6.9　施用不同肥料和改良剂下重金属污染土壤上空心菜的重金属含量

施肥与改良剂	铅/(mg/kg)		镉/(mg/kg)	
	平均	P_{Pb}	平均	P_{Cd}
不施肥	1.086bB	1.09	0.066bB	1.32
全量化肥	1.803aA	1.80	0.720aA	14.4
有机无机各半	0.890bcB	0.89	0.068bB	1.36
全量化肥＋固体硫化物	0.311cdD	0.31	0.060bB	1.2
全量化肥＋盐基熔磷	0.807bcB	0.81	0.017bB	0.34
有机无机各半＋固体硫化物	0.109dD	0.11	0.001bB	0.02
有机无机各半＋盐基熔磷	0.737cBC	0.74	0.001bB	0.02

6.3　有机肥和改良剂修复土壤重金属污染的原理

6.3.1　有机肥和改良剂改变重金属污染土壤的 pH

改良剂对污染土壤中重金属离子的固定作用主要是通过影响土壤的 pH 来实现的。土壤 pH 上升，一方面增加了土壤表面的可变负电荷，促进了土壤胶体对重金属离子的吸附，降低了吸附态重金属的解吸量；另一方面，由于溶液中的氢离子浓度降低，氢离子的竞争作用减弱，作为土壤吸附重金属的主要载体，如有机质、锰氧化物等与重金属离子结合得更加牢固，从而使其有效性降低。相关分析表明，红壤和黄泥土中，有效态铜、锌的含量与 pH 均呈显著负相关关系(图6.12)(张茜，2007)。经石灰固定的污染红壤中，pH 升高 1 个单位，红壤中有效态铜含量降低约 2.6mg/kg，有效态锌含量降低约 14.6mg/kg；相同情况在黄泥土中，有效态铜含量降低约 3.8mg/kg；有效态锌含量降低约 17.5mg/kg。可见，改变土壤中的pH，对两种土壤中有效态锌含量影响大于对有效态铜含量的影响。

石灰能够显著增加红壤、黄泥土的pH。从图 6.13 中可以看出未施入改良剂

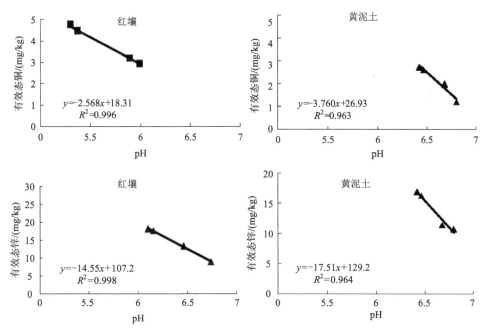

图 6.12　不同 pH 下重金属复合污染土壤中有效态铜和锌的含量

时，红壤的 pH 为 4.5，基本不能生长植物；施入石灰后，pH 上升到 6.0 左右，增高了约 33%，此时 pH 已能保证植物的正常生长。黄泥土中，未施入改良剂时，土壤 pH 为 5.5 左右，不利植物生长；施入石灰后，土壤 pH 升到 6.7 左右，适宜生长植物，增幅近 20%。且这种 pH 的变化不受单一、复合污染的影响。

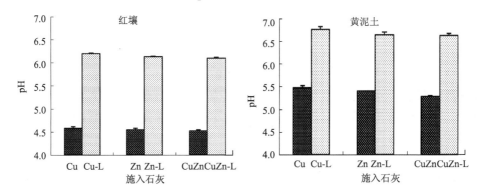

图 6.13　铜、锌单一及复合污染红壤和黄泥土施入石灰后土壤 pH 变化

石灰用量也会显著影响土壤的 pH(表 6.10)。红壤在施加不同含量的石灰后，复合污染(ZnCu)处理的 pH 随着石灰用量的增加，分别达到 4.57，5.17 和 6.04；与对照(pH=4.33)比较，分别升高了 5%，19.4%和 39.5%。和红壤比较，黄泥土在施加不同含量的石灰后，与对照比较，pH 上升幅度比较小，随着石灰用量的增加，pH 分别达到 5.69，6.04 和 6.50，分别升高了 3.6%、10.0%和 18.4%。

表6.10　不同石灰用量下红壤和黄泥土的pH

石灰用量 /(g/kg)	红壤 pH			黄泥土 pH		
	Cu	Zn	CuZn	Cu	Zn	CuZn
0	4.52a	4.53a	4.33a	5.57a	5.51a	5.49a
低量 0.5	4.92b	4.81b	4.57b	5.85b	5.81b	5.69b
中量 1.5	5.29c	5.61c	5.17c	6.30c	6.17c	6.04c
高量 2.5	6.18d	6.15d	6.04d	6.61d	6.76d	6.50d

注：表中同列数字后不相同的字母表示在0.05水平下差异显著，下同

在施用石灰的污染土壤中种植植物，收获后，红壤及黄泥土的 pH 较未施入改良剂时仍有显著增高(图 6.14)(张茜，2007)。红壤中，铜单一污染、锌单一污染、铜锌复合污染的增高幅度均为 24%左右；黄泥土中，增幅达到了 19%。这说明石灰对 pH 的调节作用有一定的后效。

不同的改良剂对土壤 pH 的作用不同。在有机肥、石灰、及海泡石的修复实验中(见 2.1 部分)，就红壤而言(图 6.15)，红壤 pH 较低，约为 5.5，加入石灰后 pH 升高了 2.1 个单位，与不加石灰的处理差异显著；加入海泡石后 pH 升高较少，升

高了约 1.1 个单位，加入有机肥对土壤 pH 的影响介于石灰和海泡石之间，由于 pH 的升高，使交换态铜、锌的量降低，使二者向残渣态方向转化。对黄棕壤(图 6.16)，加入重金属后，土壤 pH 比未加前降低 0.55~0.75 个单位，达到显著水平，这也是重金属有效性增加的原因；施入不同改良剂对 pH 影响很大，加有石灰的处理 pH 明显升高，最高增加约 1.5 个单位，与不施石灰的处理都达到显著水平；加海泡石的处理与不加改良剂的土壤 pH 无显著差异，即海泡石对提高土壤 pH 作用不大；三种改良剂提高土壤 pH 的作用：石灰>有机肥>海泡石，所有处理均为根际 pH 大于非根际，各处理间差异显著；这可能是因为根际呼吸作用释放 CO_2、根系分泌有机酸和外界加入的肥料形态等共同作用所致。

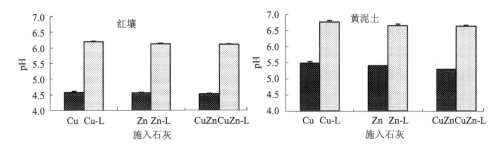

图 6.14 施入石灰种植一季作物后土壤的 pH

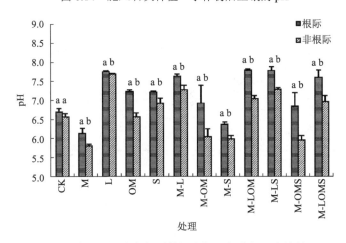

图 6.15 施用不同改良剂后黄泥土根际与非根际土壤的 pH

有机肥对土壤 pH 的改变没有石灰那样速效，在短期内，对土壤 pH 的影响不太明显，但从长期看，其作用非常显著且稳定。在祁阳 20 年的长期实验中，施用有机肥(有机肥单施或与化肥配施)能够保持土壤pH稳定或有所升高(图 6.17)(蔡泽江等，2011)。

在实际应用时，应考虑各种改良剂的长期和短期的效应，综合考虑。石灰配合有机肥，既能够在短期内改变土壤 pH 从而抑制重金属的有效性，又能够长期维持保持后效，还能为作物提供养分，改良土壤质量，且经济方便，是南方酸性土壤上比较好的修复技术方式。

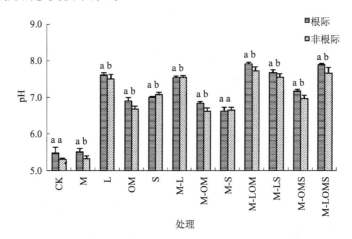

图 6.16　施用不同改良剂后红壤根际与非根际土壤的 pH

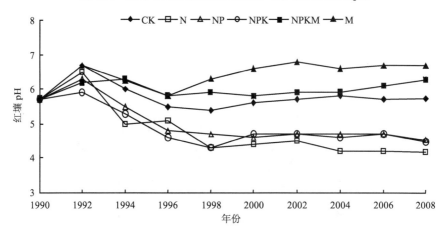

图 6.17　长期不同施肥下红壤 pH 的变化

CK：不施肥；N：单施氮肥；NP：施用氮磷化肥；NPK：施用氮磷钾化肥；NPKM：氮磷钾化肥与有机肥培施；

M：单施有机肥(猪粪)

6.3.2　不同改良剂改变土壤重金属的赋存形态

外源改良剂的加入，会造成土壤中重金属不同形态间的转化，从而影响其生物有效性。从表 6.11 和表 6.12(实验设计见本章 2.1)可看出，当外源镉加入后，交换态镉比例大大增加，而有机态和残渣态比例大大降低，这是由于土壤中镉加入时间较短，还未能被土壤吸附固持。加入改良剂后，交换态镉的数量明显降低。在红壤上，三种改良剂单施，石灰降低交换态镉的效果最好(降幅>20%)，三种改良剂配施时也能大幅度降低交换态镉含量，石灰和有机肥配施，其效果仅次于三种改良剂配施。在黄泥土上，交换态镉量在加入石灰后降低了 21.4%，石灰和有机肥配施时降低了 16.9%，加入海泡石后仅降低了 5.8%，但都促进镉向着对植物无害的形态转化。还可看出，所有加石灰的处理，可交换态镉量都低于不加石灰的处理。故石灰是一种见效很快的改良剂。

表6.11　施用不同改良剂的红壤中重金属各形态所占比例　　　　(单位：%)

改良剂	锌					镉				
	交换态	碳酸盐结合态	铁锰氧化物结合态	有机物结合态	残渣态	交换态	碳酸盐结合态	铁锰氧化物结合态	有机物结合态	残渣态
CK	0.02	7.09	26.70	0.00	66.19	8.03	0.00	23.39	0.00	68.58
M	12.22	19.66	57.95	2.31	7.86	55.58	14.13	17.99	0.00	12.31
L	0.00	0.33	39.72	0.00	59.95	0.00	17.81	5.86	0.00	76.34
OM	0.17	3.96	48.83	0.00	47.04	8.44	10.16	5.63	0.00	75.77
S	0.03	0.00	24.72	0.00	75.25	5.55	10.68	0.00	0.00	83.78
M-L	0.63	27.83	60.15	2.67	8.72	28.84	25.09	32.79	0.00	13.28
M-OM	5.24	23.52	58.88	2.87	9.48	44.03	15.51	26.29	0.00	14.17
M-S	5.06	27.68	51.98	3.34	11.94	41.05	20.17	24.09	0.00	14.69
M-LOM	0.34	21.58	68.26	2.32	7.50	29.73	23.60	35.33	0.00	11.34
M-LS	0.62	19.21	69.92	2.17	8.08	23.47	24.93	37.22	3.37	11.01
M-OMS	2.35	16.07	72.22	2.32	7.04	31.67	15.76	35.63	6.01	10.93
M-LOMS	0.34	16.23	74.03	2.67	6.72	28.52	18.02	36.11	6.69	10.66

在红壤中，无外源锌加入时，锌主要以残渣态(47%~75%)和铁锰氧化态(24%~48%)存在，交换态所占比例很少(<1%)，与镉相比，锌容易被土壤吸附固定，移动性差。有外源锌加入时，交换态锌的比例有所增加，但增加很少。就黄棕壤而言，外源锌进入土壤后主要转化为植物不易吸收的铁锰氧化物结合态(约 66%)，其次为碳酸盐结合态(约 21%)，有机物结合态(约 6%)，有效态(约 6%)，残渣态(约 3%)。加入改良剂后，锌的形态向铁锰氧化态和有机态锌等非活性形态转化，有效性降低。不同改良剂对锌各形态影响很大，有石灰的处理交换态锌的比例明显低于不加石灰的处理，不加石灰的处理交换态锌的比例明显低于不加改良剂的处理，说明各种改良剂对降低交换态锌的比例都有好的效果。在黄棕壤中，三种改良剂同时施用，其效果接近于石灰和有机肥配施的处理。

表6.12　施用不同改良剂的黄棕壤中重金属各形态比例　　　　　　　（单位：%）

改良剂	镉					锌				
	交换态	碳酸盐结合态	铁锰氧化物结合态	有机物结合态	残渣态	交换态	碳酸盐结合态	铁锰氧化物结合态	有机物结合态	残渣态
CK	28.0	18.5	51.3	0.0	2.2	28.0	18.5	51.3	0.0	2.2
M	50.5	18.0	31.3	0.1	0.1	50.5	18.0	31.3	0.1	0.1
L	14.2	22.5	62.6	0.7	0.0	14.2	22.5	62.6	0.7	0.0
OM	16.6	21.1	61.4	0.0	0.9	16.6	21.1	61.4	0.0	0.9
S	20.4	20.7	56.0	0.0	2.9	20.4	20.7	56.0	0.0	2.9
M-L	29.1	24.9	45.4	0.5	0.1	0.4	16.9	74.1	6.1	2.5
M-OM	37.4	17.9	43.6	0.4	0.6	1.5	15.1	75.0	6.2	2.2
M-S	44.7	20.5	34.0	0.0	0.8	4.3	24.3	61.4	6.5	3.4
M-LOM	33.6	16.0	46.8	0.0	3.5	0.3	10.9	80.5	6.1	2.3
M-LS	37.2	16.0	46.6	0.1	0.2	0.3	11.1	79.7	6.1	2.7
M-OMS	42.0	14.6	43.0	0.1	0.2	2.5	17.3	72.6	5.2	2.4
M-LOMS	32.4	18.0	48.6	0.6	0.3	0.3	11.6	80.3	5.4	2.4

6.3.3　改良剂降低重金属危害的生理机理

　　重金属对作物危害的内在机理在于对植物细胞质膜透性，水分代谢、光合作用、呼吸作用等生理生化过程的破坏。利用电镜观察空心菜叶肉细胞叶绿体超微结构(图 6.18)可以看到，污染土壤上单施化肥处理的叶绿体膜和基粒片层基本消失，叶绿体有解体的倾向；在化肥基础上添加重金属改良剂处理的叶绿体膜和基粒片层不够完整，在有机肥基础再添加重金属改良剂处理的叶绿体膜和基粒片层则基本完整。观察空心菜叶肉细胞线粒体超微结构(图 6.19)可以看到，单施化肥处理的线粒体双层外膜模糊，内嵴不明显，线粒体空泡化明显，在化肥基础上添

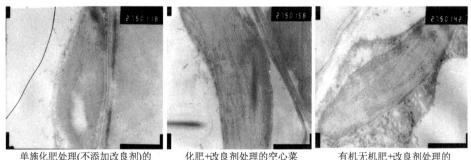

单施化肥处理(不添加改良剂)的　　化肥+改良剂处理的空心菜　　有机无机肥+改良剂处理的
空心菜叶绿体膜最不完整　　　　叶绿体膜基本完整　　　　空心菜叶绿体膜比较完整

图 6.18　重金属超标土壤上不同施肥下空心菜叶肉细胞叶绿体的超微结构

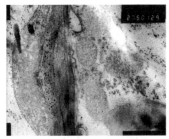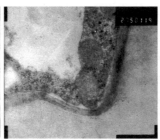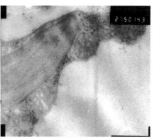

单施化肥处理(不添加改良剂)的　　　化肥+改良剂处理的空心菜　　　有机无机肥+改良剂处理的
空心菜线粒体膜最不完整　　　　　线粒体膜基本完整　　　　　空心菜线粒体膜比较完整

图 6.19　重金属超标土壤上不同施肥下空心菜叶肉细胞线粒体的超微结构

加重金属改良剂处理的线粒体膜和内嵴不够清晰；而在有机肥基础再添加重金属改良剂处理的线粒体外膜较清晰，嵴突明显。

以上结果说明，添加重金属改良剂后，能有效抑制空心菜因铅镉复合污染而造成叶绿体、线粒体等细胞超微结构的损伤，因而减轻了对细胞生理活动及生化反应的整体伤害，从而能更好地进行光合作用，有利于空心菜生长和产量提高。

6.4　主要结论和需要注意的问题

6.4.1　有机肥和改良剂修复重金属污染土壤的主要结论

将改善土壤不良性质的改良剂施用和重金属污染土壤修复结合起来，和肥料特别是和有机肥联合修复重金属污染土壤，具有一举多得的效果和作用。

(1) 通过盆栽实验，采用石灰、有机肥、海泡石三种典型改良剂，研究了镉锌二级污染和三级污染水稻土(上面都是说黄泥土，统一起来)和红壤上小油菜生长和镉锌形态变化，从中筛选出较行之有效的改良剂及配比方法。结果显示，连续两季种植石灰和有机肥同时施用生物产量最大，只加海泡石处理生物产量最小。植物对镉锌的吸收浓度以加海泡石处理最高，加石灰处理较低；植物对镉锌的吸收量以加有机肥处理最高，石灰和有机肥配合施用较低；石灰或石灰和有机肥配合施用的作物重金属含量在食品安全标准以下。所有改良剂均能降低土壤交换态镉锌的量，以加入石灰降低效果最好，加入改良剂后，铁锰氧化态镉锌的量增加，使镉锌向植物无效形态转化。

针对酸性土壤改良、类似的另外一组改良剂实验表明，施用 4 种改良剂(石灰、泥炭、钙镁磷肥、碱渣)均能降低小白菜地上部镉含量，作用效果为石灰≈泥炭>钙镁磷肥>碱渣。石灰、钙镁磷肥主要通过提高 pH 降低土壤有效镉含量，抑制小白菜对镉的吸收，泥炭主要通过形成难以被植物吸收的镉的有机络合物，降低小白菜体内镉含量。

不同肥料与改良剂的组合实验结果，不论是否添加改良剂，有机无机肥各半处理的空心菜重金属含量均相应地比单施化肥处理低，说明在酸性贫瘠土壤上有机肥本身有降低重金属毒性的作用。这是因为螯合作用可改变重金属污染物的形态及其生物有效性，从而降低蔬菜对土壤重金属的吸收。此外，有机肥又有促进作物生长，提高作物品质和改良土壤的作用。因此，有机无机型重金属修复专用肥更值得推广应用。

总之，各种改良剂均能提高土壤 pH、降低重金属有效态的含量，使重金属向活性低的形态转化，这是改良剂降低重金属毒性的主要原因；其效果以有机肥和石灰等碱性物料配合施用的效果最佳。所以，在酸性重金属污染土壤上，推荐有机肥和石灰等碱性改良剂配合施用的技术模式以有效降低重金属在作物中的含量，确保食品安全。

(2) 为了充分利用不同的改良剂，特别是一些废弃物改良修复土壤，在红壤地区菜地土壤上进行系列田间试验，对一些具有降低土壤重金属生物有效性的材料(如盐基熔磷、含硫化合物等)进行扩大筛选实验和用量实验，以求得到具有价格便宜、材料易得、使用安全、能与肥料配伍等优点的降低作物重金属含量的改良剂，为无公害作物生产提供理论和技术支持。结果表明：土壤施用固体硫化物、液体硫化物和盐基熔磷等改良剂对蔬菜产量影响不大，而对降低重金属铅、镉的吸收量效果良好，这几种重金属改良剂混用，更适合在无公害蔬菜生产中应用。实验还表明，不同重金属改良剂对蔬菜重金属含量的降低效果与不同蔬菜品种及不同重金属种类密切相关。对菜体镉累积量有随固体硫化物用量的增加(1.5~3.5kg/亩)而降低幅度增大的趋势；菜体铅累积量则以固体硫化物中低量(30~37.5kg/hm^2)效果较好，降低重金属含量幅度为 38.5%~61.5%。扫描电镜结果显示，添加重金属改良剂能有效抑制空心菜等蔬菜因铅镉复合污染而造成叶绿体、线粒体等细胞超微结构的损伤，从而有利于蔬菜更好地进行光合作用，促进蔬菜生长。

6.4.2 有机肥和改良剂使用中应注意的问题

有机肥、石灰、硫化物、盐基熔磷等物质是很好的重金属污染土壤改良剂，但是在施用过程中必须注意其质量和使用数量，以免带来二次污染、土壤质量退化等问题。

1. 有机肥造成的重金属二次污染问题

畜禽粪便是有机肥中最为常用的种类，其中含有丰富的有机质畜禽粪便是有机肥中最为常用的种类，其中含有丰富的有机质和大量的氮、磷、钾等营养成分，是提高土壤生产力非常高效的有机肥料资源，同时还能改善作物的品质(党廷辉和张麦，1999；李新江等，2005)。然而，畜禽粪便已经成为农田土壤中重金属负荷的重要来源。据不完全统计(陶秀萍和董红敏，2009)，土壤中 2/3 的铜和锌及约20%的镉和铅污染源自畜禽粪便。粪便中重金属污染主要来自饲料的添加，据不完全统计，中国每年作为添加剂的重金属元素高达 $1.5 \times 10^5 \sim 1.8 \times 10^5$ 吨，但随动物粪尿排放的达 1.0×10^5 吨(Cang et al.，2004)。随着高剂量铜、锌、砷等饲料添加剂的广泛应用，这些不能被动物吸收利用的大量重金属随粪便排出，闫秋良和刘福柱(2002)的研究指出，随着饲料中铜和锌添加量的增加，其排泄量几乎呈直线上升，铜和锌在粪便中排泄量占 95%以上。姜萍等(2010)调查分析了江西余江 39 个大型养猪场的饲料、猪粪，以及长期施用这些猪粪的菜地土壤及蔬菜的铜、锌、铅、镉含量，结果是猪粪铜、锌含量严重超标，且饲料和猪粪中铜、锌、铅、镉含量呈显著正相关关系，猪粪添加给土壤中带入了大量的铜。此类粪便作为有机肥施用于土壤后必然给土壤-植物系统构成潜在的威胁。

随着社会和经济的发展，商品有机肥已成为一种重要的有机肥种类，但是施用商品有机肥也有同样的重金属污染风险，不同种类的粪肥中重金属含量差别较大。对我国主要商品有机肥的测定结果(任顺荣等，2005)，牛粪加少量鸡粪生产的有机肥重金属含量最低，均在商品有机肥无害化指标以下；鸡粪有机肥铜、锌含量是牛粪有机肥的 1.9 倍和 1.4 倍，汞含量高的达到 4.6mg/kg，接近限定指标；猪粪堆制的有机肥样品间含量差异较大，砷含量超过和接近限定指标，含量高的超标 9.8mg/kg，铜和锌含量高的达到 1454mg/kg 和 1 763mg/kg，铜含量分别是牛粪有机肥、鸡粪有机肥的 20 倍和 11 倍，锌含量分别是牛粪有机肥和鸡粪有机肥的 6.7 倍和 4.4 倍。

不同土壤上的肥料长期实验结果表明(图 6.20)(徐明岗等，2010)，即使当季施入的有机肥重金属含量未超过国家肥料质量标准，但是经过多年累积施用后，土壤重金属负荷会迅速增长到危害植物生长的程度，尤其是在红壤上，这种累积效果更为明显。土壤重金属总量的增加总是会促进有效态含量的增加，即其生物有效性增加，这对作物生长、土壤微生物及生态环境都是非常不利的。潘逸和周立祥(2007)对不同施肥措施下小麦地的研究也发现，施用有机肥后耕层土壤中交换性铜、镉含量明显增加，有机物料的施用还增加了小麦对重金属铜、镉的吸收，促进了铜、镉在小麦植株内的积累，威胁到食品安全。长期施用人粪尿，其中的Cl⁻可络合汞，造成被汞污染的土壤汞活性增强(李波等，2000)。

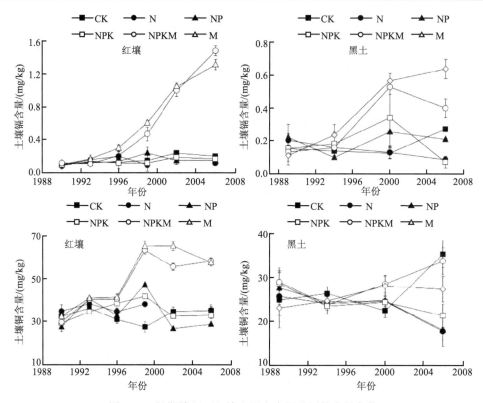

图 6.20 长期施肥下红壤和黑土中铜和镉的含量变化

CK：不施肥，N：单施氮肥，NP：施用氮磷化肥；NPK：施用氮磷钾化肥；NPKM：氮磷钾化肥与有机肥配施；

M：单施有机肥；1.5NPKM：1.5 倍氮磷钾化肥与有机肥配施

有机肥对土壤污染的另一个因素是过量施用。王开峰等(2008)在湖南 7 个稻田长期定位试验的研究也表明，各实验点稻田土壤都存在着不同程度的镉污染问题，中、高量有机肥处理明显提高了土壤锌，铜，镉的全量、有效态含量及活化率，长期大量施用有机肥加大了稻田土壤受重金属污染的风险。过量使用含硫化合物会造成土壤 pH 降低过大，反而使得土壤中有效态重金属含量增加而提高蔬菜对有效态重金属的吸收。刘赫等(2009)对沈阳棕壤的长期实验研究发现，随着中高量有机肥连续施用年限的增长，土壤中铜、锌、铅和镉的含量均明显增加，其中镉已超过国家土壤环境标准。

因此，有机肥的质量和使用量应引起足够的重视，尤其是在重金属污染地区，要慎重使用含有重金属的有机肥。施用时应注意可适当搭配其他类型的改良剂、注意施用方式及时间间隔。

2. 有机肥造成面源污染问题

近年来，农业面源污染问题越来越严重。美国环保局在提交国会的报告中指出，大量的农田养分流失是造成内陆湖泊富营养化的主要原因。而在中国水体严重污染的流域，农田、农村畜禽养殖是造成水体氮磷富营养化的重要原因。湖泊的氮磷 50%以上来自于农业面源污染，如太湖，农业面源氮量占入湖总氮量的77%，磷占 33.4%；中国的太湖、巢湖流域等水域，引起太湖水体富营养化的氮、磷营养中，来自农业面源污染的分别占 38.5%、15.1%，面源污染的贡献率已超过点源污染(崔键等，2006)。调查分析表明(张维理等，2004)，每年从种植业流失的化肥中纯氮(N)达 2575 吨，纯磷(P)达 218 吨；蔬菜和花卉地的单位面积氮流失量是水田和旱地的 7~20 倍，菜地年每公顷每年流失氮 204kg，水田的氮流失量最低，平均每公顷每年流失 10kg。磷的流失也以蔬菜、花卉地为最高，蔬菜和花卉地的单位面积磷流失量是水田和旱地的 9~10 倍。

磷作为有机肥成分之一，其排放量随着有机肥产生量增加也相应地增加。如美国每年仅养猪业所产生的磷就有 0.42mg。2002 年我国畜禽粪便产生的磷素总量为 948 万吨，相当于当年化肥投入磷素总量 1060 万吨的 89% (武淑霞，2005)。有机肥中水溶性磷含量普遍较高(Sharpley and Moyer, 2000; Ajiboye et al., 2004; Brian and Phillip, 2004)，很容易随水分淋洗、迁移造成对水体的污染。研究结果表明，有机肥中无论是水溶性的有机磷还是无机磷含量都与其淋洗液中磷含量密切相关 (陆杰等，2006)。孙瑞娟等(2009)对稻麦轮作条件下，有机肥施用对水稻田面水及渗漏水中氮、磷变化规律的影响研究表明，说明过量有机肥施入土壤后，磷不能被作物立即吸收，也不易被土壤固定，随渗漏液进入地下水，成为水体富营养化的诱因。

因此，有机肥的长期不当或过量使用，必然导致大量养分向环境中的扩散，极易引起水体的富营养化等环境问题。

综上所述，在施用有机肥及改良剂修复土壤重金属污染时一定要注意其带来的次生污染和土壤质量问题。应根据当地的具体情况，合理适量使用有机肥和改良剂。

3. 有机肥和改良剂可能造成土壤生态功能变化

有机肥及改良剂的添加，引入了新物质，自然就带来环境风险和生态风险，比如诱导或影响土壤微生物生物量及群落，这将进而影响矿物的溶解和形成、有机质矿化等重要的地球化学过程。也可能产生新的化合物、改变土壤溶液的化学组成和土壤结构等。Lombi 等(2002)和 Garau 等(2007)显示石灰、赤泥等施用显著增加土壤微生物生物量及土壤酶活度，不过细菌种类却从革兰氏阳性到革兰氏阴性，发生了巨大改变(Garau et al., 2007)。总之，这么多的变化可能有些是期望的，有些是不期望发生的。因此，有机肥和改良剂修复重金属污染土壤后的生态功能变化应该予以监测和评估。

主要参考文献

陈世宝, 华珞, 白玲玉, 等. 1997. 有机质在土壤重金属污染治理中的应用. 农业环境与发展, 14(3): 26–29

陈晓婷, 王果, 张潮海, 等. 2001. 石灰泥炭对镉铅锌污染土壤上小白菜生长和元素吸收的影响. 土壤与环境, 11(1): 17–21

崔键, 马友华, 赵艳萍, 等. 2006. 农业面源污染的特性及防治对策. 中国农学通报, 22(1): 335–340

党廷辉, 张麦. 1999. 有机肥对黑垆土养分含量、形态及转化影响的定位研究. 干旱地区农业研究, 17(4): 1–4

丁凌云, 蓝崇钰, 林建平, 等. 2006. 不同改良剂对重金属污染农田水稻产量和重金属吸收的影响. 生态环境, 15(6): 1204–1208

丁园, 刘继东. 2003. 重金属复合污染红壤增施石灰石对黑麦草生长的影响. 南昌航空工业学院学报(自然科学版), 17(1): 22–25

杜彩艳. 2005. 施用石灰对大白菜中 Cd, Pb, Zn 含量的影响. 云南农业大学学报, 20(6): 810–812, 818

杜志敏, 周静, 郝建设, 等. 2010. 4 种改良剂对土壤–黑麦草系统中镉行为的影响. 生态环境学报 19(11): 2728–2732

付宝荣, 李法云, 臧树良, 等. 2000. 锌营养条件下镉污染对小麦生理特性的影响. 辽宁大学学报(自然科学版), 27(4): 366–370

傅桂平, 衣纯真, 张福锁, 等. 1996. 潮土中锌对油菜吸收镉的影响. 中国农业大学学报, 1(5): 85–88

郝秀珍, 周东美. 2007. 畜禽粪中重金属环境行为研究进展. 土壤, 39(4): 509–513

华珞, 白玲玉, 韦东普, 等. 2002. 有机肥-镉-锌交互作用对土壤镉锌形态和小麦生长的影响. 中国环境科学. 22(4): 346–350

华珞, 白铃玉, 等. 2002. 有机肥–镉–锌交互作用对土壤镉锌形态和小麦生长的影响. 中国环境科学, 22(4): 346–350

姜萍, 金盛杨, 郝秀珍, 等. 2010. 重金属在猪饲料-粪便-土壤-蔬菜中的分布特征研究. 农业环境科学学报, 29(5): 942–947

姜萍. 2010. 猪粪对红壤菜地重金属污染过程的影响及调控. 西北农林科技大学硕士学位论文

李波, 青长乐, 周正宾. 2000. 肥料中氮磷和有机质对土壤重金属行为的影响及在土壤治污中的应用. 农业环境保护, 19 (6) : 375–377

李瑞美, 王果, 方玲. 2003. 石灰与有机物料配施对作物镉铅吸收的控制效果研究. 农业环境科学学报. 22(3);293–296

李森林, 王焕校, 吴玉树. 1990. 凤眼莲中锌对锡的拮抗作用. 环境科学学报, 10(2): 249–254

李新江, 金伊洙, 李志民. 2005. 有机肥对菜豆产量及品质的影响研究. 吉林蔬菜: 34–35

林大松, 刘尧, 徐应明, 等. 2010. 海泡石对污染土壤镉, 锌有效态的影响及其机制. 北京大学

学报(自然科学版), 46(3): 346–350

刘赫, 李双异, 汪景宽. 2009. 长期施用有机肥对棕壤中主要重金属积累的影响. 生态环境学报, 18(6): 2177–2182

陆杰, 魏晓平, 张怀志. 2006.面源污染中畜禽有机肥磷的流失形态及其环境效应. 中国人口资源与环境, 16(5);130–134

吕建波, 徐应明, 贾堤, 等.2005.两种改性剂对油菜吸收Cd Pb和Cu的影响. 农业环境科学学报, 24 (增刊) : 5 - 8

潘逸, 周立祥. 2007. 施用有机物料对土壤中 Cu、Cd 形态及小麦吸收的影响: 田间微区试验. 南京农业大学学报, 30 (2) : 142–146

任顺荣, 邵玉翠, 王正祥. 2005. 利用畜禽废弃物生产的商品有机肥重金属含量分析. 农业环境科学学报, 24 (增刊) : 216–218

孙瑞娟, 王德建, 林静慧, 等. 2009. 有机肥施用对水田土壤溶液氮磷动态变化及环境的潜在影响, 土壤, 41 (6): 907–911

陶秀萍, 董红敏. 2009. 畜禽养殖废弃物资源的环境风险及其处理利用技术现状. 畜牧环保, 11:34–38

汪洪, 周卫, 林葆. 2001. 碳酸钙对土壤镉吸附及解吸的影响. 生态学报. 21(6): 932–937

王果, 谷勋刚, 高树芳, 等. 1999. 三种有机肥水溶性分解产物对铜、镉吸附的影响. 土壤学报, 36(2): 179–188

王开峰, 彭娜, 王凯荣, 等. 2008. 长期施用有机肥对稻田土壤重金属含量及其有效性的影响. 22(1): 105–108

王新, 吴燕玉, 梁仁禄, 等. 1994. 各种改性剂对重金属迁移、积累影响的研究. 应用生态学报, 5(1): 89–94

温琰茂, 等. 1999. 施用城市污泥的土壤重金属生物有效性控制及环境容量. 第六届海峡两岸环境保护研讨会: 1116–1121

武淑霞. 2005. 我国农村畜禽养殖业氮磷排放时空变化特征及其对农业面源污染的影响. 中国农业科学院博士学位论文

熊礼明.1994. 石灰对土壤吸附镉行为及有效性的影响. 环境科学研究, 7(1): 35–38

徐明岗, 武海雯, 刘景. 2010. 长期不同施肥下我国 3 种典型土壤重金属的累积特征. 农业环境科学学报, 29(12): 2319–2324

徐明岗, 张青, 王伯仁, 等. 2009, 改良剂对重金属污染红壤的修复效果及评价. 植物营养与肥料学报, 15(1): 121–126

徐应明, 梁学峰, 孙国红, 等. 2009. 海泡石表面化学特性及其对重金属 Pb^{2+}、Cd^{2+}、Cu^{2+} 吸附机理研究. 农业环境科学学报, 28(10): 2057–2063

闫秋良, 刘福柱. 2002. 通过营养调控缓解畜禽生产对环境的污染. 家畜生态. 3: 68–70

张敬锁, 李花粉, 衣纯真, 等. 1999. 有机酸对活化土壤中镉和小麦吸收镉的影响.土壤学报, 36(1): 61–66

张磊, 宋凤斌. 2005. 土壤施锌对不同镉浓度下玉米吸收积累镉的影响. 农业环境科学学报, 24(6): 1054–1058

张茜, 李菊梅, 徐明岗. 2007. 石灰用量对污染红壤和黄泥土中有效态铜锌含量的影响, (4): 68–70, 87

张茜. 2007. 磷酸盐和石灰对污染土壤中铜 Zn 的固定作用及影响因素. 中国农业科学院硕士

学位论文

张青. 2005. 改良剂对 Cd Zn 复合污染土壤修复作用及机理研究. 中国农业科学院硕士学位论文

张维理, 武淑霞, KobleH, 等. 2004. 中国农业面源污染形式估计及控制对策 I. 21 世纪初期中国农业面源污染的形式估计. 中国农业科学, 37(7): 1008–1017

张晓熹, 罗泉达, 郑瑞生, 等. 2003. 石灰对重金属污染土壤上镉形态及芥菜镉吸收的影响. 福建农业学报, 3: 151–154

张亚丽, 沈其荣, 姜洋. 2001. 有机肥料对镉污染土壤的改良效应. 土壤学报, 38(2): 212–218

周华, 吴礼树, 洪军, 等. 2006. 几种改良剂对 Cd 和 Pb 污染土壤小白菜生长的影响. 河南农业科学, 5: 90–94

朱永官. 2003. 锌肥对不同基因型大麦吸收累积镉的影响. 应用生态学报, 14(11):1985–1988

Abdelilah C, Mohamed HG, Ezzedine EF. 1997. Effects of cadmium-zinc interactions on hydroponically grown bean (*Phaseolusvulgaris* L.). Plant Science, 126:21–28

Ajiboye B, Akinremi O, Raez GJ. 2004. Laboratory characterization of phosphorus in flesh and oven–dried organic amendments. Journal of Environmental Quality, 33: 1062–1069

Alvarez–Ayuso E, Garcıa–Sánchez A. 2003. Sepiolite as a feasible soil additive for the immobilization of cadmium and zinc. Science of the Total Environment, 305(1–3): 1–12

Brian JW, Phillip SM. 2004. Phosphorus fractionation in manure from swine fed traditional and low–phytate corn diets. Journal of Environmental Quality, 33: 389–393

Cabrera D, Young SD, Rowell DL. 1988. The toxicity of cadmium to barley plant as affected by complex for–mations with humic acid. Plant and Soil, 105: 195–204

Cang L, Wang Y, Zhou D, et al. 2004. Heavy metals pollution in poultry and livestock feeds and manures under intensive farming in Jiangsu Province, China. Journal of Environmental Sciences, 16: 371–374

Christensen T H. 1987. Cadmium soil sorption at low concentrationsVI. A model for zinc competition. Water, Air, and Soil Pollution, 34:305–310

Garau G, Castaldi P, Santona L, et al. 2007. Influence of red mud, zeolite and lime on heavy metal immobilization, culturable heterotrophic microbial populations and enzyme activities in a contaminated soil. Geoderma, 142(1–2): 47–57

Hargitai L. 1993. The role of organic matter content and humus quality in the maintenance of soil fertility and in environmental protection. Landscape and Urban Planning, 27(2–4): 161–167

Kitagish. 1981. Heavy metal pollution in soil of Japan Tokoy. Japan scientific societies press, 80–90

Lombi E, Zhao FJ, Wieshammer G, et al. 2002. In situ fixation of metals in soils using bauxite residue: biological effects. Environmental Pollution, 118(3): 445–452

Oliver DP, Hannam R, Tiller KG, et al. 1994. The Effects of zinc fertilization on cadmium concentration in wheat grain. J. Environ. Qual, 23: 705–711

Oliver DP, Tiller KG, Alston AM, et al. 1998. Effects of soil pH and applied cadmium concentration in wheat grain. Australian Journal of Soil Research, 36(4): 571–583

Rogoz A. 1996. The content and uptake of some micronutrients and heavy metals in sunflowers and maize depending on the dose of lime. Zeszyty Problemowe Nauk Rolniczych, 434(1): 213–218

Sharpley A, Moyer B. 2000. Phosphorus forms nin manure and compost and their release during simulated rainfall. Journal of Environmental Quality, 29: 1462–1469

Walker DJ, Clement R, Roig A, Bernal MP. 2003. The effects of soil amendments on heavey metal bioavailability in two contaminated mediterranean soils. Environmental Pollution, 122: 303–312

Welch RM, Hart JJ, Norvell L A. 1999. Effect of nutrient solution zinc activity on net uptake, translocation, and root export of cadmium and zinc by separated sections of intact durum wheat (*Triticumturgidum* L. var *durum*) seedlings roots. Plant and Soil, 208: 243–250

Zhu Y G, Zhao Z Q, Li H Y. 2003. Effect of zinc-cadmium interactionson the uptake of zinc and cadmium by winter wheat (*Triticum aestivum*) grown in pot culture. Bulletin of Environmental Contamination and Toxicology, 71:1289–1296

第七章　其他阳离子肥料与土壤重金属污染修复

重金属在土壤中的行为受到土壤性质、矿物组成、质地等多种因素的影响，而共存阳离子是最普遍的影响因子之一。在给定的离子强度下，共存阳离子与土壤作用性质的不同，致使重金属离子的吸附量随共存离子种类不同而变化。共存阳离子主要通过与镉竞争土壤吸附点位影响镉的吸附。大量的研究证实铜、锌等单一阳离子与重金属如镉存在明显的竞争吸附，降低土壤镉的吸附量。目前，氯离子、硝酸根、硫酸根等阴离子对重金属元素尤其是镉的吸附影响已有研究，但对钙、锌等阳离子共存时，影响重金属吸附作用的研究却较少。

本章将从共存阳离子对重金属元素(特别是镉)的生物学效应、在土壤中的形态转化、有效性变化及机理等方面进行论述。

7.1　共存阳离子对土壤重金属镉行为作用的研究进展

土壤溶液是重金属与土壤发生作用的场所，其中的共存阳离子能够对土壤重金属离子的吸附等作用产生影响。共存阳离子包括 K^+、NH_4^+、Ca^{2+}、Zn^{2+} 等，一方面其中的某些元素具有营养功能，可为植物生长提供必需的元素，促进植物生长，提高植物对重金属毒害的耐受限度；同时，共存阳离子可与重金属离子竞争植物根系吸收位点，降低根系对重金属的吸收。另一方面共存阳离子可以通过影响土壤溶液的离子强度、土壤 pH 等土壤性质改变土壤中重金属元素的吸附特性，其中 K^+、Ca^{2+}、Zn^{2+} 常作为竞争离子，与重金属离子竞争土壤中黏土矿物、氧化物及有机质上的阳离子交换吸附点位，而降低土壤对重金属如镉的吸附，增加土壤溶液中镉的质量浓度(Chreistensen, 1984; Tremminghoff et al., 1995; Wang, 1991; Mustafa et al., 2004)，且土壤溶液中 K^+、Zn^{2+} 浓度的增加，会提高土壤溶液的离子强度，从而降低土壤对镉的吸附(Naidu et al., 1997; Mustafa et al., 2004)。

不同的阳离子自身性质如离子半径、电荷数等不同，竞争土壤的吸附位点的能力存在差异，因此影响土壤吸附重金属的能力也不同。一般来说，K^+、NH_4^+ 能够提高植物对镉的吸收，Ca^{2+}、Zn^{2+} 则表现为既可促进又能抑制植物对镉的吸收。但由于不同的研究者所采用的土壤、植物、金属盐的种类不同也会引起结果的差异；另外，这些影响因素单一或综合的效应也可能影响重金属的植物有效性。

7.1.1　共存阳离子改变土壤对重金属镉的吸附

Ca^{2+}作为土壤主要的盐基饱和离子之一，对于降低植物对镉的吸收(席玉英等，1994；周卫等，1999；周卫，2001)及减轻镉的毒害(汪宏等，2001)有重要作用。Naidu 等(1994)将产生上述现象的原因归结为：①钙与镉之间对土壤吸附点位的竞争；②二价阳离子对土壤溶液 pH 的影响，Ca^{2+}存在将使土壤溶液的 pH 降低0.1~0.2 个单位；③加强对二价阳离子的专性吸附，同时二价阳离子对双电层的厚度产生影响。Voegelin 和 Vulava(2001)从阳离子交换吸附的角度提出阳离子交换(专性)吸附模型(CESS)，证实钙镉共存体系下，提高溶液中 Ca^{2+}含量，明显降低土壤镉的吸附量。

锌与镉为同族元素，它们的化学性质比较接近，而且土壤环境中锌浓度较镉高很多(100~1000 倍)，因此，锌是土壤中镉吸附位点的主要竞争者(Christensen, 1987)。锌对土壤植物系统中镉的迁移积累的影响主要有两个方面：锌对土壤中镉的吸附-解吸作用；锌与镉在植物吸收与转运过程中的交互作用。研究表明，随着溶液中锌浓度的增加，镉的解吸量明显升高(Christensen, 1984; Schmitt and Sticher, 1986)。镉、锌的交互作用可以是叠加、拮抗或无直接相关(Choudhary et al., 1994; Nan, 2002)，但是最为普遍的研究结果是两者的拮抗作用(朱永官，2003)。

K^+是土壤主要的盐基饱和离子之一，K^+通过与重金属离子竞争土壤的吸附点位影响土壤的吸附。一般认为为一价离子，对二价离子如镉的竞争作用应很弱。但在母质为高岭石的土壤上，土壤对钾有很强的选择性吸附(Appel and Ma, 2002)。且土壤溶液中钾浓度的增加，会提高溶液的离子强度，大量研究证实，离子强度升高，会降低土壤对镉的吸附(Naidu et al., 1994, 1997; Boedliold, 1993)。

7.1.2　共存阳离子影响土壤重金属镉的有效性

Ca^{2+}作为植物必需的营养元素之一，是植物细胞壁胶层的组成成分，能调节细胞的充水度、黏性、弹性及渗透性，使细胞维持在正常的生理状态。此外，钙也参与植物蛋白质的合成、酶的代谢等过程。钙的存在，对于降低植物对镉的吸收及减轻镉的毒害有重要作用。席玉英等(1994)通过溶液培养观测了钙对玉米幼苗吸收镉的影响，结果加入钙可明显降低玉米对镉的吸收。周卫等(1999)研究了镉胁迫下钙对镉在玉米细胞中的分布及对叶绿体结构的影响，发现镉毒害下添加钙，与不加钙处理相比，玉米根、叶细胞器和细胞质钙含量显著增加，而全镉含量则显著下降。在棕壤中，添加碳酸钙可提高玉米根、茎和叶的干重，并提高玉米的全钙量；同时减少玉米对镉的吸收，玉米叶片中的水提取镉、2mol/L NaNO$_3$

提取镉、10% HOAC 提取镉、2mol/L HCl 提取镉和残渣镉含量均明显减少(周卫和汪洪，2001)。通过溶液培养，可观察到玉米镉毒害表现为叶片黄化、萎蔫，植物生长矮小，根系发黑等症状，根部供钙后能较好地缓解镉的毒害(汪洪等，2001)。但也有研究表明施钙并不能减少植株对镉的吸收。

Zn^{2+} 对镉植物有效性的影响主要表现为锌可降低或提高植物对镉的吸收与积累。大量野外调查及实验研究证明，缺锌条件下，植物极易吸收和积累土壤中的镉(Oliver, 1994)。而在土壤中尤其是这些缺锌的土壤中施用锌，会明显地降低植物对镉的吸收和积累。锌与镉具有极其相似的化学性质，二者可以竞争根细胞膜表面的吸收位点。Welch 等(1999)采用根系分离技术证实，锌可抑制镉从一个根区向另一个根区的迁移。2000 年，Cakmak 等采用同位素 ^{109}Cd 研究发现，^{109}Cd 处理叶片上的 ^{109}Cd 向根部和植株的其他部位的再分配不可能是通过木质部传输，很可能是通过筛管陪伴细胞的质膜进入韧皮部，然后通过韧皮部传输再以同样的方式进入根系及其他部位的细胞，证实高锌用量很可能是通过干扰镉从陪伴细胞向韧皮部的转运进而抑制 ^{109}Cd 向根部及其他部位的迁移。Hart 等(2002)认为植物的原生质膜中存在着相同的镉、锌传输系统，两者存在竞争吸收作用，故高含量的锌可能在与镉竞争结合位点中占优势，阻止镉向韧皮部的转运。McLaughlin 等(1994)在马铃薯生长的土壤提高有效态锌含量，结果大大降低了马铃薯块茎中镉的积累。McKenna 等(1993)以莴苣和菠菜为研究对象，结果表明，锌不仅抑制其根系对镉的吸收，还阻止镉通过木质部从根部向地上部的运输。Zhu 等(2003)研究表明，土壤镉含量在 15~50mg/kg，随着锌用量的提高，小麦幼苗中的镉含量逐渐降低，锌对镉表现为拮抗作用。李森林等(1990)研究表明，锌可使凤眼莲、烟草、甘蓝、玉米对镉的吸收减弱，使镉含量维持在较低水平；同时，锌可加快植物体内镉复合物的合成，增强植物对镉的解毒能力。Oliver 等(1994)研究结果显示，在澳大利亚南部严重缺锌的土壤上施入 2.5~5.0kg/hm 的锌肥小麦籽粒中镉的含量大约减少 50%，使小麦的品质得到提高。席玉英等(1994)通过溶液培养研究了锌对玉米幼苗吸收镉的影响，结果显示加锌可降低玉米对镉的吸收，并对镉在玉米幼苗内运输有抑制作用。张磊等(2005)研究发现添加高浓度锌后，锌镉间的竞争吸收作用为主导作用，表现为土壤施锌后，降低玉米对镉的吸收。在镉污染条件下，锌营养可提高小麦的光合作用，同时也可提高在重金属污染胁迫作用下小麦体内的过氧化氢酶的活性，增强质膜的稳定性(付宝荣，2003)，降低镉的有效性。Welch(1995)提出，锌可以保持根细胞膜的完整性，减少镉在植物中的积累。

但也有研究表明，土壤施锌可促进植物对镉的吸收。Kitagish (1989)发现水稻中锌竞争镉位的协同作用导致镉的溶解性增强，促使镉从根部向地上部转移。Abdelilah 等(1997)利用大豆进行水培实验，结果发现浓度为 2μmol/L 和 5μmol/L

与 10μmol/L 和 25μmol/L 的锌之间并未表现出相互拮抗作用，而是表现为协同作用：锌促进镉的吸收和向地上部分的转运。在复合污染时，相同镉污染水平下，外源锌的增加，能使土壤中的有效态镉含量提高，从而提高小麦籽粒中镉的含量(华珞等，2002)。傅桂平等(1996)的研究表明，在潮土上锌用量大于 25mg/kg 时，锌可抑制油菜对镉的吸收；但当施锌量小于 25mg/kg 时，锌却促进油菜对镉的吸收。在土壤不缺锌情况下，锌用量小于 20mg/kg 时并没有对大麦体内镉含量产生明显影响，当土壤锌用量添加到 40mg/kg 时，植物体内镉浓度明显降低(朱永官，2003)。因此，土壤镉的植物有效性的高低受施锌用量多少的控制。

7.2　共存阳离子对重金属土壤修复效果及机制

7.2.1　共存阳离子的修复效果

以不同镉污染水平的广东赤红壤为例，观测了施用不同浓度的阳离子(Ca^{2+}、Zn^{2+}、K^+)对镉污染的修复效应(宋正国，2006)。

1. 不同阳离子存在的镉污染土壤中的作物生物量

低镉污染下，增加钙的小油菜生物量与对照无显著差异；高镉污染下，第二季时，各施钙处理的小油菜生物量显著高于对照；相同镉污染水平下，高钙处理(200mg/kg)小油菜生物量与对照的差距最大，两季平均增加 5.5%(低镉)和 17.3%(高镉)，但各钙处理相互之间没有显著差异(表 7.1)。这说明，在赤红壤高镉污染水平时，Ca^{2+}对镉有较好的抑制作用，而在低镉污染时则作用不明显；且这种抑制作用在低浓度时就能达到，并不会因钙施用量的增加而增加。

表7.1　不同钙用量下镉污染土壤中小油菜的生物量(宋正国等，2009a)　(单位：g/盆)

种植作物季	土壤镉含量 /(mg/kg)	施钙量/(mg/kg)			
		0	40	100	200
第一季	0.6	0.60±0.053a	0.59±0.0.7a	0.66±0.03a	0.63±0.06a
	1.0	0.59±0.03ab	0.53±0.04b	0.61±0.0.6ab	0.67±0.07a
第二季	0.6	0.49±0.03a	0.47±0.06a	0.48±0.05a	0.52±0.01a
	1.0	0.49±0.05b	0.57±0.09a	0.58±0.07a	0.60±0.01a

注：数据表示为平均值±标准差；同行中不同字母表示不同施钙量处理的生物量差异显著($P<0.05$)；下同

小油菜生物量对不同浓度锌的反应更为敏感。低镉污染下，各锌用量的小油菜生物量显著高于对照；高镉污染下，第一季时，低锌处理与对照和中锌处理相比，小油菜干重差异显著，而第二季时，各处理间无明显不同(表 7.2)。这说明，低锌和高锌都能很好地促进镉污染土壤上小油菜的生长，抑制镉的毒害，且在低镉污染下效果更好。

表7.2　不同锌用量下镉污染土壤中小油菜的生物量(宋正国等，2008a)　(单位：g/盆)

种植作物季	土壤镉含量 /(mg/kg)	施锌量/(mg/kg)			
		0	16	32	64
第一季	0.6	1.80±0.16b	2.21±0.14a	1.95±0.09ab	2.18±0.17a
	1.0	1.79±0.11b	2.06±0.08a	1.77±0.07b	1.93±0.16ab
第二季	0.6	1.48±0.08ab	1.32±0.21bc	1.03±0.06c	1.59±0.21a
	1.0	1.48±0.26a	1.67±0.12a	1.73±0.11a	1.70±0.23a

以上为单一阳离子对小油菜生物量的影响。当土壤中有两种以上阳离子共存时，这些阳离子之间的不同比例对作物生物量也有显著影响。

同样是上述两种镉污染水平的赤红壤，种植两季油菜，钾、锌不同共存比例对小油菜的植株干质量的影响存在差异(表 7.3)。低镉污染下(0.6mg/kg)，第一季时，随着钾用量减少，锌用量增加，小油菜植株干重呈降低的趋势，各钾、锌不同比例间显著差异，其中，处理 K3Zn2 的干重最高；第二季与第一季趋势相反，随着钾用量减少，锌用量增加，小油菜植株干重呈增加的趋势，仍以处理 K3Zn2 的干重最高，而各钾锌比例间差异不显著。高镉污染下，两季中，随着钾用量减少，锌用量增加，小油菜植株干重都呈升高的趋势；各钾、锌不同比例间差异不显著。这说明，在高镉污染的赤红壤上，钾、锌离子的比例对小油菜的生长有显著的影响。

表7.3　不同钾、锌比例下镉污染土壤中小油菜的生物量(宋正国等，2009b)　(单位：g/盆)

施肥处理	第一季		第二季	
	赤 0.6	赤 1.0	赤 0.6	赤 1.0
CK	1.80±0.17bc	1.79±0.11b	1.69±0.25a	1.48±0.26ab
K4Zn1	2.00±0.22b	1.92±0.31ab	1.39±0.09ab	1.43±0.22ab
K3Zn2	2.30±0.14a	2.08±0.16a	1.88±0.19a	1.67±0.20a
K2Zn3	1.78±0.12c	2.07±0.14a	1.56±0.51a	1.58±0.02ab
K1Zn4	1.86±0.28bc	2.09±0.14a	1.34±0.20ab	1.69±0.53a

注：CK：不施钾锌肥；K4Zn1：4.9mmolK/L+0.1mmolZn/L；K3Zn2：4.75mmolK/L+0.25mmolZn/L；K2Zn3：4.5mmolK/L+0.5mmolZn/L；K1Zn4：4mmolK/L+1mmolZn/L；赤0.6：镉污染水平0.6mg/kg；赤1.0镉污染水平1.0mg/kg；下同

2. 共存阳离子改变小油菜体内镉的含量

随着 Ca^{2+} 施入量的增加，小油菜吸收镉的量先升高，在低钙用量(40mg/kg)时最大，在中钙用量(100mg/kg)时降低，高钙用量(200mg/kg)时又有升高的趋势；且各钙处理间差异显著(图 7.1)。中钙用量(100mg/kg)时，小油菜镉含量最低，两季平均分别较对照降低了 4.5%和 13.1%，明显降低了镉的生物有效性。

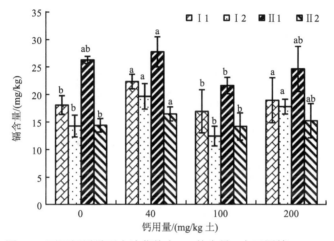

图 7.1　不同钙用量下小油菜体内 Cd 的含量 (宋正国等，2009a)

Ⅰ1：第一季高镉水平(1.0mg/kg)；Ⅰ2：第一季低镉水平(0.6mg/kg)；Ⅱ1：第二季高镉水平(1.0mg/kg)；Ⅱ2：第二季低镉水平(0.6mg/kg)；图中不同字母表示同一季、同一镉水平下不同钙用量处理下镉含量差异显著，$P<0.05$

两种镉污染水平下，锌肥对小油菜吸收镉的影响规律大体相同(图 7.2)。总体趋势为增加锌肥的用量，小油菜体内镉含量减少，镉的植物有效性降低，各施用量间差异显著。锌高用量时，小油菜植株镉的含量最低，与对照相比，在低镉污染赤红壤上，第一、二季分别降低 28.6%、34.9%，在高镉污染赤红壤上，分别降低 14.0%、47.5%。这说明，在镉污染赤红壤上，提高锌用量可减少小油菜对镉的吸收，降低镉的植物有效性。这与前人的研究结果相似。

钾、锌不同比例共存对小油菜植株镉含量的影响趋势相同(图 7.3)。低、高镉污染赤红壤上，随着钾用量减少、锌用量增加，小油菜体内的镉含量均呈降低的趋势，且各处理间差异显著($P<0.05$)。其中，以 Zn4K1 处理的镉含量最低，低镉污染下，第一季和第二季较对照分别降低 39.6%和 12.3%，高镉时较对照分别降低 16.0%和 53.7%。显示增加施锌量，明显降低土壤镉植物有效性；在赤红壤两种镉污染水平上，钾：锌以 4：1 比例共存时，对抑制小油菜吸收镉的作用最好，说明锌在其中起主要作用，回归分析也验证了这样的结果(宋正国等，2009b)。

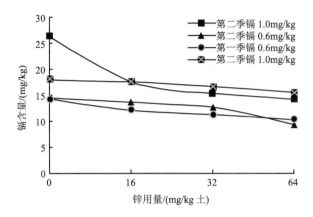

图 7.2　不同锌用量下小油菜体内镉的含量(宋正国等，2008a)

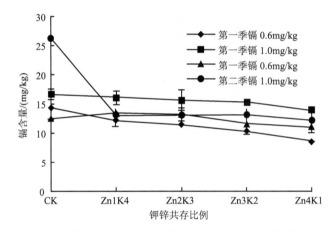

图 7.3　不同钾锌共存比例下小油菜体内镉的含量(宋正国等，2009b)

3. 不同阳离子共存的土壤溶液中镉浓度的变化

随着钙施用量的增加，各钙用量的土壤溶液镉浓度均显著高于对照(图 7.4)。土壤溶液中镉浓度呈先升高后降低的趋势。钙施用量为 100mg/kg 时，土壤溶液中镉浓度最高，分别较各自的对照增加 105%、44%、25.1%和 36%。钙用量为 200mg/kg 时，土壤溶液中的镉浓度低于钙用量 100mg/kg 处理。说明向赤红壤施入不同用量钙，会对土壤溶液中的镉离子浓度产生不同的影响。

赤红壤的低镉污染水平下，第一季时，土壤溶液中镉浓度随着锌肥用量的增加而升高；第二季，土壤溶液中镉浓度随着锌肥用量的增加而降低(图 7.5)。赤红壤的高镉污染时，种植两季，土壤溶液中镉浓度随着锌施用量的增加而升高，不同锌用量间差异不显著。说明在不同镉污染程度的土壤上，连续施用锌肥对土壤溶液中镉浓度的影响是不同的。这可能是与土壤溶液中的镉含量不仅受离子交换吸附的影响；同时，由于土壤溶液的离子是最易被植物吸收，植物对镉的吸收也是一个重要的影响因素有关。因此，土壤溶液中的镉含量应主要是这两种机制作用的共同结果。

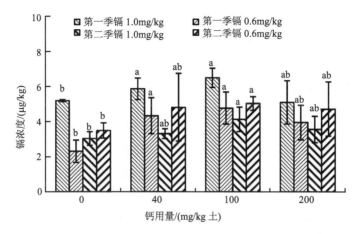

图 7.4　不同钙用量下土壤溶液中镉的浓度(宋正国等，2009a)

图中不同字母表示同一季、同一镉水平下不同钙用量处理下镉含量差异显著

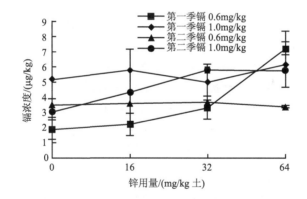

图 7.5　不同锌施用量下土壤溶液中镉的浓度(宋正国等，2008a)

在土壤溶液中，锌、钙与镉等以离子态存在，是植物最易吸收的金属形态。而锌、钙对镉的竞争吸附、竞争吸收等作用会影响着植物对镉的吸收。周启星指出，玉米籽实内锌镉比的高低受土壤全量锌镉比大小的调控。因此，可以采用逐步线性回归法分析土壤溶液中锌、镉、锌镉比(质量比)及锌施用量与小油菜植株镉含量之间的关系，明确控制镉植物有效性的主要因子。逐步线性回归方程如下：

$$y = -0.524x + 14.68 \quad n=8 \quad r=0.853 \tag{7-1}$$

$$y = -0.153x + 22.23 \quad n=8 \quad r=0.712 \tag{7-2}$$

$$y = 0.013x + 7.34 \quad\quad n=7 \quad r=0.858 \tag{7-3}$$

$$y = 0.017x + 8.24 \quad\quad n=8 \quad r=0.869 \tag{7-4}$$

式中，y为小油菜植株镉含量(mg/kg)，公式(7-1)、公式(7-2)中x为土壤溶液内锌镉比(质量比)，公式(7-3)、公式(7-4)式中x为土壤溶液内钙镉比。公式(7-1)和公式(7-3)为低镉污染水平赤红壤的线性回归方程，公式(7-2)和公式(7-4)式为高镉污染水平赤红壤的线性回归方程。

上述公式表明，小油菜镉吸收量与土壤溶液中锌、钙与镉及锌。钙施用量间不存在明显线性关系，只有与锌镉比或钙镉比间有明显线性关系。在高、低镉水平赤红壤上，线性回归方程经 F 检验，差异均显著。公式(7-1)、公式(7-2)线性回归系数经 t 检验，均达显著水平。一次项 x 的系数皆为负数，显示锌镉比对小油菜体内镉含量影响为负效应，二者间的关系呈显著负相关，即随土壤溶液中锌镉比的增加，小油菜植株镉含量减少，镉有效性降低。公式(7-3)、公式(7-4)中的线性回归系数经 t 检验均达显著水平，一次项系数皆为正数，说明钙镉比对小油菜植株镉含量的影响为正效应，即随土壤溶液中钙镉比的增加，小油菜植株镉含量增多，镉的有效性提高(宋正国等，2008b，2009a)。

钾、锌不同比例共存对土壤溶液中镉的质量浓度影响在不同镉污染水平下呈相同的趋势(图 7.6)。在低、高镉污染赤红壤上，即随着钾用量减少、锌用量增加，土壤溶液中 Cd^{2+} 的浓度均明显升高，各处理间差异显著。表明在镉污染赤红壤上，钾、锌以不同比例施用，明显提高土壤溶液中镉的质量浓度，增加了其有效性。回归分析表明，锌为控制土壤溶液中镉质量浓度的主控因子，即当钾、锌以不同比例施入土壤时，锌对土壤溶液中镉的质量浓度影响起主要作用，明显提高土壤溶液中镉的质量浓度(宋正国等，2009b)。

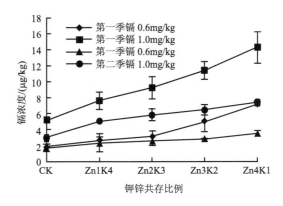

图 7.6　不同钾锌共存比例下土壤溶液中镉的浓度(宋正国等，2009b)

7.2.2　共存阳离子修复土壤重金属污染的原理

1. 共存阳离子改变土壤 pH

对赤红壤和黄棕壤的研究结果(宋正国，2006)，施用钙和锌对土壤 pH 的影响并不太大(表7.4，表7.5)。在第一季时，随着钙、锌施用量的增加，土壤的 pH 逐渐升高趋势，处理间差异显著，但变幅并不大。在第二季时，各处理的差异不显著。这说明在这两种土壤上，钙和锌通过改变土壤 pH 而影响镉的有效性，只在第一季作物略显成效，第二季时则主要靠的是其他作用。

表7.4　不同钙用量下的镉污染土壤溶液的pH

镉污染土壤	对照	Ca 40	Ca 100	Ca 200
黄棕壤	7.01±0.13a	7.06±0.04a	7.12±0.01a	7.32±0.01a
第一季赤红壤 0.6	6.69±0.08a	6.04±0.14b	6.13±0.03b	6.44±0.09ab
赤红壤 1.0	6.62±0.17b	6.86±0.09a	6.91±0.07a	6.99±0.06a
黄棕壤	6.33±0.06A	6.37±0.02A	6.16±0.04B	6.32±0.01A
第二季赤红壤 0.6	6.53±0.01A	6.49±0.01A	6.46±0.02A	6.55±0.01A
赤红壤 1.0	7.15±0.06A	7.16±0.09A	7.15±0.15A	7.33±0.01A

注：对照：不施Ca；Ca 40：施用 Ca 40mg/kg风干土；Ca 100：施用Ca100mg/kg风干土；Ca 200：施用 Ca 200mg/kg风干土。小写字母表示第一季同一行数据之间的比较，大写字母表示第二季同一行数据间的比较，字母不同表示差异显著($P<0.05$)；表中数据平均值±标准差

表7.5　不同锌用量下的镉污染土壤溶液的pH

镉污染土壤	对照	Zn 16	Zn 32	Zn 64
黄棕壤	7.01±0.13a	7.27±0.04a	7.18±0.05a	7.20±0.05a
第一季赤红壤 0.6	6.69±0.08b	—	7.11±0.01a	7.13±0.09a
赤红壤 1.0	6.62±0.17b	7.16±0.05a	7.40±0.01a	7.29±0.11a
黄棕壤	6.33±0.06a	6.10±0.19a	6.28±0.04a	6.10±0.11a
第二季赤红壤 0.6	6.53±0.01a	6.69±0.02a	6.56±0.18a	6.61±0.06a
赤红壤 1.0	7.15±0.06a	7.32±0.07a	7.34±0.01a	7.32±0.04a

注：对照：不施Zn；Ca 16；施用 Zn 16mg/kg风干土；Zn 32：施用 Zn 32mg/kg风干土；Zn 64：施用 Zn 64mg/kg风干土。字母表示同一行数据之间的比较，字母不同表示差异显著($P<0.05$)；表中数据平均值±标准差

2. 共存阳离子改变土壤对重金属的吸附

(1) 钙、锌、钾单一存在下赤红壤的镉吸附

钙、锌、钾阳离子与镉同时加入土壤，会与镉竞争土壤吸附点位，影响镉的吸附。但不同阳离子(Na^+、K^+、Ca^{2+} 和 Zn^{2+})改变土壤吸附镉能力的程度不同(图7.7)。在吸附平衡液浓度为 13.3g/L 时，单钙、单钾、单锌体系镉的吸附量与单钠体系相比，分别降低了 65.6%、72.0% 和 96.9%，离子间比较差异显著($P<0.05$)。

共存离子降低土壤隔吸附量的次序为 $Zn^{2+}>K^+\approx Ca^{2+}$，可见，$Zn^{2+}$ 对土壤镉的吸附影响最为明显，降低土壤镉吸附的能力最强。一般来说，土壤对 Ca^{2+}、Zn^{2+}、K^+ 的选择性吸附的次序为 $Zn^{2+}>Ca^{2+}>K^+$(Bohn and McNeal, 2001)。本研究的结果显示，Ca^{2+}、K^+ 对镉的吸附并没有明显不同，这可能赤红壤含有较多的高岭石有关。Appel 和 Ma(2002)发现在母质为高岭石的土壤上，土壤对 K^+ 选择性吸附能力大于 Ca^{2+}。

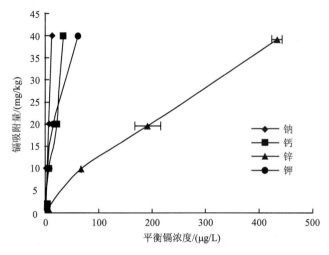

图 7.7　钙锌钾单一离子下赤红壤镉的吸附等温线(宋正国，2006)

有学者认为，分配系数 K_f 越大，土壤对镉的吸附越强，反之则越弱 (Chrisetensen, 1987)。由表 7.6 可以看出，Na^+、Ca^{2+}、K^+、Zn^+ 的 K_f 差异显著($P<0.05$)，说明 Ca^{2+}、K^+、Zn^{2+} 的施用均可降低土壤对镉的吸附能力。与 Na^+ 相比，Zn^{2+} 共存的镉吸附 K_f 降低了 76.0%，K^+ 的 K_f 降低了 31.3%，钙离子的 K_f 降低了 26.0%，影响次序为 $Zn^{2+}>(K^+$ 和 $Ca^{2+})$。三种离子中，Zn^{2+} 对镉的吸附能力影响最强，而 Ca^{2+}、K^+ 间的影响差异不显著。即降低赤红壤吸附镉能力的次序为单钙、单钾小于单锌，说明 Zn^{2+} 降低土壤对镉吸附的能力最强。这也与前人的研究结果一致。

表7.6　钙锌钾单一存在时赤红壤镉吸附的Freundlich拟合方程参数

共存离子	镉吸附的 Freundlich 方程 $\lg[C_s]=\lg K_f+n\lg[C_e]$		
	K_f	n	R^2
Na^+	0.92d	1.53D	0.987**
Ca^{2+}	0.68c	1.16C	0.974**
K^+	0.63c	1.11C	0.807**
Zn^{2+}	0.23b	0.64A	0.989**

注：**在0.01水平下差异显著；同列中不同字母表示差异达1%极显著水平(采用Duncan法进行比较)，下表同

(2) 钙、锌、钾两两共存下赤红壤对镉吸附

钙、锌、钾两两共存降低赤红壤镉吸附量的能力不同(图7.8)。在吸附平衡液浓度为13.3 μg/L 时，钙锌、钾锌与钙钾共存的吸附量比单钠体系分别降低91.6%、93.7%和69.6%，共存离子间有显著极差异($P<0.001$)，降低土壤镉吸附量的次序为锌钾≈钙锌>钙钾，表明钙锌、钾锌共存能够明显减少土壤镉的吸附量。

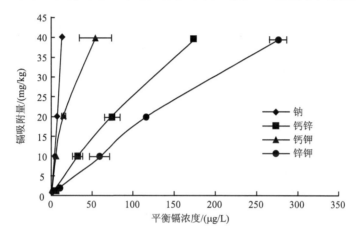

图7.8　钙锌钾两两离子共存下赤红壤镉的吸附等温线

在相同离子强度下，钙锌共存对土壤吸附镉能力的影响介于单锌与单钙之间，明显高于单钠处理。在吸附平衡液浓度为32.7g/L 时，单锌、钙锌共存吸附量分别约为2.05mg/kg、8.21mg/kg，显著低于单钙(39.9mg/kg)，表明锌钙共存降低土壤镉吸附作用的能力弱于单锌离子。钾锌共存改变土壤镉吸附作用的能力介于单锌与单钾之间。这是由于在相同浓度下，锌对镉的竞争能力要大于钾钙所致。钙钾共存对土壤吸附镉能力的影响介于单钾与单钙之间，单钾、钙钾共存吸附量与单钙没有差异。

钙钾、钙锌、钾锌共存的K_f分别为0.78、0.26 和0.24，与单钠相比，钙钾、钙锌、钾锌共存的K_f分别降低了15.1%、71.3%和73.5%，且有明显差异(表7.7)。表明钙钾、钙锌、钾锌共存可以降低赤红壤对镉的吸附。钙锌共存的K_f值与钾锌共存体系无显著差异。钙钾共存的K_f显著高于钙锌、钾锌。上述三种离子两两共存降低赤红壤对吸附镉能力的次序是锌钾≈钙锌>钙钾。钙锌、钾锌共存的K_f分别为 0.26、0.24，与单锌间无显著差异，显著高于单钙、单钾，说明钙锌、钙钾共存对土壤镉吸附能力影响介于单锌，钙、钾之间；而钙锌、钾锌的K_f无显著差异，说明当锌与钙、钾共存时，钙、钾的作用很弱，锌离子对土壤镉吸附量的减少起主导作用。钙钾共存的K_f与单钙、单钾无明显差异。

(3) 不同浓度锌、钙与锌、钾两两共存时赤红壤的镉吸附

不同浓度钙锌共存能明显降低赤红壤镉吸附量(图7.9)。高镉水平时，在单一

表7.7 钙锌钾两两共存时赤红壤镉吸附的Freundlich拟合方程参数

共存离子	镉吸附的 Freundlich 方程 $\lg[C_s]= \lg K_f + n\lg[C_e]$		
	K_f	n	R^2
Na^+	0.92a	1.53B	0.987**
Ca^{2+}-K^+	0.78c	1.06B	0.904**
Ca^{2+}-Zn^{2+}	0.26b	0.99B	0.996**
K^+-Zn^{2+}	0.24b	0.91B	0.998**

钙、锌相同浓度下，锌离子降低镉吸附量的能力明显强于钙。低镉水平下，钙浓度相同时，共存离子中锌浓度增加，明显降低镉的吸附量($P<0.05$)。其中以钙锌离子均为最高浓度时，对镉吸附量影响最大；与高钙单一体系相比，降低3.60%。锌浓度相同时，共存离子钙含量增加，有降低镉吸附量的趋势，共存浓度间比较，没有显著差异($P<0.05$)。在高镉水平下，钙浓度相同时，共存离子中锌浓度增加，显著降低镉的吸附量($P<0.05$)。其中以钙锌离子均为最高量时，对镉吸附量影响最大，与高钙单一体系相比，降低2.80%。锌浓度相同时，共存离子钙含量增加，有降低镉吸附量的趋势，在低锌、中锌浓度时，各共存浓度间比较，没有显著差异($P<0.05$)；在高锌浓度时，钙浓度的增加显著降低镉的吸附量。表明钙锌在低浓度共存时，降低镉吸附量以锌的作用为主；而在高浓度共存时，钙锌间表现为协同作用。但低钙、中钙浓度与高锌共存时，较高锌单一体系其吸附量有一定的增加。其中尤以高镉水平表现显著。

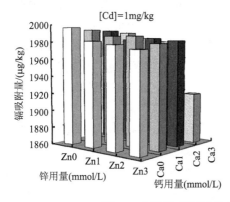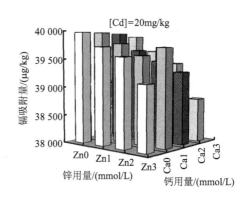

图 7.9 不同浓度钙锌共存时镉的吸附量(宋正国，2006)

不同浓度钙锌共存降低 K_d^{Cd} 的能力存在明显差异(表 7.8)。在低、高两种镉水平下，钙浓度相同时，共存离子中锌浓度增加，K_d^{Cd} 值明显减少，各共存浓度间比较，差异显著($P<0.05$)。其中在高锌水平的 K_d^{Cd} 最小，与高钙单一体系相比，降低近 9 倍。锌浓度相同时，随共存离子中钙浓度增加，K_d^{Cd} 有减小的趋势，但

各共存浓度间差异不显著($P<0.05$)。显示不同浓度钙锌共存时，在降低赤红壤对镉吸附能力方面，锌的作用更大。但随钙锌共存浓度的增加，钙对锌的协同作用明显增强。

表7.8　不同浓度钙锌共存时镉的分配系数$K_d{}^{Cd}$

添加钙量	$K_d{}^{Cd}$							
	镉浓度 1mg/kg				镉浓度 20mg/kg			
	Zn0	Zn1	Zn2	Zn3	Zn0	Zn1	Zn2	Zn3
Ca0	1427d	187ab	169ab	152ab	2924f	306b	181ab	90a
Ca1	1178d	302b	262ab	187ab	2442f	349bc	183ab	298b
Ca2	581c	319b	184ab	169ab	1525e	230ab	148ab	143ab
Ca3	435c	193ab	201ab	47a	730d	205ab	130ab	64a

注：表中Ca0~Ca3、Zn0~Zn3分别表示钙、锌用量为0mmol/L、1.0mmol/L、2.5mmol/L、5.0mmol/L

运用 SAS 统计软件以二元二次多项式 $y=b_0+b_1x_1+b_2x_2+b_3x_1x_2+b_4x_1^2+b_5x_2^2$

拟合 Ca(x_1)、Zn(x_2)用量与分配系数 $K_d{}^{Cd}(y)$的关系，得到二元二次回归方程数学模型如下：

$$y=1067.56-3.17x_1-7.93x_2+0.01x_1x_2+0.002x_1^2+0.016x_2^2 \quad R^2=0.738 \quad n=16 \quad (7\text{-}5)$$

$$y=2267.28-7.32x_1-20.15x_2+0.03x_1x_2+0.004x_1^2+0.042x_2^2 \quad R^2=0.790 \quad n=16 \quad (7\text{-}6)$$

[公式(7-5)为镉 1mg/kg 水平，公式(7-6)为镉 20mg/kg 水平]

分别采用 F 值对上述不同镉水平下的数学模型进行统计检验。低镉水平下，不同钙锌用量对镉分配系数影响的模型 $F=5.56>F_{0.01}(16, 10)=4.52$，达极显著水平；高镉水平下的模型 $F=7.54>F_{0.01}(16, 10)=4.52$，也达极显著水平。由公式(7-5)、公式(7-6)知，一次项 x_1、x_2 的系数皆为负数，显示钙、锌对 $K_d{}^{Cd}$ 的影响为负效应，即钙、锌可降低土壤对镉的吸附。二次项 x_1x_2 的系数皆为正数，表明钙锌间存在拮抗作用。两个方程中，x_2 系数皆大于 x_1，说明钙锌以不同浓度与镉共存时，锌对 $K_d{}^{Cd}$ 的抑制作用更大。对两个方程的各项及各项系数进行 t 检验发现，二次项 x_1x_2 的系数差异不显著。低镉水平时，x_2、x_2^2 项及其系数达显著水平($P<0.05$)；高镉水平时，x_2、x_2^2 项及其系数达极显著水平($P<0.01$)，显示锌对降低 $K_d{}^{Cd}$ 起主要作用。

(4) 不同浓度钾锌共存下赤红壤的镉吸附

不同浓度钾锌共存明显降低赤红壤镉吸附量(图 7.10)。低、高镉水平时，在单一钾、锌相同浓度下，锌离子降低镉吸附量的能力明显强于钾。在低镉水平下，钾浓度相同时，共存离子中锌浓度增加，明显降低镉的吸附量($P<0.05$)。其中以钾锌离子均为最高浓度时，对镉吸附量影响最大；与高钾单一体系相比，降低1.91%。在低、中锌浓度下，共存离子钾浓度增加，有增加镉吸附量的趋势，共存浓度间比较，没有显著差异($P<0.05$)。在高镉水平下，钾浓度相同时，共存离子中锌浓度

增加，镉的吸附量明显降低($P<0.05$)。与高钾单一存在相比，高钾离子、锌离子共存时，镉吸附量降低 2.40%。在低、中锌浓度下，共存离子钾含量增加，降低镉吸附量，各共存浓度间比较显著差异($P<0.05$)。表明钾、锌共存时，降低镉吸附量虽以锌的作用为主，但随钾离子浓度的增加，两种离子间的协同作用增强。

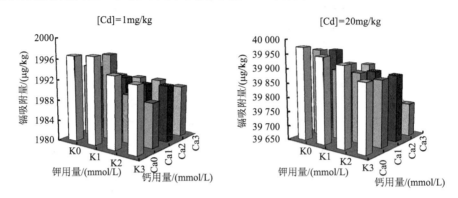

图 7.10　不同浓度钾锌共存时镉的吸附量(宋正国，2006)

不同浓度钾锌共存降低 K_d^{Cd} 值的能力有明显差异($P<0.05$)(表 7.9)。在低、高两种镉水平下，钾浓度相同时，共存离子中锌浓度增加，K_d^{Cd} 值明显减少，各共存浓度间比较，差异显著($P<0.01$)。其中在高锌水平的 K_d^{Cd} 值最小，与高钾单一体系相比，降低近 7~9 倍。锌浓度相同时，随共存离子中钾浓度增加，K_d^{Cd} 值有减小的趋势，但各共存浓度间差异显著($P<0.05$)。表明不同浓度钙锌共存时，在降低赤红壤对镉吸附能力方面，锌的作用较大，但钾也表现出一定的作用。钾锌共存时，随钙锌共存体系中钾浓度的提高，钾作用越明显，离子间的协同作用也明显增强。

表7.9　不同浓度钾锌共存时镉的分配系数K_d^{Cd}值

添加钾量	K_d^{Cd}							
	镉浓度 1mg/kg				镉浓度 20mg/kg			
	Zn0	Zn1	Zn2	Zn3	Zn0	Zn1	Zn2	Zn3
K0	1427e	186ab	181ab	147ab	2924e	317c	183b	87a
K1	1229e	644d	354c	140ab	1574d	241Bc	313c	300c
K2	643d	293bc	171ab	206b	1158d	176b	143b	187b
K3	592d	314c	212b	87a	706c	129b	1 22b	73a

注：K0~K3、Z0~Z3分别表示钾、锌用量为0mmol/L、1.0mmol/L、2.5mmol/L、5.0mmol/L

运用 SAS 统计软件以二元二次多项式 $y=b_0+b_1x_1+b_2x_2+b_3x_1x_2+b_4x_1^2+b_5x_2^2$ 拟合 $K(x_1)$、$Zn(x_2)$用量与分配系数 $K_d^{Cd}(y)$的关系，得到二元二次回归方程数学模型如下：

$$y=1126.65-2.89x_1-8.07x_2+0.009x_1x_2+0.001x_1^2+0.015x_2^2 \quad R^2=0.768 \quad n=16 \quad (7\text{-}7)$$

$$y=1983.20-9.59x_1-16.455x_2+0.017x_1x_2+0.022x_1^2+0.033x_2^2 \quad R^2=0.731 \quad n=16 \quad (7\text{-}8)$$

[公式(7-7)为镉 1mg/kg 水平，公式(7-8)为镉 20mg/kg 水平]

分别采用 F 值对上述不同镉水平下的数学模型进行统计检验。低镉水平下，不同钙锌用量对镉分配系数影响的模型 $F=6.63>F_{0.01}(16, 10)=4.52$，达极显著水平；高镉水平下的模型 $F=5.45>F_{0.01}(16, 10)=4.52$，也达极显著水平。由公式(7-7)和(7-8)知，一次项 x_1、x_2 的系数皆为负数，显示钾、锌对 K_d^{Cd} 的影响为负效应，即钾、锌可降低土壤对镉的吸附。两个模型中，x_2 系数皆大于 x_1，说明钾锌以不同浓度与镉共存时，锌对 K_d^{Cd} 的抑制作用更大。对两个模型的各项及各项系数进行 t 检验发现，两种镉水平下，x_2 项及其系数达极显著水平($P<0.01$)；而 x_2^2 项及其系数极显著水平($P<0.01$)，表明锌对降低 K_d^{Cd} 起主要作用。

土壤对锌具有很强的专性吸附，其吸附发生于土壤扩散双电层的内层，锌吸附代换土壤表面—OH 基的 H^+，增加土壤表面正电荷的数量，使土壤对镉的排斥力增大，吸附量减少。土壤对钙的吸附为非专性吸附，钾离子所带电荷数少于锌，土壤对其的亲和力低，因此，当二者与锌共存时，他们对锌的竞争很弱，故而对锌的作用影响很弱。与钙、钾离子单独存在相比，钙钾复合增加赤红壤对镉的吸附，这可能是由于钙、钾离子在与镉竞争土壤吸附位点同时，二者间也存在竞争，且竞争作用明显，钙、钾、镉三者共存时，钙、钾间更易发生竞争吸附、离子交换。因此，从土壤化学的角度看，在镉污染土壤上，含钙与含钾肥料可以配合施用，尽量减少锌肥与其他肥料的配施。

综上所述，通过对镉污染的赤红壤上施用不同阳离子下生物量、植物含镉量、土壤溶液镉含量、土壤 pH、土壤 Cd 吸附等的观测和分析，可以看出，在一定范围内，Ca^{2+}、K^+ 能促进植物的生长，提高土壤 pH 或通过离子竞争加强土壤对镉的吸附，从而减少对土壤溶液中 Cd^{2+} 的浓度，降低了镉有效性，对镉有一定的抑制作用，且二者共存条件下与二者单独存在的效果相近；Zn^{2+} 则与 Ca^{2+} 相反，它促进了土壤中镉的解吸，使更多的 Cd^{2+} 进入土壤溶液，促进了镉的有效性。因此，在实际应用中，在大田作物中可以配合使用钙肥和钾肥，减少使用锌肥，降低镉向作物的转移。

7.3 结论与展望

钙、锌等对土壤镉植物有效性的研究，多集中在伴随阴离子的作用而忽视离子自身的作用。因此，本章主要探讨了共存阳离子钙对土壤镉吸附的影响，区分共存钙离子对镉植物有效性影响的大小及机制。采用盆栽实验，在赤红壤镉污染土壤上，观测施不同量钙肥下小油菜干重、吸镉量、土壤镉浓度等。结果表明，增加钙用量，小油菜生物量和植株体内的钙含量均逐渐增多；增加钙用量，小油菜体内镉含量呈先升高后降低再升高的趋势，即在低钙用量时最大，在中钙用量时降低，高钙用量时又升高。表明钙用量的高低对镉植物有效性的影响存在不确定性，钙用量为 100mg/kg 时，小油菜体内镉含量较不施钙降低 4.5%~15.1%，明显降低镉的有效性；在镉污染赤红壤上，小油菜镉含量与钙镉比呈显著正相关，即钙镉比大小可反映镉植物有效性的高低；土壤溶液中钙镉比影响土壤镉的有效性，进而影响植物对镉的吸收。根据上述结果，初步提出了镉污染土壤上钙的适宜用量。

　　共存阳离子对污染土壤中重金属的生物有效性影响较为复杂。利用共存阳离子修复土壤重金属(特别是镉)污染已经取得了一些有价值的成果，但仍然存在一些问题，需要不断明确。

　　(1) 虽证实土壤溶液中钙镉比、锌镉比与土壤镉的有效性有明显的相关关系，但其是否具有普遍意义还需进一步的深入研究。

　　(2) 绝大多数研究，包括本书中的研究均在盆栽条件下完成，结果的通用性、可靠性及对实际生产的指导性还需大田试验验证。

　　(3) 钙、锌离子两两共存与镉共存，会对土壤表面性质产生影响。土壤表面性质的变化，会影响土壤对镉的吸附。共存阳离子与镉共存时，如何改变土壤表面性质有待进一步的研究。

　　(4) 在考虑使用钝化材料修复重金属污染土壤时，应充分考虑伴随离子的作用，尽量选择富含钙、锌等元素的修复材料，提高修复效率，产生出更好的生态效益和环境效益。

主要参考文献

宋正国, 徐明岗, 李菊梅, 等. 2009a. 钙对土壤镉有效性的影响及其机理. 应用生态学报, 20(7): 1705-1710

宋正国, 徐明岗, 刘平, 等. 2006. 钙锌钾共存对赤红壤镉吸附的影响. 生态环境, 15(5): 993-996

宋正国, 徐明岗, 刘平, 等. 2008a. 锌对土壤镉有效性的影响及其机制. 农业环境科学学报, 27(3): 889-893

宋正国, 徐明岗, 刘平, 等. 2008b. 不同比例钙锌共存对土壤镉有效性的影响及其机制. 生态环境, 17(5): 1812-1817

宋正国, 徐明岗, 刘平, 等. 2009b. 不同比例钾锌共存对土壤镉有效性的影响. 生态环境学报, 18(3): 904-908

宋正国. 2006. 共存阳离子对土壤镉有效性影响及其机制. 中国农业科学院博士学位论文

汪洪, 周卫, 林葆. 2001. 钙对镉胁迫下玉米生长及生理特性的影响. 植物营养与肥料学报, 7(1): 78-87

吴启堂, 王广寿, 谭秀芳. 1994. 不同水稻、菜心品种和化肥形态对作物吸收累积镉的影响. 华

南农业大学学报, 15 (4): 1-6

席玉英, 郭栋生, 宋玉仙. 1994. 钙、锌对玉米幼苗吸收镉、铅的影响. 山西大学学报, 17(1): 101-103

曾清如, 周细红, 毛小云. 1997. 不同氮肥对铅锌矿尾矿污染土壤中重金属的溶出及水稻苗吸收的影响. 土壤肥料, (3): 7-11

赵晶, 冯文强, 秦鱼生, 等. 2010. 不同氮肥对小麦生长和吸收镉的影响. 应用与环境生物学报, 16 (1): 58-62

周卫, 汪洪, 林葆. 1999. 镉胁迫下钙对镉在玉米细胞中的分布及对叶绿体结构与酶活性的影响. 植物营养与肥料学报, 5 (4): 335-340

周卫, 汪洪. 2001. 添加碳酸钙对土壤中镉形态转化与玉米叶片镉组分的影响. 土壤学报, 38(2): 219-225

朱永官. 2003. 锌肥对不同基因型大麦吸收积累镉的影响. 应用生态学报, 14(11): 1985-1988

Appel C, Ma L. 2002. Concentration, pH, and surface charge effects on cadmium and lead sorption in three tropical soils. Journal of Environmental Quality, 31(2): 581-589

Boekhold AE, Van der Zee SEAM. 1991. Long-term effect of soil heterogeneity on cadmium behavior in soil. Journal of Contaminant Hydrology, 7: 371-390

Bohn H L, McNeal B L. 2003. Soil Chemistry. 3th, eds. NewYork: Wiley: 206-236

Choudhary M, Bailey L D, Grant C A. 1994. Effect of zinc on cadmium concentration in tissue of durum wheat. Canadian Journal of Plant Science, 74: 549-552

Christensen T H. 1984. Cadmium soil sorption at low concentrations. II. Reversibility, effect of changes in solute composition, and effect of soil aging. Water, Air, and Soil Pollution, 21: 1115-1125

Christensen T H. 1987. Cadmium soil sorption at low concentrations VI. A model for zinc competition. Water, Air, and Soil Pollution, 34: 305-310

Eriksson J E. 1990. Effects of Nitrogen-Containing Fertilizers on Solubility and Uptake of Cadmium. Water, Air, and Soil Pollution, 49: 355-368

Hart JJ, Welch R M, Norvell W A. 2002. Transport interaction between Cd and Zn in roots of bread wheat and durum wheat seedlings. PhysiologiaPlantarum, 116 (1): 73-78

McKenna I M, Channey R L, Williams FM. 1993. The effect of cadmium and zinc interactions on the accumulation and tissue distribution of zinc and cadmium in lettuce and spinach. Environmental Pollution, 79: 113-120

McLaughlin MJ, Williams CMJ., Makey A. 1994. Effect of cultivar on uptake of cadmium by potato tubers. Journal of Agricultual Research, 45: 1483-1495

Mustafa G, Sing B, Kookana R S. 2004. Cadmium adsorption and desorption behaviour on geothite at low equilibrium concentrations: effect of pH and index cations. Chemosphere, 57: 1325-1333

Naidu R, Bolan N S, Kookana R S. 1994. Ionic strength and pH effects on the surface charge and sorption of cadmium by soil. European Journal of Soil Science, 45: 419-429

Naidu R, Kookana R S, Sumner M E. 1997. Cadmium sorption and transport in variable charge soil: A review. Journal of Environmental Quality, 26 (3): 602-617

Nan Z G, LiJJ, Zhang J M, et al. 2002. Cadmium and zinc interactions and their transfer in soil-crop system under actual field conditions. Science of The Total Environment, 285(1-3): 187-195

Oliver DP, Hannam R, Tiller KG, et al. 1994. The effects of zinc fertilization on cadmium concentration in wheat grain. Journal of EnvironmentalQuality, 23: 705–711

Schmitt HW, Sticher H. 1986. Prediction of heavy metalcontents and displacement in soils. Journal of Plant Nutrition and Soil Science, 149(2): 157–171

Tremminghoff EJM, Van der zee SEATM, De Haan FAM. 1995. Speciation and calcium competition effects on cadmium sorption by sandy soil at various pHs. European Journal of Soil Science, 46: 649–655

Voegelin A, Vulava V M. 2001. Reaction–base model describing competitive sorption and transport of Cd, Zn, and Ni in acidic soil. Environmental Science & Technology, 35: 1651–1657

Wang J, Bill PE, Mark TN, et al. 1991. Computer-simulated evaluation of possible mechanism for quenching heavy metal ion activity in plant vacuole. Plant Physiology, 97: 1154–1160

Welch RM, Hart JJ, Norvell L A. 1999. Effect of nutrient solution zinc activity on net uptake, translocation, and root export of cadmium and zinc by separated sections of intact durum wheat (*Triticumturgidum* L. var *durum*) seedlings roots. Plant and Soil, 208: 243–250

Willaert G, Verloo M. 1992. Effects of various nitrogen fertilizers on the chemical and biological activity of major and trace elements in a cadmium contaminated soil. Pedologie, 43: 83–91

第八章　施肥修复土壤重金属污染的结论与展望

针对我国农田重金属污染面积大，但大多为中轻度污染的现状，应用土壤化学中离子相互作用的基本原理，在我国南方典型地区开展研究。通过大量的盆栽实验、田间试验和室内分析，获得土壤性状、土壤重金属形态和数量、作物产量和重金属吸收量等相关数据约 35 万个，系统阐明了不同形态化肥、有机肥和改良剂及其组合对我国典型农田土壤污染重金属(铅、镉等)的修复效果与机理，提出了施肥和改良剂修复污染土壤重金属的技术途径。获得如下主要结果和结论。

1. 提出了农田土壤重金属边修复边利用的新理念，研究阐明了典型重金属在土壤中的老化机制及其影响因素

在我国，中轻度重金属污染土壤面积很大，占到总耕地面积的 1/5，基于我国人多耕地少，不可能对现有耕地大面积实行弃耕的基本国情，提出了农田重金属污染土壤边修复边应用的新理念，即在开展正常农业生产活动(如种植作物、施肥、施用改良剂等)条件下，污染物在土壤中所发生的数量减少或活性降低等发展过程，确保粮食生产安全。此理念体现了污染农田修复与利用的结合，具有中国特色——不弃耕、确保粮食安全！更适合中国土地缺乏的基本国情。

同时阐明了典型重金属在土壤中的老化过程、机制及其影响因素，对于重金属污染修复的技术措施选择及其修复效率评价具有重要意义。重金属在土壤老化过程中毒性变化随时间而降低，老化动力学可用二级动力学方程来模拟。水分、pH、施肥、改良剂和作物等环境因素对土壤重金属老化均有影响，而 pH 是影响土壤重金属老化的关键因子。在国内，这种对土壤重金属老化过程机制的系统研究尚属首次。

研究了重金属老化过程的毒性变化及生物效应。采用室内盆栽实验，观测了在水稻土和红壤上加入不同浓度重金属铅、镉，分别老化 2 天、10 天、30 天、60 天、90 天、180 天后番茄和小白菜的根伸长，以阐明重金属老化条件下对蔬菜根生长的抑制情况及重金属老化的动力学特征，结果表明，在同一浓度下，随时间的延长，根长有逐渐增长的趋势，土壤中重金属有效态呈下降趋势；对不同时间下的铅、镉的根长抑制率(EC 值)进行分析，得出 2 天 EC 值最小，而 180 天 EC 值最大，说明随着时间的延长，土壤中重金属对蔬菜生长的毒性逐渐降低。而重金属在红壤、水稻土的老化最适合二级动力学方程，则说明金属有效形态向无效

形态的转化过程(老化)并不完全取决于扩散作用,它是表面聚合/沉淀作用、有机质包裹作用、扩散作用等交互的结果。

随着土壤 pH 的升高,重金属发生了明显的共沉淀作用,大多以沉淀态的形式存在于土壤中,有效性显著下降。添加少许改良剂,可提高重金属污染土壤的pH,从而降低其有效性,加快其老化进程。此外,实验还表明,复合污染土壤中的有效态重金属含量均高于单一污染,表明重金属离子间的相互作用也是影响其老化的重要因素。

2. 研究了不同氮肥及用量对镉、铅污染土壤的修复效果及其机理,提出了降低污染土壤上作物重金属含量的氮肥品种

在铅、镉污染水稻土上进行 5 个氮肥品种(NH_4NO_3、NH_4Cl、$(NH_4)_2SO_4$、$Ca(NO_3)_2$ 和 $CO(NH_2)_2$)和用量实验。污染土壤总铅含量为 393mg/kg、总镉含量为1.95mg/kg;分别以小白菜和芥菜为栽培作物。铅污染土壤的施氮水平设 3 个(100mg/kg 土、200mg/kg 土、300mg/kg 土);镉污染土壤的施氮水平设 4 个(50mg/kg土、100mg/kg 土、200mg/kg 土、400mg/kg 土)。以只施磷和钾肥作为对照。

结果表明,相同施氮水平下,小白菜地上部铅含量以 $(NH_4)_2SO_4$ 处理最高,以NH_4NO_3 处理最低,增施 $Ca(NO_3)_2$ 也有助于抑制小白菜地上部对铅的吸收。因此,在铅污染土壤上氮肥可选 NH_4NO_3 进行安全种植,降低作物铅的含量。

在相同施氮水平下,施用 $CO(NH_2)_2$ 和 $Ca(NO_3)_2$ 可以在一定程度上降低芥菜地上部对镉的吸收和累积,而 $(NH_4)_2SO_4$ 和 NH_4Cl 在较低施用量时就可能增加地上部对镉的吸收。因此,从农业安全生产角度出发,综合考虑提高产量和抗重金属能力等因素,在镉污染土壤上,应尽量避免施用 $(NH_4)_2SO_4$ 和 NH_4Cl 这两种肥料,而推广使用 $CO(NH_2)_2$。

不同品种氮肥均对作物铅、镉含量和吸收量产生显著影响,原因是不同氮肥的转化和行为不同,使得土壤化学性质特别是土壤 pH 及有效态铅、镉含量发生变化所致。

3. 阐明了不同磷肥促进铅镉复合污染土壤的修复效果及其机理,提出了降低污染土壤中重金属毒性的磷肥施用技术

磷肥作为农业生产上常用的肥料,对降低污染土壤中重金属的毒性具有显著作用。

(1) 在湖南红壤和浙江水稻土中,研究了三料过磷酸钙(TSP)、磷酸二氢铵(DAP)、磷矿粉(PR)和羟基磷灰粉(HA)4 种不同磷肥对土壤铅、镉、锌、铜有效性的影响及其机理。结果表明,不同污染物及不同含磷化合物,其修复效果相差较

大。不同磷肥均明显降低了植株茎叶中铅、镉、锌、铜含量，对铅吸收降低效果最显著(Pb>Cu、Zn>Cd)。不同磷肥施用下，对油菜生物量增加效果最显著的是HA、DAP较差；能有效"固定"铅进而降低对植物毒性的效果次序为HA>DAP>SSP、PR，以HA、DAP降幅较大(32.5%~57.9%)。电镜分析显示了施磷肥的修复机理：在铅、镉中仅铅几乎是以纯磷酸盐形式沉淀在细胞膜表面，有效地降低了Pb^{2+}在植株体内向木质部的运输，减轻对植物的毒害。另外，施磷肥后很大程度上减少了土壤铅的可提取性，可明显降低土壤铅被吸收的风险。同时，上述4种含磷化合物在土壤剖面中的迁移性很小，不会带来水体的富营养化及二次污染等问题。因此，利用这些磷肥进行重金属污染土壤的原位修复治理具有明显的经济和环境效应，在我国人均耕地面积日趋减少的形势下，该方法具有较广阔的应用前景。

(2) 在湖南红壤和北京褐土中，观测分析了三类磷酸盐($NH_4H_2PO_4$、KH_2PO_4和$Ca(H_2PO_4)_2$)对土壤镉的有效性、吸附-解吸的影响与机制。加入磷酸盐后，镉污染红壤和褐土小油菜生物量分别提高18.7%~291.1%和31.5%~991.2%，提升顺序为：$Ca(H_2PO_4)_2 \geq KH_2PO_4 > NH_4H_2PO_4$；红壤小油菜吸镉量在镉二级污染水平下提高8.3%~54.6%，而在镉三级污染水平下降低11.1%~58.4%；褐土小油菜吸镉量在镉二级污染水平下降低7.9%~19.8%，在镉三级污染水平下，仅KH_2PO_4增加了小油菜吸镉量。

加入磷酸盐后，污染红壤有效态镉含量显著升高17.0%~122.7%，提升顺序为$Ca(H_2PO_4)_2 > KH_2PO_4 > NH_4H_2PO_4$；对镉污染褐土而言，$Ca(H_2PO_4)_2$和$KH_2PO_4$可明显提高土壤有效态镉含量3.0%~15.0%，而$NH_4H_2PO_4$则显著降低有效态镉含量2.4%~13.4%。

褐土对镉的吸附能力比红壤强。加入不同浓度KH_2PO_4时，随KH_2PO_4用量的增加，红壤镉吸附量呈先增后减的峰型曲线变化，而褐土对镉的吸附量直线降低。两种土壤镉解吸量均随镉吸附量的增加而迅速增加，基本呈线性关系。KH_2PO_4浓度不同时，土壤镉的解吸量差异不显著。

不同磷酸盐下，$Ca(H_2PO_4)_2$使红壤镉最大吸附量和吸附率降低分别为2.5%~7.9%和10%~20%，而KH_2PO_4和$NH_4H_2PO_4$对红壤持镉量无明显影响；三种磷酸盐可显著降低褐土镉吸附量和吸附率，降低顺序为$Ca(H_2PO_4)_2 > KH_2PO_4 > NH_4H_2PO_4$，其中，$Ca(H_2PO_4)_2$可使褐土镉最大吸附量降低0.01~2.1mg/kg，镉吸附率降低1.0%~16.7%。

三种磷酸盐影响下，红壤镉解吸量和解吸率均随磷用量的增加而显著降低15.8%~27.8%和3.7%~9.6%；高镉时，$Ca(H_2PO_4)_2$降低红壤镉解吸量比KH_2PO_4和$NH_4H_2PO_4$高得多；低镉时，$Ca(H_2PO_4)_2$降低红壤镉解吸率明显高于KH_2PO_4和$NH_4H_2PO_4$。

以上结果说明，施用磷肥促进了土壤对重金属的吸附、降低重金属的生物有效性，因此，作物产量升高而重金属含量降低，其中以 $Ca(H_2PO_4)_2$ 的效果最明显。所以，在重金属污染土壤上施用磷肥时，应该优先考虑选择施用 $Ca(H_2PO_4)_2$。

4. 研究探明了钾肥对土壤铅、镉生物有效性的影响及其机理，提出了选择不同钾肥修复土壤重金属污染的技术

不同钾肥对污染土壤重金属的有效性影响不同。在嘉兴水稻土和广州赤红壤上进行盆栽实验，研究了不同钾肥即伴随阴离子影响土壤铅、镉有效性机理及其应用技术。施用 4 种钾肥(KH_2PO_4、K_2SO_4、KCl 和 KNO_3)均促进小油菜生长；相比不施钾肥的对照，土壤有效态镉、铅均有所下降，4 种钾肥阴离子下重金属有效态降低的顺序为 $H_2PO_4^- > SO_4^{2-} > Cl^- \approx NO_3^-$，以施用 KH_2PO_4 和 K_2SO_4 效果较为显著。KH_2PO_4 在复合污染土壤上加大用量才能达到其与单一污染土壤上相似的效果。KCl 促进了植株对镉、铅的吸收，而 KNO_3 在常规施用量下作用不明显。机理在于 $H_2PO_4^-$ 使土壤 pH 有所增加，可明显促进土壤铅镉的吸附，使土壤铅、镉向稳定态的铁锰氧化态、有机结合态和残渣态转化，降低土壤中铅、镉的有效态；$H_2PO_4^-$ 降低铅镉有效性的作用稳定而持久。因此，从钾肥合理施用的角度看，KH_2PO_4 是污染土壤重金属钝化最好的调控剂。SO_4^{2-} 因其专性吸附比 $H_2PO_4^-$ 弱而促进土壤铅镉吸附、改变土壤铅镉有效态的作用相对较小，且受其他环境因素影响较大，其效应具有不稳定性。故在一定条件下 K_2SO_4 也可用作铅镉有效性调控剂。Cl^- 与 NO_3^- 二者的电性效应均较弱，对镉铅吸附的影响较小，对镉铅有效态的影响也无太大差异。Cl^- 对植物吸收镉铅有一定的促进作用，故可将 KCl 肥与超积累植物联合应用于镉、铅污染土壤以增进对重金属的提取效率。

根据以上原理，进行了田间试验。观测了 K_2SO_4 和 KCl 两种钾肥对铅、镉污染的广东水稻土的修复效果。在铅、镉污染土壤上，施用 K_2SO_4 对辣椒和油麦菜等作物的增产效果显著优于施用 KCl；K_2SO_4 在一定用量范围内可降低土壤和作物地上部 DTPA-Pb、DTPA-Cd 含量，而 KCl 显著增加土壤和地上部 DTPA-Pb、DTPA-Cd 含量。证明了在铅、镉污染土壤上施用钾肥可优先选择 KH_2PO_4、K_2SO_4 来保证农作物品质。

5. 研究阐明了有机肥和改良剂及其联合修复镉污染土壤的机理，提出了有机肥和改良剂及其联合修复重金属污染土壤的技术

将改善土壤不良性质的改良剂和有机肥结合起来联合修复重金属污染土壤具有一举多得的效果和作用。

(1) 通过盆栽实验，采用石灰、有机肥、海泡石三种典型改良剂，研究了二

级污染和三级污染镉锌污染水稻土和红壤上小油菜生长和镉锌形态变化，从中筛选出较行之有效的改良剂及配比方法。结果显示，连续两季种植石灰和有机肥同时施用生物产量最大，只加海泡石处理生物产量最小。植物对镉锌的吸收浓度以加海泡石处理最高，加石灰处理较低；植物对镉锌的吸收量以加有机肥处理最高，石灰和有机肥配合施用较低；石灰或石灰和有机肥配合施用的作物重金属含量在食品安全标准以下。所有改良剂均能降低土壤交换态镉锌的量，以加入石灰降低效果最好，加入改良剂后，铁锰氧化态镉锌的量增加，使镉锌向植物无效形态转化。

针对酸性土壤改良、类似的另外一组改良剂实验表明，施用 4 种改良剂(石灰、泥炭、钙镁磷肥、碱渣)均能降低小白菜地上部镉含量，作用效果为石灰≈泥炭>钙镁磷肥>碱渣。石灰、钙镁磷肥主要通过提高 pH 降低土壤有效镉含量，抑制小白菜地上部对镉的吸收，泥炭主要通过形成难以被植物吸收的镉的有机络合物，降低小白菜地上部镉含量。

不同肥料与改良剂的组合实验结果，不论是否添加改良剂，有机无机肥各半处理的空心菜重金属含量均相应地比单施化肥处理低，说明在酸性贫瘠土壤上有机肥本身有降低重金属毒性的作用。这是因为螯合作用可改变重金属污染物的形态及其生物有效性，从而降低蔬菜对土壤重金属的吸收。此外，有机肥又有促进作物生长，提高作物品质和改良土壤的作用。因此，有机无机型重金属修复专用肥更值得推广应用。

总之，各种改良剂均能提高土壤 pH、降低重金属有效态的含量，使重金属向活性低的形态转化，这是改良剂降低重金属毒性的主要原因；其效果以有机肥和石灰等碱性物料配合施用的效果最佳。所以，在酸性重金属污染土壤上，推荐有机肥和石灰等碱性改良剂配合施用的技术模式以有效降低重金属在作物中的含量，确保食品安全。

(2) 为了充分利用不同的改良剂，特别是一些废弃物改良修复土壤，在红壤地区菜地土壤上进行系列田间试验，对一些具有降低土壤重金属生物有效性的材料(如盐基熔磷、含硫化合物等)进行扩大筛选实验和用量实验，以求得到具有价格便宜、材料易得、使用安全、能与肥料配伍等优点的降低作物重金属含量的改良剂，为无公害作物生产提供理论和技术支持。结果表明：土壤施用固体硫化物、液体硫化物和盐基熔磷等改良剂对蔬菜产量影响不大，而对降低重金属铅、镉的吸收量效果良好，这几种重金属改良剂混用，更适合在无公害蔬菜生产中应用。实验还表明，不同重金属改良剂对蔬菜重金属含量的降低效果与不同蔬菜品种及不同重金属种类密切相关。对菜体镉累积量有随固体硫化物用量的增加(1.5~3.5kg/亩)而降低幅度增大的趋势；菜体铅累积量则以固体硫化物中低量(30~37.5kg/hm²)效果较好，降低重金属含量幅度为 38.5%~61.5%。扫描电镜结果显示，添加重金属改良剂能有效抑制空心菜等蔬菜因铅镉复合污染而造成叶绿体、线粒体等细胞超微结构的损伤，从而有利于蔬菜更好地进行光合作用，促进蔬菜生长。

6. 研究开发了污染土壤重金属修复专用肥料与改良剂产品

根据以上系统研究，开发了修复不同重金属污染土壤的专用肥料和改良剂产品，采用单一、配合或联合的方法，修复重金属污染土壤，取得了良好的结果。多年多点的田间试验结果表明，所使用的污染农田土壤重金属修复肥料与改良剂能够明显地提高土壤肥力，降低作物体内的重金属含量，在中轻度污染土壤上(重金属污染为三级污染水平以下)，作物重金属铅和镉的吸收量降低分别为12.8%~64.3%和44.3%~76.8%；达到低于农产品限量的安全标准。同时，这些肥料和改良剂能提高土壤的 pH 和土壤养分含量，改善作物的生长、品质和产量。

本研究将土壤离子相互作用原理应用于施肥与重金属污染修复，丰富了土壤化学中离子相互作用的基础理论，具有十分重要的理论意义；项目将土壤重金属污染修复、施肥和土壤改良巧妙结合，在正常农业生产中不明显增加农田化学品投入的情况下，通过肥料和改良剂的选择与组合，实现修复与利用结合，对现有大面积中轻度重金属污染农田的有效利用和确保粮食安全，具有十分重要的实际价值。

7. 研究展望

由于时间、研究条件和技术手段等各方面的原因，对施肥和改良剂对重金属污染土壤修复的土壤表面化学机制和分子机理尚研究较少；对技术在田间的推广应用和示范面积较小；对施肥修复重金属污染土壤的长期监测不够。今后，一是进一步强化有关机理研究，提出重金属污染土壤修复调控技术的土壤表面化学和分子原理。二是继续扩大对重金属改良剂的筛选以及强化重金属改良剂组合研究，强化重金属修复专用肥料研制，加强技术的示范推广，使这项实用技术在农业生产中大面积应用，发挥其更显著的效益。三是加强施肥对土壤重金属的长期稳定性研究，通过多季大田试验，不断优化、调整肥料的品种及用量，从而发展成熟的真正用于广大中低度重金属污染农田的施肥修复技术，确保我国粮食安全及农业可持续发展。

附录 1 研究团队发表的相关论文和论著

[1] Shi-Wei Zhou, Ming-Gang Xu, YI-Bin Ma, Shi-Bao Chen and Dong-Pu Wei. Aging mechanism of copper added to bentonite. Geoderma, 2008, 147: 86–92

[2] M. G. Xu, S. B. Chen and Y. B. Ma. Effect of phosphate amendments on the bioavailability of lead, cadmium and zinc in metal-contaminated soil. Plant Nutrition for Food Security, Human Health and Environmental Protection. TsinghuaUniversity Press, 2005, 724–725

[3] S-B Chen, M-G Xu, Y-B Ma, J-C Yang. Evaluation of phosphate application on Pb, Cd and Zn bioavailability in metal-contaminated soil. Environmental Ecotoxicity& Safety, 2007, 67: 278–285

[4] Zhou Shiwei, Ma Yibing, Xu Minggang. Ageing of added copper in bentonite without and with humic acid. Chemical Speciation and Bioavailability, 2009, 21(3): 175–184

[5] 陈丽娜, 何长征, 唐明灯, 等. 铅胁迫对叶菜种子萌发的影响. 湖南农业大学学报, 2009, 35(5): 204–508

[6] 陈苗苗, 张桂银, 李瑛, 等. 硫酸钾、磷酸二氢钾对石灰性土壤和酸性土壤吸附铜离子的影响. 安徽农业科学, 2009, 37(4): 1770–1772

[7] 陈苗苗, 张桂银, 徐明岗, 等. 不同磷酸盐下红壤对镉离子的吸附-解吸特征. 农业环境科学学报, 2009, 28(8): 1578–1584

[8] 宫春艳, 吴英, 徐明岗, 等. 红壤和褐土中磷的吸附及其对镉离子吸附-解吸的影响. 农业环境科学学报, 2008, 27(6): 2258–2264

[9] 何盈, 熊文凯, 何春梅, 等. 土壤重金属污染及治理措施. 江西农业学报, 2006, 18(3): 159–161

[10] 黄东风, 罗涛, 邱孝煊. 福州市蔬菜卫生品质状况及其面对入世的对策探讨. 福建农业科技, 2002, (5): 17–19

[11] 刘景, 吕家珑, 徐明岗, 等. 长期不同施肥对红壤 Cu 和 Cd 含量及活化率的影响. 生态环境学报, 2009, 18(3): 914–919

[12] 刘平, 徐明岗, 李菊梅, 等. 不同钾肥对土壤铅植物有效性的影响及其机制. 环境科学, 2008, 29(1): 202–206

[13] 刘平, 徐明岗, 申华平, 宋正国, 等. 不同钾肥对赤红壤和水稻土中铅有效性的影响. 植物营养与肥料学报, 2009, 15(1): 139–144

[14] 刘平, 徐明岗, 宋正国. 伴随阴离子对土壤中铅和镉吸附–解吸的影响. 农业环境科学学报. 2007, 16(1): 252–256

[15] 罗涛, 黄东风, 何盈, 等. 菜地重金属污染的标准值分析与治理对策. 热带作物学报, 2007, 28(2): 45–49

[16] 罗涛, 黄东风, 何盈, 等. 土壤重金属钝化剂的筛选及蔬菜降污专用肥应用效果研究. 农业环境科学学报, 2007, 26(4): 1390–1395

[17] 罗涛, 黄东风, 邱孝煊, 等. 蔬菜地污染因子分析及降污肥料的应用效果研究(山区农村生态经济发展战略与关键技术研究. 福建: 厦门大学出版社, 2004. 195–199

[18] 纳明亮, 徐明岗, 张建新, 等. 我国典型土壤上重金属污染对番茄根伸长的抑制毒性效应. 生态毒理学报, 2008, 3(1): 81–86

[19] 纳明亮, 张建新, 徐明岗, 等. 石灰对土壤中 Cu、Zn 污染的钝化及对蔬菜安全性的影响. 农业环境与发展, 2008, (2): 105–108

[20] 宋正国, 徐明岗, 丁永祯, 等. 共存阳离子(Ca、Zn、K)对土壤镉有效性的影响. 农业环境科学学报, 2009, 28(3): 485–489

[21] 宋正国, 徐明岗, 李菊梅, 等. 钙对土壤镉有效性的影响及其机理. 应用生态学报, 2009, 20(7): 1705–1710

[22] 宋正国, 徐明岗, 刘平, 等. 不同比例钙锌共存对土壤镉有效性的影响及其机制. 生态环境, 2008, 17(5): 1812–1817

[23] 宋正国, 徐明岗, 刘平, 等. 不同比例钾锌共存对土壤镉有效性的影响. 生态环境学报, 2009, 18(3): 904–908

[24] 宋正国, 徐明岗, 刘平, 等. 钙锌钾共存对赤红壤镉吸附的影响. 生态环境, 2006, 15(5): 993–996

[25] 宋正国, 徐明岗, 刘平, 等. 锌对土壤镉有效性的影响及其机制. 农业环境科学学报, 2008, 27(3): 889–893

[26] 孙建光, 高俊莲, 徐晶, 等. 微生物分子生态学方法预警农田重金属污染的研究进展. 植物营养与肥料学报, 2007, 13(2): 338–343

[27] 王宝奇, 李淑芹, 徐明岗. 改良剂对中国两种典型土壤铜锌有效性的影响及机理. 生态环境, 2007, 16(4): 1139–1143

[28] 王艳红, 艾绍英, 李盟军, 杨少海, 姚建武. 氮肥对污染农田土壤中铅的调控效应. 环境污染与防治, 2008, 30(7): 39–46

[29] 王艳红, 李盟军, 艾绍英, 杨少海, 姚建武. 钾肥对土壤–辣椒体系中铅生物有效性的影响. 环境科学与管理, 2009, 34(3): 151–155

[30] 徐明岗, 季国亮. 恒电荷土壤及可变电荷土壤与离子间相互作用的研究 III—Cu^{2+} 和 Zn^{2+} 的吸附特征. 土壤学报, 2005, 42(2): 225–231

[31] 徐明岗, 李菊梅, 陈世宝. 共存离子对土壤吸附 Cu^{2+} 的影响特征. 农业环境科学学报, 2004, 23(5): 935–938

[32] 徐明岗, 李菊梅, 张青. pH 对黄泥田重金属解吸特征的影响. 生态环境, 2004, 13(3):

312–315

[33] 徐明岗, 刘平, 宋正国. 施肥对污染土壤中重金属行为影响的研究进展. 农业环境科学学报, 2006, 25(增刊): 328–333

[34] 徐明岗, 纳明亮, 张建新, 等. 红壤中 Cu、Zn、Pb 污染对蔬菜根伸长的抑制效应. 中国环境科学, 2008, 28(2): 153–157

[35] 徐明岗, 王宝奇, 周世伟, 等. 外源铜锌在我国典型土壤中的老化特征. 环境科学, 2008, 29(11): 3213–3218

[36] 徐明岗, 曾希柏, 李菊梅. pH 对砖红壤和水稻土 Cu^{2+} 吸附与解吸的影响. 土壤通报, 2005, 36(3): 349–351

[37] 徐明岗, 张茜, 孙楠, 等. 不同养分对磷酸盐固定的污染土壤中铜锌生物有效性的影响. 环境科学, 2009, 30(7): 3053–3058

[38] 徐明岗, 张青, 李菊梅. 不同 pH 下黄泥田的吸附-解吸特征. 土壤肥料, 2004, (5): 3–5

[39] 徐明岗, 张青, 李菊梅. 土壤锌自然消减的研究进展. 生态环境, 2004, 3(2): 268–270

[40] 徐明岗, 张青, 王伯仁, 等. 改良剂对重金属污染红壤的修复效果及评价. 植物营养与肥料学报, 2009, 15(1): 121–126

[41] 徐明岗, 张青, 曾希柏. 改良剂对水稻土镉锌复合污染修复效应与机理研究. 环境科学, 2007, 28(6): 196–201

[42] 张会民, 吕家珑, 徐明岗, 等. 土壤吸附镉的研究进展, 中国土壤与肥料, 2006, (6): 8–12

[43] 张会民, 吕家珑, 徐明岗, 等. 土壤性质对锌吸附影响的研究进展. 西北农林科技大学学报(自然版), 2006, 34(5): 114–118

[44] 张会民, 徐明岗, 吕家珑, 等. pH 对土壤及其组分吸附与解吸镉的影响研究进展. 农业环境科学学报, 2005, 24(9): 320–324

[45] 张建丽, 何盈, 蔡顺香, 等. 含硫钝化剂对抑制芥菜 Pb、Cd 富集的效果研究. 福建农业学报, 2007, 22(3): 293–297

[46] 张建新, 纳明亮, 徐明岗. 土壤 Cu Zn Pb 污染对蔬菜根伸长的抑制及毒性效应. 农业环境科学学报, 2007, 16(3): 946–949

[47] 张茜, 李菊梅, 徐明岗. 石灰用量对污染红壤和水稻土中有效态铜锌含量的影响. 中国土壤与肥料, 2007, (4): 68–71

[48] 张茜, 徐明岗, 张文菊, 等. 磷酸盐和石灰对污染红壤与水稻土中重金属铜锌的钝化作用. 生态环境, 2008, 17(3): 1037－1041

[49] 张青, 李菊梅, 徐明岗, 等. 改良剂对复合污染红壤中镉锌有效性的影响及机理. 农业环境科学学报, 2006, 25(4): 861–865

[50] 张桃红, 徐国明, 陈苗苗, 等. 几种铵盐对土壤吸附 Cd^{2+} 和 Zn^{2+} 的影响. 植物营养与肥料学报, 2008, 14(3): 445–449

[51] 周世伟, 徐明岗, 马义兵, 等. 外源铜在土壤中的老化研究进展. 土壤, 2009, 41(2): 153–159

[52] 周世伟, 徐明岗. 磷酸盐修复重金属污染土壤的研究进展. 生态学报, 2007, 27(7): 3043–3050

[53] 张永宏, 徐明岗, 陈苗苗, 等. 作物种类对中国 2 种典型土壤中铜锌有效性的影响. 环境污染与防治, 2009, 31(9): 1–5, 9

[54] 陈苗苗, 张桂银, 徐明岗, 等. 不同磷酸盐下红壤对隔离子的吸附–解吸特征. 农业环境科学学报, 2009, 28(8): 1578–1584

[55] 张青, 徐明岗, 罗涛, 等. 3 种不同性质改良剂对镉锌污染水稻土的修复效果及评价. 热带作物学报, 2010, 31(4): 541–546

[56] 宋正国, 徐明岗, 丁永祯, 等. 钾对土壤镉有效性的影响及其机理. 中国矿业大学学报, 2010, 39(3): 453–458

[57] 陈苗苗, 徐明岗, 周世伟, 等. 不同磷酸盐对污染土壤中镉生物有效性的影响. 农业环境科学学报, 2011, 30(2): 255–262

[58] 蔡泽江, 王伯仁, 孙楠, 等. 长期施肥对红壤 pH、作物产量及氮、磷、钾养分吸收的影响. 植物营养与肥料学报, 2011, 17 (1): 71–78

[59] 吴曼, 徐明岗, 徐绍辉, 等. 有机质对红壤和黑土中外源铅镉稳定化过程的影响. 农业环境科学学报, 2011, 30(3): 461–467

[60] 吴曼, 刘军领, 徐明岗, 等. 有机质对典型铜锌污染土壤自然修复过程的影响. 农业工程学报, 2011, 27(增刊 2): 211–217

附录 2 研究团队培养的研究生及其论文

姓名	论文题目	学历	年份
刘平	钾肥伴随阴离子对土壤铅和镉有效性的影响及其机制	博士	2006
宋正国	共存阳离子对土壤镉有效性影响及其机制	博士	2006
周世伟	外源铜在土壤矿物中的老化过程及影响因素研究	博士	2007
张青	改良剂对镉锌复合污染土壤修复作用及机理研究	硕士	2005
张茜	磷酸盐和石灰对污染土壤中铜锌的固定作用及影响因素	硕士	2007
王宝奇	土壤铜锌老化过程及其影响因素的研究	硕士	2007
纳明亮	土壤重金属污染剂量与蔬菜毒性效应及其控制技术研究	硕士	2007
宫春艳	红壤和褐土上磷酸盐诱导镉吸附-解吸特征研究	硕士	2008
陈苗苗	磷酸盐对我国典型土壤镉吸附-解吸影响的差异与机制	硕士	2009
刘景	长期施肥对农田土壤重金属的影响	硕士	2009
郭丽敏	土壤污染重金属的农化修复技术研究	硕士	2010
吴曼	土壤性质对重金属铅镉稳定化过程的影响	硕士	2011

作 者 简 介

徐明岗 博士，研究员，博士生导师；中国农业科学院现代土壤学一级岗位杰出人才；农业部有突出贡献的中青年专家；中国农业科学院农业资源与农业区划研究所副所长。长期从事耕地质量提升特别是土壤肥力培育及污染土壤环境修复方面的研究，承担有关国家科技攻关、973计划、国际合作课题 6 项。近 10 年来，共取得 6 项成果，其中国家科技进步奖二等奖 2 项；在土壤有机培肥技术与产品、低产土壤改良调理剂等方面获得发明专利 5 项；以  第一编著者出版《农田土壤培肥》、《中国土壤肥力演变》等专著 5 部；以第一作者或通讯作者在国内外核心刊物上发表论文 60 余篇（其中 SCI、EI 论文 15 篇）。

曾希柏 理学博士（博士后），中国农业科学院农业环境与可持续发展研究所研究员、博士生导师。获国务院政府特殊津贴，是国家重点领域创新团队、全国农业科研创新团队、中国农业科学院科技创新团队首席科学家，国家"十二五"科技支撑计划项目"中低产田改良科技工程"专家组组长。目前主持国家科技支撑计划课题、国家自然科学基金项目各 1 项。获国家科技进步奖二等奖 1 项、省部级奖励 10 项，出版专著 2 部、发表论文 150 余篇。

周世伟 博士，中国科学院烟台海岸带研究所助理研究员，从事土–水微界面污染物反应研究。先后参加国家自然科学基金、国家科技支撑计划项目子课题、973项目子课题、科学院知识创新工程重要方向等多个课题，发表中英文期刊论文 30 余篇、获授权发明专利 2 项。现主持一项国家自然科学基金面上项目。